U0260805

“十三五”国家重点图书出版规划项目

新能源并网与调度运行技术丛书

新能源发电建模及接入电网分析

迟永宁　汤海雁　石文辉　李　琰　编著

中国电力出版社
CHINA ELECTRIC POWER PRESS

内容提要

当前以风力发电和光伏发电为代表的新能源发电技术发展迅猛，而新能源大规模发电并网对电力系统的规划、运行、控制等各方面带来巨大挑战。《新能源并网与调度运行技术丛书》共 9 个分册，涵盖了新能源资源评估与中长期电量预测、新能源电力系统生产模拟、分布式新能源发电规划与运行、风力发电功率预测、光伏发电功率预测、风力发电机组并网测试、新能源发电并网评价及认证、新能源发电调度运行管理、新能源发电建模及接入电网分析等技术，这些技术是实现新能源安全运行和高效消纳的关键技术。

本分册为《新能源发电建模及接入电网分析》，共 8 章，分别为新能源发电特点及其并网挑战、新能源发电原理及其运行特性、新能源发电机组建模、新能源电站建模、新能源发电接入电网无功电压分析、新能源发电接入电网频率特性分析、新能源发电接入电网暂态稳定分析、新能源接入电网技术要求。全书内容具有先进性、前瞻性和实用性，深入浅出，既有深入的理论分析和技术解剖，又有典型案例介绍和应用成效分析。

本丛书既可作为电力系统运行管理专业员工系统学习新能源并网与调度运行技术的专业书籍，也可作为高等院校相关专业师生的参考用书。

图书在版编目（CIP）数据

新能源发电建模及接入电网分析/迟永宁等编著. —北京：中国电力出版社，2019.11（2023.1 重印）
（新能源并网与调度运行技术丛书）
ISBN 978-7-5198-3220-9

Ⅰ. ①新… Ⅱ. ①迟… Ⅲ. ①新能源–发电–研究 Ⅳ. ①TM61

中国版本图书馆 CIP 数据核字（2019）第 265256 号

出版发行：中国电力出版社
地　　址：北京市东城区北京站西街 19 号（邮政编码 100005）
网　　址：http://www.cepp.sgcc.com.cn
策划编辑：肖　兰　王春娟　周秋慧
责任编辑：翟巧珍（010-63412351）　刘　薇（010-63412357）
责任校对：黄　蓓　郝军燕
装帧设计：王英磊　赵姗姗
责任印制：石　雷

印　　刷：北京博海升彩色印刷有限公司
版　　次：2019 年 11 月第一版
印　　次：2023 年 1 月北京第三次印刷
开　　本：710 毫米×980 毫米　16 开本
印　　张：16.75
字　　数：296 千字
印　　数：3001—4000 册
定　　价：97.00 元

《新能源并网与调度运行技术丛书》

编 委 会

序言 1

实现能源转型，建设清洁低碳、安全高效的现代能源体系是我国新一轮能源革命的核心目标，新能源的开发利用是其主要特征和任务。

2006年1月1日，《中华人民共和国可再生能源法》实施。我国的风力发电和光伏发电开始进入快速发展轨道。与此同时，中国电力科学研究院决定设立新能源研究所（2016年更名为新能源研究中心），主要从事新能源并网与运行控制研究工作。

十多年来，我国以风力发电和光伏发电为代表的新能源发电发展迅猛。由于风能、太阳能资源的波动性和间歇性，以及其发电设备的低抗扰性和弱支撑性，大规模新能源发电并网对电力系统的规划、运行、控制等各个方面带来巨大挑战，对电网的影响范围也从局部地区扩大至整个系统。新能源并网与调度运行技术作为解决新能源发展问题的关键技术，也是学术界和工业界的研究热点。

伴随着新能源的快速发展，中国电力科学研究院新能源研究中心聚焦新能源并网与调度运行技术，开展了新能源资源评价、发电功率预测、调度运行、并网测试、建模及分析、并网评价及认证等技术研究工作，攻克了诸多关键技术难题，取得了一系列具有自主知识产权的创新性成果，研发了新能源发电功率预测系统和新能源发电调度运行支持系统，建成了功能完善的风电、光伏试验与验证平台，建立了涵盖风力发电、光伏发电等新能源发电接入、调度运行等环节的技术标准体系，为新能源有效消纳和安全并网提供了有效的技术手段，并得到广泛应用，为支撑我国新能源行业发展发挥了重要作用。

“十年磨一剑。”为推动新能源发展，总结和传播新能源并网与调度运行技术成果，中国电力科学研究院新能源研究中心组织编写了《新能源并网与调度运行技术丛书》。这套丛书共分为 9 册，全面翔实地介绍了以风力发电、光伏发电为代表的新能源并网与调度运行领域的相关理论、技术和应用，丛书注重科学性、体现时代性、突出实用性，对新能源领域的研究、开发和工程实践等都具有重要的借鉴作用。

展望未来，我国新能源开发前景广阔，潜力巨大。同时，在促进新能源发展过程中，仍需要各方面共同努力。这里，我怀着愉悦的心情向大家推荐《新能源并网与调度运行技术丛书》，并相信本套丛书将为科研人员、工程技术人员和高校师生提供有益的帮助。

中国科学院院士
中国电力科学研究院名誉院长
2018 年 12 月 10 日

序言 2

近期得知，中国电力科学研究院新能源研究中心组织编写《新能源并网与调度运行技术丛书》，甚为欣喜，我认为这是一件非常有意义的事情。

记得2006年中国电力科学研究院成立了新能源研究所（即现在的新能源研究中心），十余年间新能源研究中心已从最初只有几个人的小团队成长为科研攻关力量雄厚的大团队，目前拥有一个国家重点实验室和两个国家能源研发（实验）中心。十余年来，新能源研究中心艰苦积淀，厚积薄发，在研究中创新，在实践中超越，圆满完成多项国家级科研项目及国家电网有限公司科技项目，参与制定并修订了一批风电场和光伏电站相关国家和行业技术标准，其研究成果更是获得2013、2016年度国家科学技术进步奖二等奖。由其来编写这样一套丛书，我认为责无旁贷。

进入21世纪以来，加快发展清洁能源已成为世界各国推动能源转型发展、应对全球气候变化的普遍共识和一致行动。对于电力行业而言，切中了狄更斯的名言“这是最好的时代，也是最坏的时代”。一方面，中国大力实施节能减排战略，推动能源转型，新能源发电装机迅猛发展，目前已成为世界上新能源发电装机容量最大的国家，给电力行业的发展创造了无限生机。另一方面，伴随而来的是，大规模新能源并网给现代电力系统带来诸多新生问题，如大规模新能源远距离输送问题，大量风电、光伏发电限电问题及新能源并网的稳定性问题等。这就要求政策和技术双管齐下，既要鼓励建立辅助服务市场和合理的市场交易机制，使新能源成为市场的“抢手货”，又要增强新能源自身性能，提升新能源的调度运行控制技术水平。如何在保障电网安全稳定运行的前提下，最大化消纳新能源发电，是电力系统迫切需要解决的问题。

这套丛书涵盖了风力发电、光伏发电的功率预测、并网分析、检测认证、优化调度等多个技术方向。这些技术是实现高比例新能源安全运行和高效消纳的关键技术。丛书反映了我国近年来新能源并网与调度运行领域具有自主知识产权的一系列重大创新成果，是新能源研究中心十余年科研攻关与实践的结晶，代表了国内外新能源并网与调度运行方面的先进技术水平，对消纳新能源发电、传播新能源并网理念都具有深远意义，具有很高的学术价值和工程应用参考价值。

这套丛书具有鲜明的学术创新性，内容丰富，实用性强，除了对基本理论进行介绍外，特别对近年来我国在工程应用研究方面取得的重大突破及新技术应用中的关键技术问题进行了详细的论述，可供新能源工程技术、研发、管理及运行人员使用，也可供高等院校电力专业师生使用，是新能源技术领域的经典著作。

鉴于此，我特向读者推荐《新能源并网与调度运行技术丛书》。

黄其励

中国工程院院士

国家电网有限公司顾问

2018 年 11 月 26 日

序言 3

进入21世纪，世界能源需求总量出现了强劲增长势头，由此引发了能源和环保两个事关未来发展的全球性热点问题，以风能、太阳能等新能源大规模开发利用为特征的能源变革在世界范围内蓬勃开展，清洁低碳、安全高效已成为世界能源发展的主流方向。

我国新能源资源十分丰富，大力发展新能源是我国保障能源安全、实现节能减排的必由之路。近年来，以风力发电和光伏发电为代表的新能源发展迅速，截至2017年底，我国风力发电、光伏发电装机容量约占电源总容量的17%，已经成为仅次于火力发电、水力发电的第三大电源。

作为国内最早专门从事新能源发电研究与咨询工作的机构之一，中国电力科学研究院新能源研究中心拥有新能源与储能运行控制国家重点实验室、国家能源大型风电并网系统研发（实验）中心和国家能源太阳能发电研究（实验）中心等研究平台，是国际电工委员会IEC RE认可实验室、IEC SC/8A秘书处挂靠单位、世界风能检测组织MEASNET成员单位。新能源研究中心成立十多年来，承担并完成了一大批国家级科研项目及国家电网有限公司科技项目，积累了许多原创性成果和工程技术实践经验。这些成果和经验值得凝练和分享。基于此，新能源研究中心组织编写了《新能源并网与调度运行技术丛书》，旨在梳理近十余年来新能源发展过程中的新技术、新方法及其工程应用，充分展示我国新能源领域的研究成果。

这套丛书全面详实地介绍了以风力发电、光伏发电为代表的新能源并网及调度运行领域的相关理论和技术，内容涵盖新能源资源评估与功率预测、建模与仿真、试验检测、调度运行、并网特性认证、随机生产模拟及分布式发电规划与运行等内容。

根之茂者其实遂，膏之沃者其光晔。经过十多年沉淀积累而编写的《新能源并网与调度运行技术丛书》，内容新颖实用，既有理论依据，也包含大量翔实的研究数据和具体应用案例，是国内首套全面、系统地介绍新能源并网与调度运行技术的系列丛书。

我相信这套丛书将为从事新能源工程技术研发、运行管理、设计以及教学人员提供有价值的参考。

郭剑波

中国工程院院士

中国电力科学研究院院长

2018 年 12 月 7 日

前 言

风力发电、光伏发电等新能源是我国重要的战略性新兴产业，大力发展新能源是保障我国能源安全和应对气候变化的重要举措。自 2006 年《中华人民共和国可再生能源法》实施以来，我国新能源发展十分迅猛。截至 2018 年底，风电累计并网容量 1.84 亿 kW，光伏发电累计并网容量 1.72 亿 kW，均居世界第一。我国已成为全球新能源并网规模最大、发展速度最快的国家。

中国电力科学研究院新能源研究中心成立至今十余载，牵头完成了国家 973 计划课题《远距离大规模风电的故障穿越及电力系统故障保护》（2012CB21505），国家 863 计划课题《大型光伏电站并网关键技术研究》（2011AA05A301）、《海上风电场送电系统与并网关键技术研究及应用》（2013AA050601），国家科技支撑计划课题《风电场接入电力系统的稳定性技术研究》（2008BAA14B02）、《风电场输出功率预测系统的开发及示范应用》（2008BAA14B03）、《风电、光伏发电并网检测技术及装置开发》（2011BAA07B04）和《联合发电系统功率预测技术开发与应用》（2011BAA07B06），以及多项国家电网有限公司科技项目。在此基础上，形成了一系列具有自主知识产权的新能源并网与调度运行核心技术与产品，并得到广泛应用，经济效益和社会效益显著，相关研究成果分别获 2013 年度和2016年度国家科学技术进步奖二等奖、2016年中国标准创新贡献奖一等奖。这些项目科研成果示范带动能力强，促进了我国新能源并网安全运行与高效消纳，支撑中国电力科学研究院获批新能源与储能运行控制国家重点实验室，新能源发电调度运行技术团队入选国家“创新人才推进计划”重点领域创新团队。

为总结新能源并网与调度运行技术研究与应用成果，分析我国新能源发电及并网技术发展趋势，中国电力科学研究院新能源研究中心组织编写了《新能源并网与调度运行技术丛书》，以期在全国首次全面、系统地介绍新能源并网与调度运行技术，为新能源相关专业领域研究与应用提供指导和借鉴。

本丛书在编写原则上，突出以新能源并网与调度运行诸环节关键技术为核心；在内容定位上，突出技术先进性、前瞻性和实用性，并涵盖了新能源并网与调度运行相关技术领域的新理论、新知识、新方法、新技术；在写作方式上，做到深入浅出，既有深入的理论分析和技术解剖，又有典型案例介绍和应用成效分析。

本丛书共分9个分册，包括《新能源资源评估与中长期电量预测》《新能源电力系统生产模拟》《分布式新能源发电规划与运行技术》《风力发电功率预测技术及应用》《光伏发电功率预测技术及应用》《风力发电机组并网测试技术》《新能源发电并网评价及认证》《新能源发电调度运行管理技术》《新能源发电建模及接入电网分析》。本丛书既可作为电力系统运行管理专业员工系统学习新能源并网与调度运行技术的专业书籍，也可作为高等院校相关专业师生的参考用书。

本分册是《新能源发电建模及接入电网分析》。第1章介绍了新能源发电的特点、新能源发电并网面临的挑战及新能源发电并网仿真相关研究方向。第 2 章介绍了新能源发电原理及其运行特性。第 3 章介绍了适用于机电暂态仿真的新能源发电机组通用化模型及其模型参数整定方法。第 4 章介绍了新能源电站建模方法。第 5 章介绍了新能源电站的电压控制技术及新能源电站接入电网静态电压稳定分析方法。第 6 章介绍了新能源发电接入电网频率特性分析。第 7 章介绍了新能源电站对电网暂态稳定性的影响及改善大规模新能源接入电网暂态稳定性的技术措施。第 8 章介绍了新能源接入电网技术要求。本分册的研究内容得到了国家重点研发计划项目《战略性新兴产业关键国际标准研究（一期）》（项目编号：2016YFF0202700）的资助。

本分册由迟永宁、汤海雁、石文辉、李琰编著，其中，第 1 章、第 2 章由迟永宁、石文辉编写，第 3 章、第 4 章由汤海雁编写，第 5 章、第 6 章由李琰编写，第 7 章由迟永宁编写，第 8 章由李琰、汤海雁编写。全书编写过程中得到了田新首、刘超的大力协助，王伟胜对全书进行了审阅，提出了修改意见和完善建议。本丛书还得到了中国科学院院士、中国电力科学研究院名誉院长周孝信，中国工程院院士、国家电网有限公司顾问黄其励，中国工程院院士、中国电力科学研究院院长郭剑波的关心和支持，并欣然为丛书作序，在此一并深表谢意。

《新能源并网与调度运行技术丛书》凝聚了科研团队对新能源发展十多年研究的智慧结晶，是一个继承、开拓、创新的学术出版工程，也是一项响应国家战略、传承科研成果、服务电力行业的文化传播工程，希望其能为从事新能源领域的科研人员、技术人员和管理人员带来思考和启迪。

科研探索永无止境，新能源利用大有可为。对书中的疏漏之处，恳请各位专家和读者不吝赐教。

作　者

2019 年 9 月

目　录

第 1 章

新能源发电特点及其并网挑战

以风力发电为代表的新能源发电是 21 世纪重要的绿色能源，也是化石能源的重要替代能源之一。加快发展新能源发电，是世界许多国家解决能源可持续利用的重要举措。国外的新能源发展迅速，其中美国的风电装机容量仅次于天然气，欧盟也将风能当作新能源的领头羊。随着我国政府对开发利用新能源的高度重视及《中华人民共和国可再生能源法》（2006 年 1 月 1 日）的实施，包括风力发电、生物质能发电、光伏发电在内的新能源发电在近几年得到了较快的发展。其中，风力发电和光伏发电作为技术最成熟、最具规模化开发和商业化发展的新能源发电方式之一，其发展速度居于各种新能源发电之首，我国风/光资源丰富地区的新能源电站建设也得到了快速发展。截至 2018 年底，全国风电装机容量达到 1.84 亿 kW，全国光伏发电装机达到 1.72 亿 kW，合计占全部发电装机容量的 18.9%，2018 年全国风电发电量 3660 亿 kWh，全国光伏发电量 1775 亿 kWh，合计占全部发电量的 7.7%。

随着以风电场、光伏电站为代表的新能源电站的大规模建设，给电网规划和运行都带来了挑战。加之，我国风能、太阳能资源富集地区的电网结构相对薄弱，许多建设或规划中的新能源电站都位于电网薄弱地区或者末端，如此大规模新能源的接入，在全世界范围内尚属首次，没有任何的经验可以借鉴，对新能源并网仿真研究及并网后的运行都是一个巨大的挑战。

本章在分析新能源发电随机性和不确定性、稳定性和脆弱性等特点的基础上，重点分析了新能源发电并网后的稳态运行、故障控制以及大电网安全面临的挑战，并介绍了新能源发电并网仿真相关研究方向。

1.1 新能源发电的特点

本节将从资源和发电技术的角度讨论新能源发电的特点。由于新能源发电将一次能源转化为电力，新能源的性质将导致新能源发电的可变性和不确定性以及新能源电站的地理依赖性。全新的发电机类型（如双馈感应发电机）也带来新能源发电的不稳定性和脆弱性。

1.1.1 资源依赖性

最佳的风能和太阳能资源是基于特定的地点，而不像煤炭、天然气、石油或铀，不易输送到电网最佳的发电地点。新能源发电必须与资源本身并置。对于大多数国家来说，新能源通常集中在局部区域内，导致新能源发电在这些地区的集中发展。例如，中国在华北、东北和西北地区（“三北”地区）拥有丰富的风能资源，占全国陆地风能资源总量的 80%。相应地，风力发电的发展也集中在这些地区，占中国现有装机容量的 80%以上，而西部太阳能发电量约占全国总量的 50%。

区域集中的新能源发电可以达到平滑功率的效果，因为阵风不会同时影响所有的风电机组，发电量变化的百分比将显著下降。然而，功率变化的绝对值将相当高，可能会对局部电力系统造成电压控制和安全稳定的挑战。

1.1.2 随机性和不确定性

新能源电站使用的资源，在数秒到数天的时间尺度上波动，所以其发电功率根据资源（风、云、雨、浪、潮等）上下波动。以风为例，根据贝茨理论，风电最大功率随风速的立方而变化，风速增加 10%将导致理论风电功率增加 30%。图 1－1 给出了风速日廓线和风电机组理论输出功率时序图。虽然由于风电机组的损耗，其实际输出功率通常小于理论功率，但其输出功率还是随着风速的变化而变化。

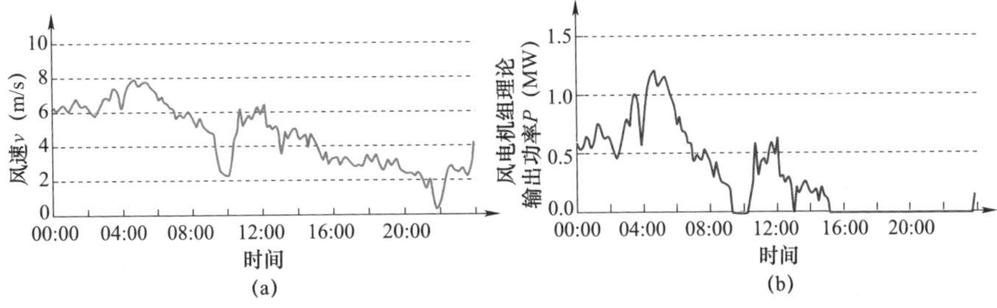

图 1-1　风速和风电机组理论输出功率时序图

（a）风速时序图；（b）风电机组理论输出功率时序图

如果将位于一个较大范围内的许多新能源电站的联合输出视为共同输出，那么从整个电力系统来看，它们的净变率要比单个电站的净变率平滑。两个新能源电站之间的距离越大，它们的输出功率相关性就越小。图 1-2 说明了地理尺度对我国风电和光伏发电量的平滑度影响，图中显示了华北、东北、西北等地区的风电和光伏发电量（标幺值）以及这些地区一天内风电和光伏总发电量的时间序列。

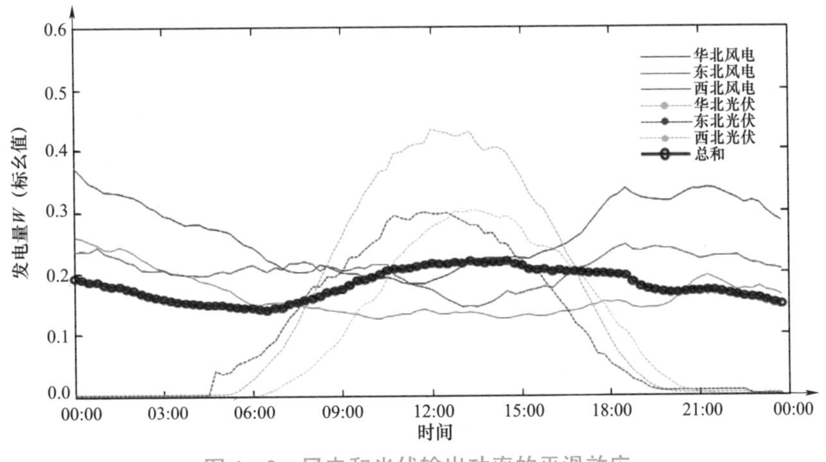

图 1-2　风电和光伏输出功率的平滑效应

考虑到地理尺度的平滑效应，系统级的功率输出不会从全功率下降到零，反之亦然，即随着天气的变化在梯度上增减。但是对于某个具体新能源电站，可变性可以根据斜率来描述，有时可能是陡峭的。例如，当达到一定的风速时，风电场可能会在风暴条件下切除。通过光伏电站上方的云可能导致功率急剧下降，最大功率下降可能每秒超过 50%。由于风速和可用太阳光可能实时变化，所以风电和光伏发电输出也会发生变化，并且发电操作员无法控制，使风电和光伏发电功率输出充满随机性和不确定性。

图 1-3 显示了光伏电站在一天内的典型功率曲线，它描述了光伏电站在晴天的平稳功率变化以及在阴天的剧烈功率波动。

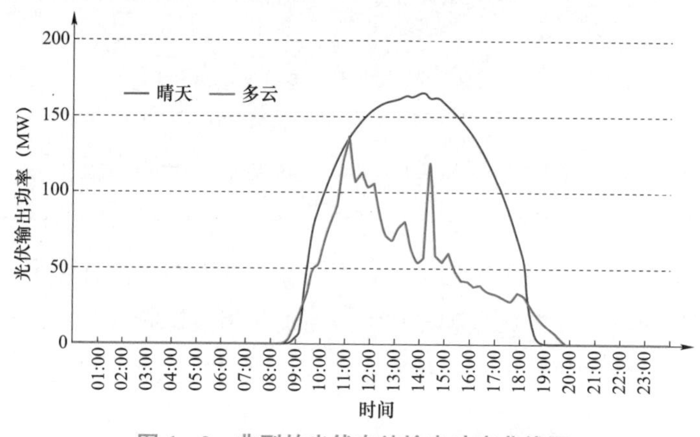

图 1-3　典型的光伏电站输出功率曲线图

1.1.3　弱稳定性和脆弱性

1.1.3.1　新能源发电的弱稳定性

当扰动发生时，新能源发电的弱稳定性表现为较小的稳定裕度，其中一个主要因素是新能源发电机组的弱惯性。惯性是电力系统设备的核心特性之一，影响着电力系统的频率稳定性。在以同步发电机为主导的电力系统中，每台同步发电机往往通过转子的物理质量，对系统产生固定的惯性。然而，随着并网的新能源越来越多，设备因其多时间尺度的强可控性，对系统表现出具有可控惯性。基于电力电子技术的新能源发电机组具有强可控性，改变了系统原有惯性特性，给电力系统的稳定性分析带来了很大的挑战。目前基于电力电子技术的新能源发电机组一般不响应系统的频率变化，导致其对系统表现为零惯量或弱惯量特性，从而导致新能源发电的稳定性变差。

另一个主要因素是新能源发电机组的暂态特性。在传统的电力系统中，时域的机电暂态受到发电机励磁控制的影响，而时域的电磁暂态完全由电路控制。新能源发电机组的时域电磁暂态也受到诸如交流电感电流控制器和直流电容电压控制器的影响。此外，由于电力电子设备承受过电压和过电流的能力有限，新能源发电机组通常配备适当的保护以避免损坏。因此，暂态过程的指令切换控制和保护，使得新能源发电的暂态特性非常复杂，导致暂态中新能源发电的弱稳定性。

基于电力电子的新能源发电之间的强相互作用也可能导致新能源发电的弱稳定性特征。由于基于电力电子的新能源发电机组的容量通常很小，大型新能源电站中的发电机组的地理分布区域较广。受空间地理位置的影响，新能源发电设备的输出功率不同，导致大规模新能源的空间和时间分布特征有显著区别。这种时空分布特征往往给功率平衡带来问题，设备之间具有较强的动态耦合，在弱网络结构中更为突出。此外，基于电力电子的新能源发电机组具有很强的可控性，使得设备之间的耦合因素极为复杂。因此，含大规模新能源发电的电力系统非常复杂，给系统稳定运行带来了挑战。

1.1.3.2　新能源发电的脆弱性

新能源发电的脆弱性特征表现为故障期间耐受过电流、过电压等能力弱。许多新能源发电机组采用电力电子接口连接到电力系统。由于半导体开关的热惯性较低，逆变器的电流和电压都受到限制，因此与同步发电机短路电流［5～10（标幺值）］相比，逆变器的故障电流贡献［1～2（标幺值）］相对较小。经过研究，广大科研工作者已经认识到，尽管逆变器控制的灵活性使其能够在正常运行时提供有效的电网服务，但其有限的电流和电压耐受能力会导致过电流和过电压保护在故障时动作，从而使新能源发电机组变得脆弱。以风电机组为例，其低电压穿越要求如图 1－4 所示［U_{pcc} 为并网点电压（标幺值）］。风电机组故障穿越能力不仅取决于风电机组的控制策略和运行状态，而且与电网的运行状况密切相关，如电网的强度、电网故障的形式等。特别是在长距离大规模风电并网的情况下，风电机组与同步发电机之间的动态耦合对风电机组的故障穿越能力有很大的影响。同时，风电机组的故障穿越对电网故障期间和故障后的运行有很大的影响。特别是当电力系统发生不对称故障时，风电机组短路电流的特性对电力系统继电保护有很大的影响，可能导致原有保护无法正常工作。

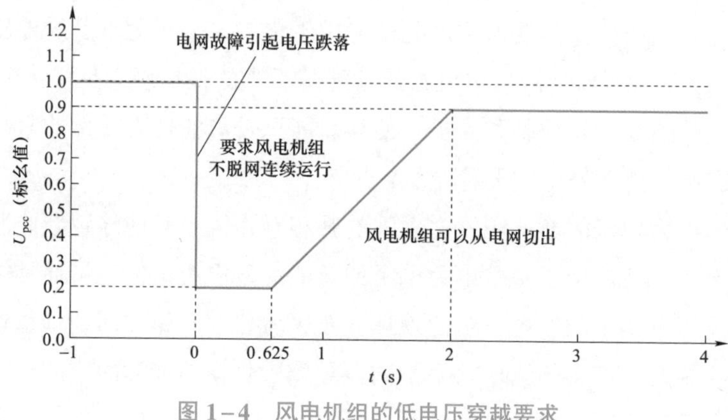

图 1-4　风电机组的低电压穿越要求

1.2 新能源发电并网的挑战

新能源发电机组是通过电力电子元件进行能量传输的，这与同步发电机的电磁感应发电的能量转换有本质区别。因此，新能源发电的动态特性不同于同步发电机。电力系统原有的控制和保护策略很难应对这种情况，将会出现更为复杂的问题，面临新的挑战。

1.2.1　稳态运行的挑战

弱网络结构下的电力电子设备具有较强的动态耦合作用，这给系统的稳定性分析和优化控制带来了新的挑战。迄今为止，对电力系统同步稳定性和电压频率稳定性的研究，仅限于对同步发电机稳定性影响的分析。事实上，电力电子设备的控制和多机之间的强耦合效应是大规模新能源接入后电力系统动态行为的关键，目前还没有得到足够的重视。新能源发电降低了电力系统的惯性，当电力缺额超过一定限度，电力系统的频率可能下降过快，甚至导致系统崩溃。部分新能源发电的无功控制对电网电压的变化没有响应，特别是在远距离传输中，当功率发生变化时，电力系统的电压波动将会很大。因此，对基于电力电子的新能源发电特性和多机交互特性的认识，是电力系统稳定性分析和控制的主要挑战。

1.2.2　稳定和故障控制的挑战

基于电力电子的新能源发电机组比同步发电机更具有可控性，因为内电动势的振幅和相位都可以控制，而同步发电机只能控制振幅。同时，新能源发电机组具有暂态控制功能，故障与正常运行具有不同的特性。这是新能源发电机组保护和控制面临的主要挑战。

对于电磁暂态稳定性，电力系统在电磁时间尺度上的暂态特性是由电路本身决定的，其过程是一个不受任何控制的自然衰减过程。随着大规模新能源发电接入，电力系统在电磁时间尺度上将呈现出完全不同的特点。电力电子元件快速、灵活的可控性给电力系统带来了大量的电磁时标控制，如风电机组中的交流电流控制和直流电压控制。引入这些可控模块，如交流电感器、直流电容器等，将使电力系统的电磁暂态过程不再是一个不受控的自然衰减过程，而是一个与控制量密切相关的复杂过程。此外，由于电力电子设备的耐过电压和过电流能力有限，在故障过程中，电力电子设备一般都配备了适当的保护装置以避免损坏，如风电、光伏发电等暂态过程的定向开关控制，也有硬件保护电路，如撬棒、斩波器等。考虑到设备的稳定性、系统稳定性和设备容量，控制目标不仅有利于新能源发电和同步发电机在故障期间的稳定性，而且有利于故障后的稳定性。因此，如何协调发电设备在故障期间和故障后的特性，以及如何协调发电设备的振幅控制和相位控制特性，是电力电子设备控制策略和控制目标面临的严峻挑战。特别是在长距离输电中，新能源发电机组的端电压容易受到干扰，难以准确跟踪和保持与电网的同步运行。

新能源发电机组的弱暂态生存能力，使其在电网严重故障时易退出运行。在大规模新能源并网的情况下，因电力不足可能造成系统电压和频率的严重波动。同时，合理控制新能源发电在故障过程中的行为，为电力系统的暂态稳定、故障识别和保护提供支撑，仍旧是一个重要的挑战。

1.2.3　大电网安全挑战

新能源资源丰富的地区通常电网结构较弱且远离负荷中心，而这些地区的新能源电站规模又较大，因此需要向负荷中心远距离输送大容量新能源。如果新建的新能源电站远离负荷中心或接入电网薄弱，或者没有输电通道，则需要升级或者新建输电通道，并保持合理的电压分布，如海上风电场装机容量一般在200～1000MW范围内，输送距离远大于陆地风电场。

为了将海上风电输送到负荷中心，就需要建设新的输电通道。

大规模新能源发电接入电力系统，使得电力系统原有的三道防线面临极大挑战。其中，对第一道防线的挑战是继电保护的影响。由于电力电子设备的控制复杂，以往基于暂态电流特性辨识的继电保护不能适应电力系统的电力电子设备。对于第二道防线和第三道防线，如何协调电力电子设备的应急控制和纠偏控制是一个巨大的挑战。此外，由于电力电子设备和同步发电机的不同，在不同的紧急情况下也可能出现新的稳定问题。如何理解安全与稳定的新定义，以及采取怎样的控制措施，仍然是个未知数。可以预见，这些都是电力系统安全和稳定的潜在巨大挑战。

1.3 新能源发电并网仿真研究进展

新能源发电与同步发电机不同，同步发电机既可以保持其有功功率输出恒定，也可以根据需求改变其有功功率输出，而新能源发电的有功功率输出取决于资源情况。同步发电机能够提供频率支持和电压支撑，但新能源发电缺乏对电网的这种支撑。

1.3.1 新能源发电建模

由于国内外研究机构及电力系统运行部门使用不同的电力系统仿真工具，针对不同研究目的对新能源发电机组及新能源电站模型的处理方法也不同，大量不同型号的新能源发电机组也有不一致的运行特性，因此，迫切需要根据新能源发电技术及研究目的，建立起标准化的新能源发电通用模型。

以风电为例，风电机组通用化建模已经成为国际上风电建模的重要研究和发展方向，如美国西部电力协调委员会（western electricity coordinating council，WECC）、国际电工委员会（international electrotechnical commission，IEC）、北美电力可靠性协会（north American electric reliability council，NERC）等组织都相继成立了专门的工作小组针对风电机组模型的通用化问题开展工作。WECC 工作组于 2010 年首先公布了《WECC 风电发展研究》（*WECC wind generator development*）研究报告，提出了第一代风电机组通用化模型，报告中根据风电机组采用的技术原理和拓扑结构将风电机组分为定速风电机组、滑差控制变速风电机组、双馈风电机组以及全功率变换风电机组四类，并给出了每类风电机组基本的模型结构及其子模块模型，但由于其研究中主要依据了特定风电机组厂家的技术，其部分子模块模型的通用性和适用性受到限制。2013 年 WECC 工作组又公布了进一步的研究进展《WECC 第二代风电机组模型》（*WECC Second Generation Wind Turbine Models*），提出了第二代风电机组通用化模型，主要对风电机组模型的部分子模块模型进行了优化和改进。总的来说，在风电机组通用化建模研究中，国际上对于将风电机组分为四类分别进行建模、四类风电机组的通用化模型结构方面基本取得了共识，但对于相应模型结构下的子模块模型仍有一些不同见解并在继续研究。

国内在新能源发电建模仿真方面也取得了一定的研究成果。但由于不同厂商制造的新能源发电机组，以及同一厂商制造的不同型号的新能源发电机组也有不同的运行特性，相关的研究工作基本上都是针对特定某种型号的新能源发电机组开展，其模型也是针对特定型号的新能源发电机组。因此新能源发电建模的一些成果更多地适用于试验和科研工作，在实际工程计算和并网分析时，还需结合实际风电机组和光伏发电单元的运行特性进行模型和参数的完善。

1.3.2 有功频率控制仿真

当系统发生功率扰动时（负荷侧输出功率或电源侧输入功率），首先，电磁功率根据扰动点和电气距离进行再分配，而机械功率可认为无变化，电网发生机械功率与电磁功率的不平衡；其次，在功率不平衡驱动下基于系统状态量特性频率动态变化；再次，当系统频差超出一次调频死区时，发电机调速器动作使系统频率稳定在新的水平；最后，自动发电控制（automatic generation control，AGC）系统下达指令由调频厂响应功率不平衡缺额，使系统频率回到额定状态。因此，不考虑人工干预时，电力系统频率变化是由系统功率不平衡及系统内所有状态量共同驱动决定的。频率变化率主要由系统功率不平衡度及旋转设备状态量动态约束，反映系统惯量水平；频率变化偏差主要由系统功率不平衡度及控制状态量动态约束，反映系统一次调频能力。大规模新能源并网深度改变了电力系统的频率特性，其本质是由新能源发电机组同步机制及其频率响应特性引起。

针对新能源并网系统频率稳定性的研究主要集中在两个方面：① 新能源并网系统频率特性的研究；② 并网系统频率响应控制的研究。新能源并网系统的频率特性包括单个新能源发电机组的频率特性及对并网系统频率稳定性的影响。以风电为例，基于普通异步发电机的定速风电机组由于转子转速与系统频率相耦合，其电功率的暂时升高对于频率降低的系统而言可以起到短时的频率支持作用，能够减小频率降低的幅度与变化率，因此基于异步发电机的定速风电机组能够表现出惯量的作用。但是基于异步机的定速风电机组没有类似于同步机组调速器、调频器等可以增加原动机出力的控制系统，因此其发出的有功功率在故障发生后一段时间内恢复到故障发生前的初始运行状态，不能提供一次调频支撑。典型的双馈风电机组和永磁直驱风电机组由于具有较高的风能捕获效率，以及有功、无功的解耦控制，且能够为电力系统提供较多的辅助支撑功能，已经成为风电场的主流机型。但是，正因为变速风电机组的转速与电网频率的完全解耦控制，致使在频率发生改变时无法对电网提供频率响应。因此在电网频率改变时，变速风电机组固有的惯量对电网则表现成为一个“隐含惯量”，正常情况下也不具备一次调频能力。由于变速风电机组控制灵活，风电可以通过两种方案实现频率响应控制：① 利用风电机组自身的旋转动能参与系统调频，此方法的缺点是低风速时转子转速较低，调频能力有限，且频率控制过程中转速下降造成风功率捕获能力下降，会引起二次频率冲击；② 采用有功功率备用技术。对于风电机组采用功率备用方法参与系统调频，目前主要通过超速运行控制、变桨控制及其两者之间的协调来实现。

1.3.3 无功电压控制仿真

新能源功率的强波动性和不确定性使得大规模新能源汇集区域呈现高渗透、局部电网薄弱的典型特征。高渗透率新能源接入情况下，新能源功率的变化进一步导致电网电压的波动，必然会引起一系列的无功电压问题。此外，新能源电站的发电机组数量庞大，新能源电站并网点母线的电压目标需要多发电机组的协调控制，这也给新能源并网后的无功电压控制带来了挑战。

新能源发电通常有恒压控制模式、恒无功功率模式和恒功率因数控制模式三种控制方式。针对新能源接入电网的无功电压控制仿真主要包括两个方面：① 静态无功电压控制仿真；② 暂态无功电压控制仿真。

1.3.3.1　无功电压静态控制仿真

为了解决新能源并网后的静态无功和电压控制问题，需要配置快速灵活的无功补偿装备，如静止无功补偿器（static var compensator，SVC）、静止无功发生器（static var generator，SVG）、可控并联电抗器和电容器，还可以充分发挥新能源发电机组的无功能力，并进行多设备间的协调控制。通常利用新能源电站的自动电压控制系统（automatic voltage control，AVC），实现新能源电站的无功电压控制。

无功电压静态控制仿真主要通过静态潮流计算实现。无功电压静态仿真方法主要有 P—V 曲线法和 V—Q 曲线法，分析新能源出力变化引起的电压变化，以及新能源电站接入电网后不同电压水平下的无功裕度。

1.3.3.2　无功电压暂态控制仿真

当新能源并网系统出现有功功率波动、线路短路以及发电单元脱网等问题，往往会造成系统电压的变化，影响电网暂态电压的稳定。新能源暂态电压控制主要包括低电压穿越和高电压穿越两种情况，分别指在进入低电压穿越和高电压穿越控制模式后，新能源发电发挥动态无功支撑能力，根据并网点电压输出无功电流，支撑电压恢复。同时，新能源电站配置的无功补偿装备也相应切入暂态电压控制模式，辅助支撑电网电压恢复。

无功电压暂态控制仿真主要通过时域仿真实现。目前可采用的仿真工具较多，如电力系统分析综合程序（power system analysis synthesis program，PSASP）、电力系统分析软件工具（bonneville power administration，BPA）等。需要注意的是，无论采用哪种仿真软件，仿真时都需要建立适用的新能源发电模型，能够充分反应新能源发电的暂态特性，尤其是在低电压穿越和高电压穿越过程中的无功电压特性和有功特性。

1.3.4 安全稳定控制仿真

电力系统发生故障后，将产生复杂的电磁暂态过程和机电暂态过程，前者主要指各元件中电场和磁场以及相应的电压和电流的变化过程，后者则指由于发电机和电动机电磁转矩的变化所引起电机转子机械运动的变化过程。大规模新能源接入电网以后在系统故障时的暂态特性发生明显变化，而电力电子接口的发电单元之间、发电单元与电网之间的相互作用机理复杂，给电网安全稳定运行带来挑战。研究新能源发电运行特性、控制特性，以及对电网的暂态支撑能力需要相应的技术手段。

在大规模新能源并网背景下，国内外学者开展了大量研究工作，主要采用暂态过程解析分析和仿真方法，研究新能源发电机组在故障穿越过程中的暂态特性及控制策略。以风电机组为例，针对电网短路故障时机组暂态特性研究，部分研究考虑转子撬棒（crowbar）保护电路投入和电机控制系统作用下，推导了双馈风电机组三相短路电流的表达式，给出其组成成分，定性分析了其具有多态性的特点；研究了电网对称短路故障情况下双馈风电机组的暂态响应特性，并给出双馈风电机组最大短路电流的解析表达式；针对机端电压对称和不对称跌落情况下双馈风电机组暂态物理过程，研究了风电机组转子电压的故障特性。风电机组的故障穿越方案主要有增加硬件设备和改进软件控制策略，增加硬件设备的故障穿越方案的基本思想是通过增加额外硬件设备（在定子侧和转子侧增加保护设备）泄放故障瞬间的浪涌能量，保护风电机组定子绕组、转子绕组、电力电子设备。此类故障穿越策略主要针对电网电压跌落程度较深、风电机组过电压或者过电流较为严重的情况。改进软件控制策略的故障穿越方案的基本思想是在不增加额外硬件的前提下，通过改进控制算法来实现风电机组的故障穿越。控制算法的改进主要表现在改变转子侧变频器的控制策略。因此，变频器的容量、电力电子器件的过载能力将决定此类故障穿越策略的适用范围和变频器的运行控制能力。此类策略主要针对电网电压跌落程度较浅、风电机组过电压或者过电流程度较轻的情况。

第 2 章

新能源发电原理及其运行特性

本章介绍了双馈风电机组、全功率变换风电机组、光伏发电单元等典型新能源发电机组的拓扑结构、基本控制方式及稳态和故障下的基本运行特性。

2.1 新能源发电的基本工作原理

2.1.1 新能源发电的主要类型

2.1.1.1 风电机组

风电机组从风中捕获能量，并通过风力机、传动系统及与其连接的发电机将捕获的能量转换成电能。目前主流的风电机组均为上方向、水平轴、三叶片结构，如图 2–1 和图 2–2 所示。两叶片风电机组和垂直轴风电机组也有应用。

图 2–1 水平轴、三叶片风电机组

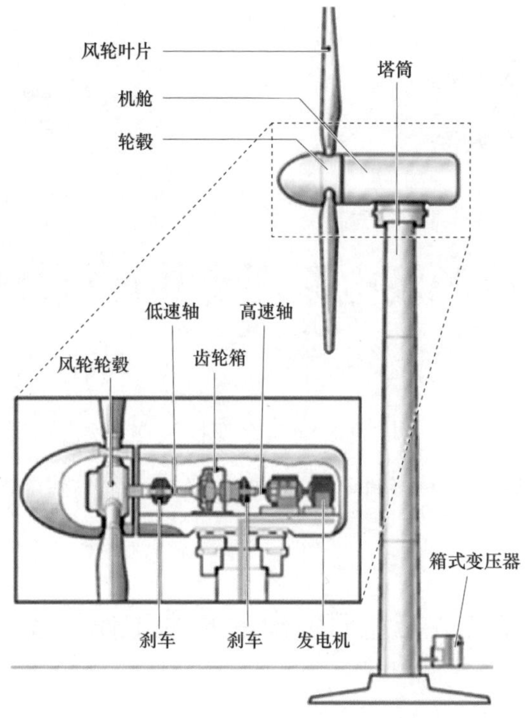

图 2-2　水平轴风电机组结构图

风电机组按不同的技术有多种分类方式，如根据轴向与桨叶、桨叶调节方式、发电机类型、传动系统划分，见表 2-1。

表 2-1　　风电机组分类方式

分类方式	类　别
轴向	水平轴、垂直轴
叶片数量	单叶片、双叶片、三叶片、多叶片
传动系统	有齿轮箱、无齿轮箱
叶片调节方式	定桨、变桨
发电机类型	普通感应电机、双馈感应电机、带全功率变频器的同步电机、带全功率变频器的异步电机

目前在运行的风电机组主要包括以下几种类型：定速风电机组、最优滑差风电机组、双馈风电机组、带全功率变频器的同步机组、带全功率变

频器的异步机组。每种类型的风电机组由于拓扑结构方面的固有差异，在性能上也具有一些各自的特点，如图 2–3 所示。

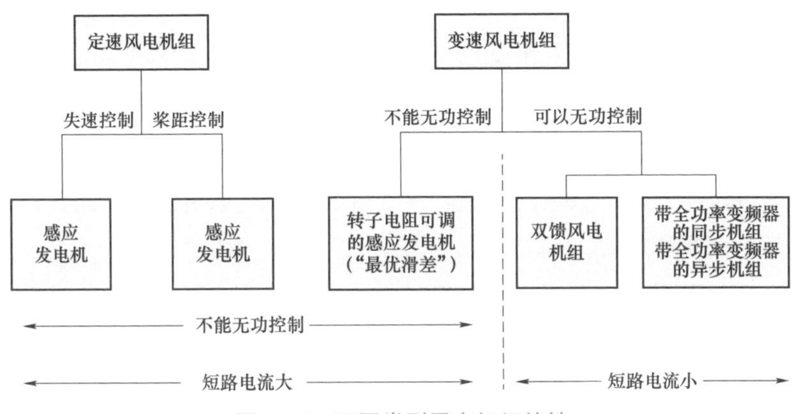

图 2–3 不同类型风电机组特性

2.1.1.2 光伏发电单元

光伏电池由半导体材料制成，直接将太阳能转化成直流电。当太阳光照射到光伏电池上时，太阳光的辐射能被光伏电池吸收并被转移给半导体材料原子中的电子，这些电子最终形成了回路中的电流，从而实现光伏电池的发电。光伏电池之间通过相互的串并联形成光伏发电组件，典型光伏组件的容量一般在 50～200W，见图 2–4。光伏发电组件与不可缺少的配套应用设备（如逆变器、太阳跟踪系统、电池、电气部件及固定系统）一起组成高模块化的光伏发电单元。

图 2–4 光伏发电组件

根据材料和设计不同，目前现有的光伏发电技术可以分为晶硅光伏发电、薄膜光伏发电和聚光光伏发电三种技术。晶硅光伏发电是目前应用最广的光伏发电技术，其能量转换效率可以达到20%。最近，可以使用非硅半导体材料的薄膜光伏发电受到广泛关注。虽然薄膜光伏发电能量转换效率相比晶硅而言较低，但是它的生产花费和耗能均较低，而且可以灵活应用。聚光光伏发电技术使用透镜汇集和加强光线，然后再照射到光伏电池上，能量转换效率可以达到40%。包括有机光伏发电电池在内的其他技术则仍处于研究阶段。

2.1.2 新能源发电的典型拓扑结构

2.1.2.1 定速风电机组

基于鼠笼式感应发电机的定速风电机组（如图2－5所示）在20世纪80年代出现并被广泛应用。该型风电机组只能在极有限的范围内改变转速（1%～2%），基本上被认为是“定速”，在风力发电技术发展的早期，定速异步感应发电机一直是风电产业的主力。在20世纪70年代后期至80年代早期，最流行的风电机组是叫作“丹麦概念”（200kW 左右）的拥有固定风叶并且与电网直接相连的定桨风电机组。定速风电机组的简易构造及鲁棒结构使其在风电产业流行了相当长的一段时间。由于风电机组的转速基本恒定，因此风电机组的输出功率会随着风速变化而波动。为了应对这个问题，该类型风电机组又出现了改进型双速设计版本。早期基于鼠笼式感应发电机的风电机组采用被动失速设计，缺乏有效的控制手段。改进型采用主动失速设计，风轮叶片可以通过控制系统进行变桨。由于感应发电机在发出有功功率的同时要吸收大量的无功功率，因此该类型风电机组通常在机端配置无功补偿设备。

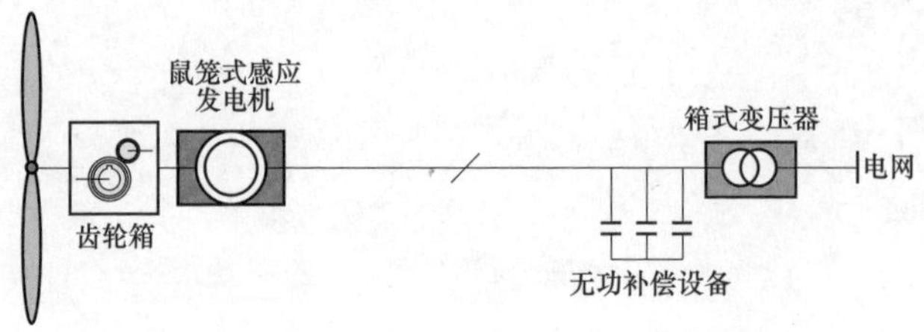

图2－5 基于鼠笼式感应发电机的定速风电机组

由于定速风电机组的转速通常是恒定的，所以风速的变化会产生转矩脉动，对传动系统产生压力，也会给电网带来电压波动。这些波动在阵风时会更加严重。采用可以在小范围内运行的最优滑差风电机组（如图2-6所示）是这些问题的解决方法之一，且既不用增加投资又不要改变主体设计。与定速异步感应发电机一样，最优滑差风电机组本质上是一台带有定子和转子的感应电机。不同之处在转子结构中。为了获得更大的滑差，最优滑差风电机组的转子通过滑环和电刷连接外部可调电阻器。当风电机组高于额定转速时，有效地控制外部电阻，使得气隙转矩可控且转差率可变，这样性能就很类似变速电机。该类型风电机组出现在20世纪八九十年代，采用绕线式转子感应发电机，通过采用电力电子器件控制转子电流大小，从而实现额定转速在±10%范围内的变速。在改善电能质量的同时，减轻了风电机组部件的机械载荷。另外，风电机组配备桨距角控制系统，同时与基于鼠笼式感应发电机的定速风电机组类似，也需在机端配置一定容量的无功补偿设备。

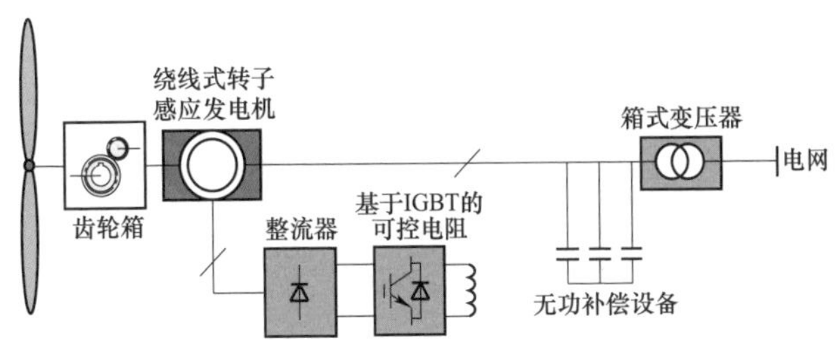

图2-6 最优滑差风电机组（带可变转子电阻）拓扑结构

2.1.2.2 双馈风电机组

作为当前市场上最主流的风电机组之一，双馈风电机组（doubly-fed induction generators，DFIG）集合了之前风电机组设计的所有优点，同时在电力电子技术方面进行了改进。绕线式转子感应发电机的转子通过背靠背的采用绝缘栅双极型晶体管（insulated gate bipolar transistor，IGBT）的功率变频器连接至电网，其中功率变频器可以同时控制转子电流的幅值和频率，如图2-7所示。由于异步发电机的定子和转子绕组都与电网相连，因此都参与能量转换过程，所以称为双馈。绕线转子只将发电机的滑差功率传输给电网，变频器容量通常为 DFIG 额定容量的 1/3。

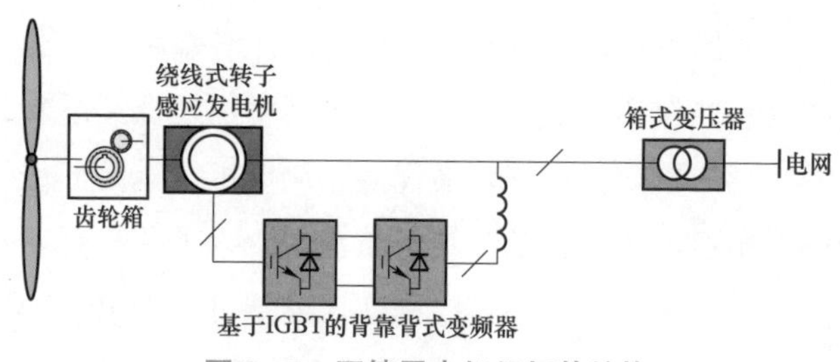

图 2－7　双馈风电机组拓扑结构

当 DFIG 运行于超同步转速模式时，功率通过定子直接输送给电网，同时 DFIG 转子中的功率也通过变频器流入电网，或者简单地说就是转子为电网提供能量，也相当于嵌入了正阻。但是当风速进一步增大，通过调整风电机组风电机组转子的叶片桨距可以限制多余的能量。DFIG 变频器的功率只有 DFIG 额定功率的 25%～30%。只有部分功率通过变频器进行反馈，因此降低了损耗，这是 DFIG 的优点。与全功率变换风电机组相比，DFIG 可以节省很大一部分投资成本。但是和同步发电机相比，由于要高速运行，需要安装齿轮箱，这会降低双馈风电机组的可靠性。

双馈设计方案可以实现大约额定转速±40%范围的变速，实现了最大风能捕获。DFIG 变频器实现了有功功率和无功功率的解耦控制，可以在无须附加无功补偿装置的情况下实现灵活的电压控制，以及快速的电压恢复和异常电压穿越。双馈风电机组也同样配备有桨距角控制系统。

2.1.2.3　全功率变换风电机组

全功率变换风电机组，即带全功率变频器的异步电机或同步发电机式风电机组，定子通过采用 IGBT 的全功率背靠背功率变频器与电网连接，风电机组的全部输出功率均通过该变频器注入电网，如图 2－8 所示。发电机部分可能采用绕线转子或鼠笼式异步电机、绕线转子同步发电机或永磁同步发电机，而且根据电机类型的不同，可能配置齿轮箱也可能采用直驱式的结构。全功率变换风电机组的传动链可以是完全采用变速齿轮箱、部分采用变速齿轮箱（半直驱）或者不采用齿轮箱（直驱）。

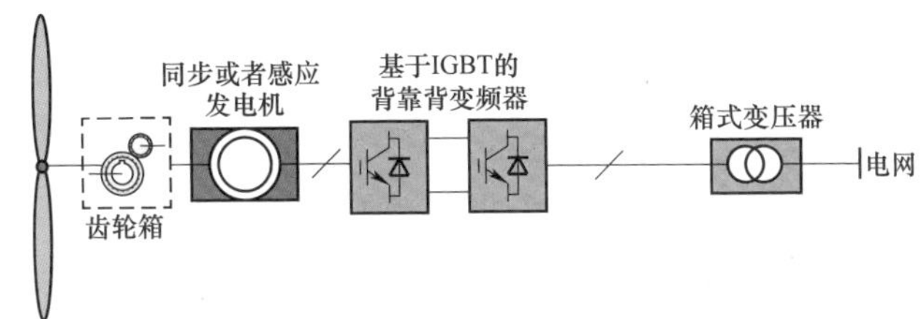

图 2－8　全功率变换风电机组拓扑结构

在直驱风电机组中，大直径凸极转子直接连到风电机组转子上，并以同步速旋转。因为风速的变化，风电机组的机械转子转速与发电机机端的电气频率也是变化的。因为电气频率与电网的频率不匹配，所以发电机需要通过全功率变频器接入电网，实现与电网的解耦。由于省去了齿轮箱，直驱风电机组的体积较小，性能也更可靠。

同样容量的永磁同步发电机体积比绕线转子同步发电机要小，因为转子上没有绕组所以重量更轻。而且由于不需要激励磁场，使用多极永磁同步发电机的风电机组效率较绕线转子同步发电机要高。由于极对数较少的电机转速比风力机叶片要高，采用直驱结构时，需要增加绕线转子同步发电机的极对数（大于 120）来降低风电机组的转速，且工作时转速波动小，使用绕线转子同步发电机的直驱风电机组需要设计成具有较大的直径和较小的极间距（不能大于 150mm）的结构，而永磁直驱同步发电机无此要求。现代稀土永磁体在很小的空间里就能产生极大的磁通量，这样很容易设计出高极数的永磁直驱风电机组，以实现低转速。全功率变换风电机组具有和双馈风电机组相似的电气特性，不过由于其与电网完全解耦，因此能提供更宽的变速范围与更强的无功电压控制能力。除此之外，它的输出电流可以调节至零，因此可以限制注入电网的短路电流。

2.1.2.4　光伏发电单元

图 2－9 所示为光伏发电系统拓扑结构示意图，光伏发电系统主要由光伏阵列和逆变器组成，光伏阵列经过逆变器输出并升压后与外部电网相连。光伏电池由半导体材料制成，直接将太阳能转化成直流电，再通过并网逆变器的作用将光伏电池发出的直流电力变换成交流电能。

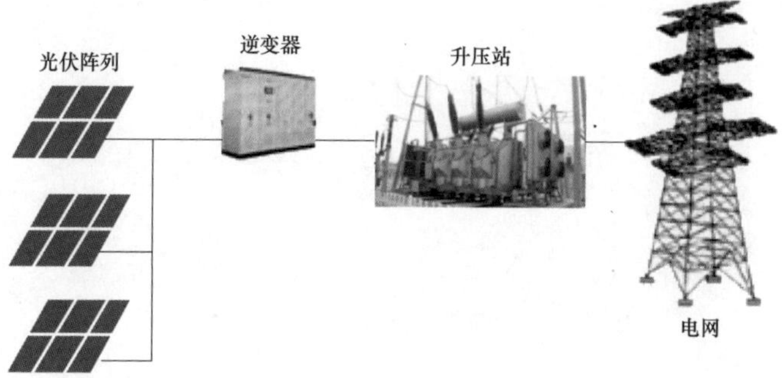

图 2-9　光伏发电系统拓扑结构示意图

光伏并网逆变器是并网型光伏系统能量转换与控制的核心。并网逆变器的结构主要包括逆变器主电路和控制器两部分。根据主电路拓扑结构，逆变器分为单级、双级和多级拓扑结构，单级逆变器需在一个功率变换环节内实现最大功率点跟踪（maximum power point tracking，MPPT）、直流/交流（direct current/alternating current，DC/AC）逆变及并网保护等保护功能，结构简单控制复杂；双级逆变器，主电路包括 DC/DC 和 DC/AC 环节，DC/DC 环节实现最大功率跟踪，后级实现并网波形控制及保护；多级拓扑结构主电路设计复杂且成本高，并不常用。

光伏并网逆变器的控制策略是光伏系统并网控制的关键。尽管光伏并网发电系统存在多种拓扑结构，但都不能缺少网侧 DC/AC 变换单元，即网侧逆变器是光伏并网发电系统的核心。对于两级变换的光伏并网逆变系统，前级 DC/DC 变频器和后级 DC/AC 变频器之间设置一个足够容量的直流滤波电容，在缓冲前、后级能量变化的同时，也起到了前、后级控制上的解耦作用。前级的 DC/DC 变频器主要实现最大功率点跟踪控制，而后级的 DC/AC 变频器则有两个基本控制要求：① 保持前后级之间的直流侧电压稳定；② 要实现并网电流控制，甚至需根据指令进行电网的无功功率调节。

2.1.3　新能源发电的基本控制

2.1.3.1　最大功率追踪机制

1. 风电的最大功率追踪

风电机组输出的电能是由风能转化而来的，风力机捕获部分流经叶片的风能转化为自身旋转的动能，并通过机械传动系统将风力机捕获的能量输送给发电机，通过拖动转子励磁系统将机械能转化为电能。

风力机捕获风能的过程是一个涉及流体力学和空气动力学的复杂过程，通常可以采用叶素动量理论（blade element momentum，BEM）对风力机转轮和叶片的空气动力特性进行建模，风力机捕获的风能可由式（2-1）给出

$$P_{\mathrm{w}}=\frac{1}{2}\rho AC_{\mathrm{p}}(\beta,\lambda)v_{\mathrm{eq}}^{3} \tag{2-1}$$

式中 P_{w}——风力机捕获风能转化的机械功率，W；

ρ——空气密度，kg/m^3；

A——叶片扫过的面积，m^2；

v_{eq}——等效风速，m/s；

$C_{\mathrm{p}}(\beta,\lambda)$——风电机组风能转换效率系数，是桨距角$\beta$与叶尖速比$\lambda$的函数。

其中叶尖速比λ的表达式为

$$\lambda=\frac{\omega_{\mathrm{r}}R}{v_{\mathrm{eq}}} \tag{2-2}$$

式中 ω_{r}——风电机组转子转速；

R——风力机叶片半径。

在λ和β已知条件下，某机型的C_{p}可用下式近似拟合

$$\begin{cases}C_{\mathrm{p}}(\lambda,\beta)=0.5176(116/\lambda_{\mathrm{i}}-0.4\beta-5)\mathrm{e}^{-21/\lambda_{\mathrm{i}}}+0.0068\lambda\\ \dfrac{1}{\lambda_{\mathrm{i}}}=\dfrac{1}{\lambda+0.08\beta}-\dfrac{0.035}{\beta^{3}+1}\end{cases} \tag{2-3}$$

由式（2-3），根据不同的λ和β值得到的C_{p}曲线如图2-10所示。

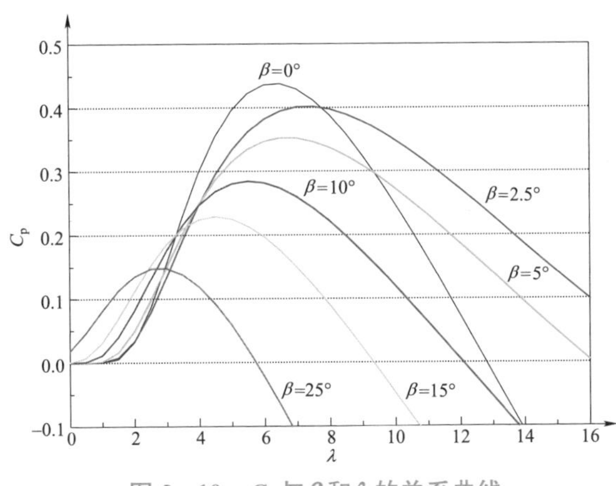

图2-10 C_{p}与β和λ的关系曲线

由图 2－10 可知，每个桨距角β对应一条 $C_p=f(\lambda)$的曲线，桨距角越大，C_p 曲线越靠近下方。对于给定叶片桨距角β，风能转换效率系数 C_p 是随叶尖速比λ先增后降的函数，每个给定桨距角β对应唯一最优 C_{pmax}，对应唯一的最优叶尖速比$\lambda=\lambda_{opt}$。根据式（2－2），在一定的风速条件下，为了保证最优叶尖速比，可以得出相对应的风力机转速值，在这种运行方式下能够保证风力机的效率最高、捕获的风能最大。

因此，风电机组最大功率追踪机制为在风速低于额定风速时通过变速运行以获得最大风能；当风速超过额定风速时，利用风力机桨距控制系统约束捕获风功率不超过机组额定功率。由于通过风力机叶片的风速受垂直高度、叶片阻挡及塔筒等的影响不是固定不变的，用测风仪得到的风速信号更难以反映风力机叶片感受的风速，所以实际的风电机组控制系统并不直接采用风速作为输入控制信号，而采用风电机组转速作为输入控制信号。由式（2－3）可知，叶片桨距角 β 给定时，风能转换效率系数 C_p 主要由叶尖速比λ决定，有且仅有一个最优叶尖速比λ_{opt} 使风能转换效率系数 C_p 达到最优 C_{pmax}。因此，可根据式（2－2），当风速不断变化时，可通过控制转子转速 ω_r，保证风速变化时叶尖速比满足$\lambda=\lambda_{opt}$，保证风力机捕获风能最多、风能转换效率最高。

风电机组最大功率追踪控制结构如图 2－11 所示。风电机组最优转速参考值通过测量风电机组输出功率根据最优功率曲线反推得到，将计算得到的最优转速参考值与风电机组转速测量值输入转速控制器获得转速偏差，经比例积分环节得到最优功率参考值，输入到风电机组功率控制系统。当风电机组转速测量值与最优转速参考值不一致时，转速控制器将对最优

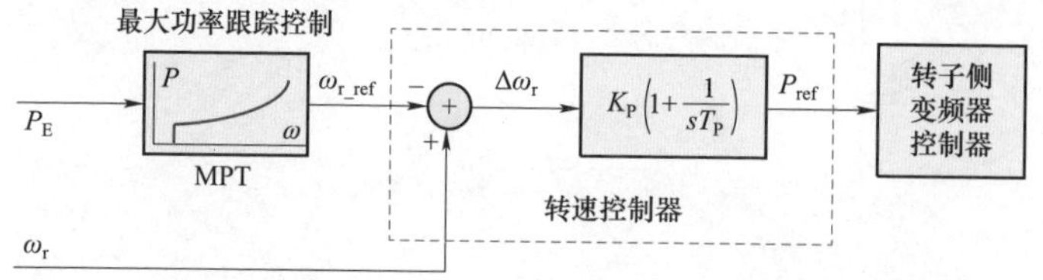

图 2－11　双馈风电机组最大功率追踪控制及转速控制器模型结构

P_E—机组发出的功率；$\Delta\omega_r$—转速偏差；ω_{r_ref}—转速的参考值；K_P—控制器的放大环节系数；T_P—控制器的比例环节系数；P_{ref}—有功的参考值；s—复频率

功率进行连续调节，直到风电机组输出实际风速对应的最优功率。由以上分析可知，变速风电机组实现最大功率跟踪控制获得最大风能，主要依赖最大功率追踪模块、转速控制器和风电机组功率控制系统协调控制完成。

2. 光伏风电的最大功率追踪

在光伏发电系统中，光伏电池的利用率除了与光伏电池的内部特性有关外，还受使用环境如光强、负载和温度等因素的影响。在不同的外界条件下，光伏电池可运行在不同且唯一的最大功率点（maximum power point，MPP）上。因此，对于光伏发电系统来说，应当寻求光伏电池的最优工作状态，以最大限度地将光能转化为电能。利用控制方法实现光伏电池的最大功率输出运行的技术被称为最大功率跟踪技术。

由光伏电池的单二极管模型可知，一般在正常工作情况下，随光强和温度变化的光伏电池 *U—I* 和 *P—U* 特性曲线分别如图 2–12、图 2–13 所示。显然，光伏电池运行受外界环境温度、光强等因素的影响，呈现出典型的非线性特征。一般来说，理论上很难得出非常精确地光伏电池数学模型，因此通过数学模型的实时计算来对光伏系统进行准确的 MPPT 控制是困难的。

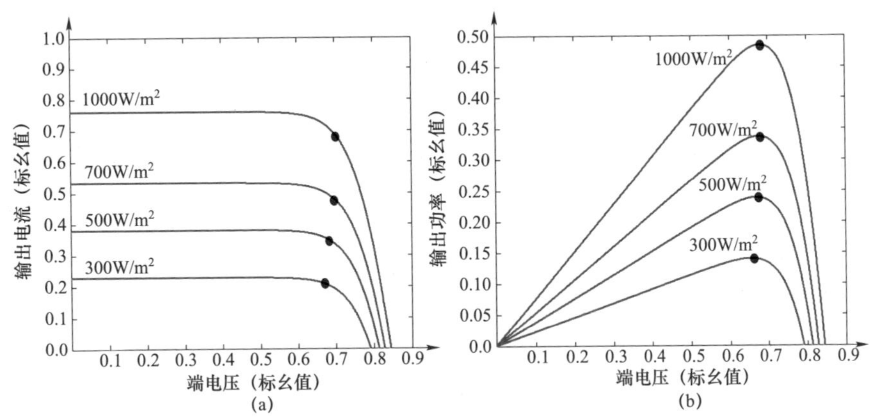

图 2–12 相同温度而不同光强条件下光伏电池特性

（a）*U—I* 特性；（b）*P—U* 特性

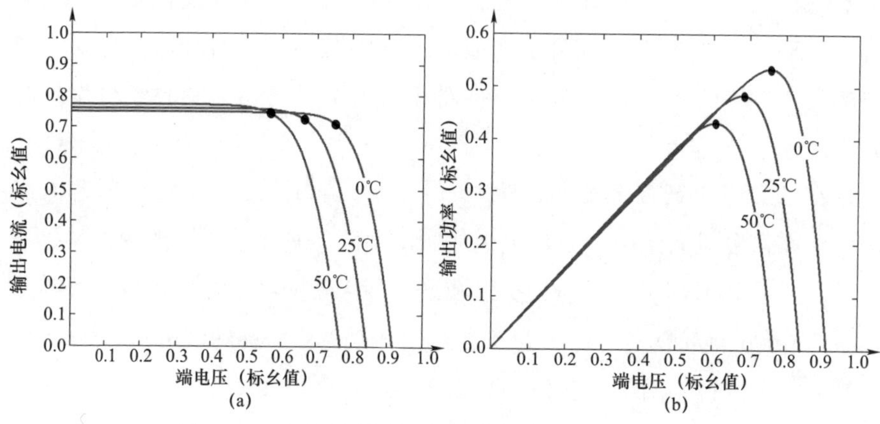

图 2－13　相同光强而不同温度条件下光伏电池特性

（a）U—I 特性；（b）P—U 特性

理论上，根据电路原理：当光伏电池的输出阻抗和负载阻抗相等时，光伏电池的输出功率最大。可见，光伏电池的 MPPT 过程实际上就是基于光伏电池输出阻抗和负载阻抗相匹配的过程。由于光伏电池的输出阻抗受环境因素的影响，因此，如果能通过控制方法实现对负载阻抗的实时调节，并使其跟踪光伏电池的输出阻抗，就可以实现光伏电池的 MPPT 控制。为了方便讨论，光伏电池的等效阻抗 R_{opt} 被定义成最大功率点电压 U_{mpp} 和最大功率点电流 I_{mpp} 的比值，即 $R_{opt}=U_{mpp}/I_{mpp}$。显然，当外界环境发生变化时，R_{opt} 也将发生变化。但是，由于实际应用中的光伏电池是向一个特定的负载传输功率，因此就存在一个负载匹配的问题。

光伏电池的伏安特性与负载特性及其匹配的过程如图 2－14 所示，图中光伏电池的负载特性以过坐标原点的电阻特性表示。由图 2－14 可以看出：在光强 1 的情况下，电路的实际工作点正好处于负载特性与光伏 U—I 特性曲线的交点 a 处，而 a 点正好是光伏电池的最大功率点，此时光伏电池的伏安特性与负载特性相匹配；但在光强 2 的情况下，电路的实际工作点则处于 b 处，而此时的最大功率点却在 a' 处，为此，必须进行相应的负载阻抗的匹配控制，而使电路的实际工作点处于最大功率点 a' 处，从而实现光伏电池的最大功率输出。

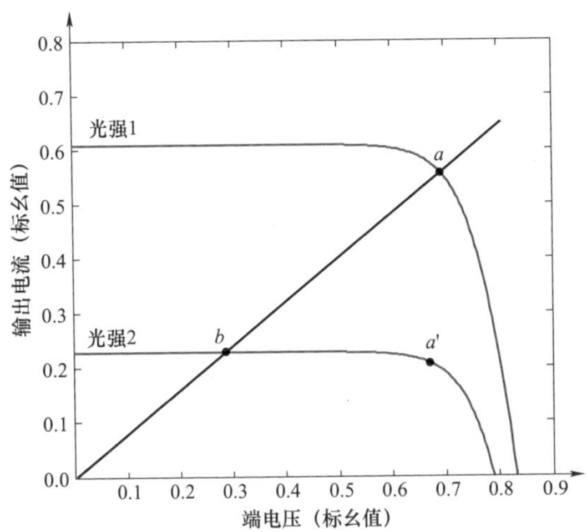

图 2-14　光伏电池的伏安特性与负载特性的匹配

2.1.3.2　矢量控制

目前主流的双馈风电机组、直驱风电机组都是通过矢量控制技术来完成的，通过对变频器的有功、无功解耦控制，实现控制新能源发电最大功率追踪并提供无功电压控制能力的目的。

空间矢量最初是用来表述交流电机磁链分布的，如图 2-15（a）所示，感应电机定子三相绕组相隔 120° 集中放置，其中为每相绕组提供一相电流，就会在空气间隙中产生一旋转的磁链。同样大小的磁链能够通过图 2-15（b）所示垂直放置的两相绕组产生。这就是所谓的空间矢量的基本原理。假设 s_A, s_B, s_C 分别代表感应电机定子三相任意变量，按照定义，三相变量的空间矢量 s_{ABC} 为

$$s_{ABC}=\frac{2K}{3}(s_A+as_B+a^2s_C)=s_{\alpha\beta}=s_\alpha+\mathrm{j}s_\beta \tag{2-4}$$

$$a=\mathrm{e}^{\mathrm{j}2\pi/3}$$

式中　K——空间矢量比例系数或称坐标转换比例系数；

a——单位空间矢量算子；

$s_{\alpha\beta}$——两相变量的空间矢量；

s_α, s_β——分别对应虚拟绕组的任意两相变量。

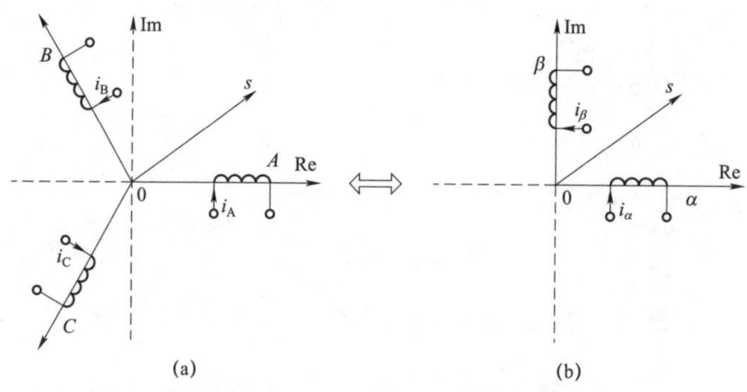

图 2-15　空间矢量的基本原理

（a）三相绕组相隔 120° 集中放置；（b）垂直放置的两相绕组

式（2-4）定义了三相自然 ABC/abc 坐标系下电机变量的空间矢量向两相 $\alpha\beta$坐标系下转换的关系。其中系数 K 理论上可以取任何值，在实际应用中，通常取 1 或者$\sqrt{3/2}$。如果选取 1，此时称为非功率等量转换；如果选为$\sqrt{3/2}$，是所谓的功率等量转换。如果把上述三相对称变量相应的数学表达式代入式（2-4）中，并取 $K=1$，其可进一步简化为

$$s_{\text{ABC}} = s_{\alpha\beta} = S\text{e}^{\text{j}(\omega_\text{e}t+\theta)} \tag{2-5}$$

式中　S——对应变量幅值；

ω_e——相关变量的电角速度；

θ——初相角；

t——时间。

同理，如果在式（2-5）两边同时乘以一个以某速度旋转的单位空间矢量，便可得出以任意速度旋转的通用坐标系下电机变量的空间矢量表达式，即

$$s_\text{k} = \text{e}^{-\text{j}\omega_\text{k}t} s_{\text{ABC}} = S\text{e}^{-\text{j}[(\omega_\text{e}-\omega_\text{k})t+\theta]} \tag{2-6}$$

式中　s_k——电机变量的空间矢量；

ω_k——两轴通用坐标系旋转角速度。

因此，矢量控制实现的基本原理是通过测量和控制感应电机定子电流矢量，根据磁场定向原理分别对感应电机的励磁电流和转矩电流进行控制，从而达到控制感应电机转矩的目的。具体是将感应电机的定子电流矢量分解为产生磁场的电流分量（励磁电流）和产生转矩的电流分量（转矩电流）分别加以控制，并同时控制两分量的幅值和相位，即控制定子电流矢量。

矢量控制需在一定的参考坐标系下来实现有功、无功的解耦控制。通常的解耦控制方法都是以同步转速旋转的坐标轴为参考坐标系。以双馈风电机组控制为例，采用定子电压定向的转子电流控制方法，以实现有功功率与无功功率的解耦控制，因此将同步旋转的参考坐标系 d 轴与定子电压矢量方向重合，于是有 $u_{sd}=U_s$，$u_{sq}=0$。忽略定子电阻上的压降，双馈感应电机的电压方程简化为

$$\begin{cases} u_{sd}=-\omega_s\psi_{sq}=U_s \\ u_{sd}=\omega_s\psi_{sd}=0 \\ u_{rd}=\dfrac{d\psi_{rd}}{dt}-s\omega_s\psi_{rq}+R_ri_{rd} \\ u_{rq}=\dfrac{d\psi_{rq}}{dt}+s\omega_s\psi_{rd}+R_ri_{rd} \end{cases} \tag{2-7}$$

式中　U_s——机端电压；

ω_s——坐标系旋转角速度，即为同步转速；

R、u、Ψ、i——分别表示电阻、电压、磁链和电流；

d、q——下标，分别代表 d 轴和 q 轴分量；

s、r——下标，分别代表定子和转子变量。

由电压方程可知，d 轴磁链 $\psi_{sd}=0$，磁链方程简化为

$$\begin{cases} \psi_{sd}=L_si_{sd}+L_mi_{rd}=0 \\ \psi_{sq}=L_si_{sq}+L_mi_{rq}=-\dfrac{U_s}{\omega_s} \\ \psi_{rd}=L_ri_{rd}+L_mi_{sd} \\ \psi_{rq}=L_ri_{rq}+L_mi_{sq} \end{cases} \tag{2-8}$$

式中　L_s——定子电感；

L_r——转子电感；

L_m——励磁电感。

由于 DFIG 定子输出有功和无功功率分别为

$$\begin{cases} P_s=\dfrac{3}{2}\mathrm{Re}[\dot{U}_s\dot{I}_s^*]=\dfrac{3}{2}(u_{sd}i_{sd}+u_{sq}i_{sq}) \\ Q_s=\dfrac{3}{2}\mathrm{Im}[\dot{U}_s\dot{I}_s^*]=\dfrac{3}{2}(u_{sq}i_{sd}-u_{sd}i_{sq}) \end{cases} \tag{2-9}$$

根据磁链方程可得

$$i_{sd}=\frac{-L_{m}i_{rd}}{L_{s}} \tag{2-10}$$

代入有功功率方程，得出有功功率 P_s 与转子有功电流 i_{rd} 之间的关系

$$P_{s}=\frac{3}{2}U_{s}i_{sd}=-\frac{3}{2}U_{s}\frac{L_{m}}{L_{s}}i_{rd} \tag{2-11}$$

同理，可得到无功功率 Q_s 与转子无功电流 i_{rq} 之间的关系

$$Q_{s}=\frac{3}{2}\left(\frac{U_{s}^{2}}{\omega_{s}L_{s}}+\frac{U_{s}L_{m}}{L_{s}}i_{rq}\right) \tag{2-12}$$

转子电流的有功电流分量 i_{rd} 可以实现对定子绕组有功功率 P_s 的控制，而无功电流分量 i_{rq} 可以控制定子绕组的无功功率 Q_s。i_{rd}、i_{rq} 分别为转子电流在以定子电压定向的同步旋转坐标系 d 轴、q 轴上的分量，它们之间不存在耦合关系；实现了对定子绕组有功功率 P_s 与无功功率 Q_s 的解耦控制。

通过控制转子电流可以实现对双馈感应发电机的有功、无功解耦控制，但是，控制转子电流是通过间接控制变频器在转子上的外加电压来实现的，因此，需推导出变频器在转子上的外加电压与转子电流之间的关系。

由磁链方程可以得出定、转子电流之间的关系式

$$\begin{cases}i_{sd}=\dfrac{L_{m}}{L_{s}}i_{rd}\\ i_{sq}=\dfrac{U_{s}}{\omega_{s}L_{s}}-\dfrac{L_{m}}{L_{s}}i_{rq}\end{cases} \tag{2-13}$$

$$\begin{aligned}u_{rd}&=R_{r}i_{rd}+\frac{d\psi_{rd}}{dt}-s\omega_{s}\psi_{rq}\\&=R_{r}i_{rd}+\frac{d}{dt}\left(L_{r}i_{rd}-\frac{L_{m}^{2}}{L_{s}}i_{rd}\right)-s\omega_{s}\left[L_{r}i_{rq}-L_{m}\left(\frac{U_{s}}{\omega_{s}L_{s}}+\frac{L_{m}^{2}}{L_{s}}i_{rq}\right)\right]\\&=R_{r}i_{rd}+L_{r}\left(1-\frac{L_{m}^{2}}{L_{s}L_{r}}\right)\frac{d}{dt}i_{rd}-s\omega_{s}\left[L_{r}\left(1-\frac{L_{m}^{2}}{L_{s}L_{r}}\right)i_{rq}-\frac{L_{m}}{\omega_{s}L_{s}}U_{s}\right]\\&=R_{r}i_{rd}+\sigma L_{r}\frac{d}{dt}i_{rd}-s\omega_{s}\sigma L_{r}i_{rq}+s\frac{L_{m}}{L_{s}}U_{s}\end{aligned} \tag{2-14}$$

其中，$\sigma=1-\frac{L_{\mathrm{m}}^{2}}{L_{\mathrm{s}}L_{\mathrm{r}}}$；同理推导可得

$$u_{\mathrm{r}q}=R_{\mathrm{r}}i_{\mathrm{r}q}+\sigma L_{\mathrm{r}}\frac{\mathrm{d}}{\mathrm{d}t}i_{\mathrm{r}q}+s\omega_{\mathrm{s}}\sigma L_{\mathrm{r}}i_{\mathrm{r}d} \tag{2-15}$$

因此，转子外加电压控制转子电流的控制方程为

$$\begin{cases}u_{\mathrm{r}d}=R_{\mathrm{r}}i_{\mathrm{r}d}+\sigma L_{\mathrm{r}}\frac{\mathrm{d}}{\mathrm{d}t}i_{\mathrm{r}d}-s\omega_{\mathrm{s}}\sigma L_{\mathrm{r}}i_{\mathrm{r}q}+s\frac{L_{\mathrm{m}}}{L_{\mathrm{s}}}U_{\mathrm{s}}\\ u_{\mathrm{r}q}=R_{\mathrm{r}}i_{\mathrm{r}q}+\sigma L_{\mathrm{r}}\frac{\mathrm{d}}{\mathrm{d}t}i_{\mathrm{r}q}+s\omega_{\mathrm{s}}\sigma L_{\mathrm{r}}i_{\mathrm{r}d}\end{cases} \tag{2-16}$$

上面是定子电压定向下的转子电流控制公式，在定子电压定向坐标系下，转子有功、无功电流分量是完全解耦的，但是相应的控制电压矢量没有完全解耦，如果用$u_{\mathrm{r}d}$控制$i_{\mathrm{r}d}$，用$u_{\mathrm{r}q}$控制$i_{\mathrm{r}q}$，需要分别增加前馈输入$-s\omega_{\mathrm{s}}\sigma L_{\mathrm{r}}i_{\mathrm{r}q}+s\frac{L_{\mathrm{m}}}{L_{\mathrm{s}}}U_{\mathrm{s}}$与$s\omega_{\mathrm{s}}\sigma L_{\mathrm{r}}i_{\mathrm{r}d}$，从而可以实现解耦控制。

2.1.3.3　同步方式

新能源发电机组的变频器控制策略有多种实现方式，目前应用最为广泛的是基于矢量控制方法建立变频器控制系统，利用锁相环（phase-locked loop，PLL）来检测电网电压的相位，并利用其生成并网电流基准，同时，通过并网电流闭环来保证并网电流反馈值能够很好地跟踪基准值。

由于矢量控制基于同步旋转坐标变换，因此需要准确的电网电压频率和相位信息，一般通过锁相环锁定电网电压频率和相位。典型的基于dq变换的锁相环基本结构如图 2－16 所示。其中环路滤波器一般采用 PI 结构，即

$$LF(s)=k_{\mathrm{P}}+\frac{k_{\mathrm{I}}}{s} \tag{2-17}$$

式中　k_{P}——比例系数；

k_{I}——积分系数。

环路控制目标即为使u_{sq}为 0。当控制环路使u_{sq}足够小时，可认为锁相成功。

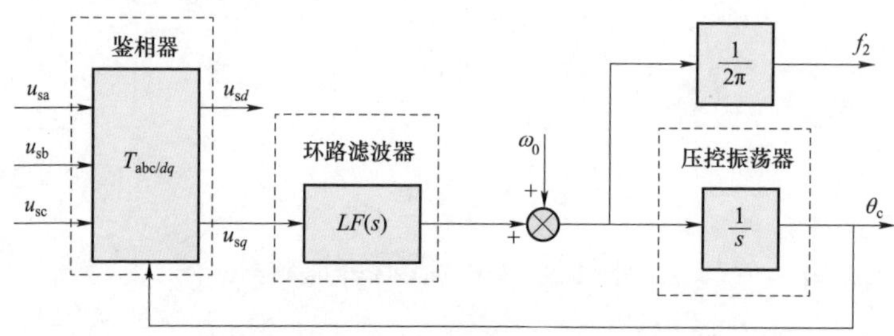

图 2-16　基于 *dq* 变换的锁相环基本结构

图 2-16 所示锁相环的传递函数可表示为

$$G(s)=\frac{\theta_c(s)}{\theta(s)}=\frac{k_p s+k_i}{s^2+k_p s+k_i}=\frac{2\zeta\omega_c s+\omega_c^2}{s^2+2\zeta\omega_c s+\omega_c^2} \tag{2-18}$$

式中　ω_c——锁相环的自然频率；

ζ——该锁相环的阻尼比。

自然频率和阻尼比与锁相环控制参数的关系可用下式表示

$$\left.\begin{aligned}\omega_c&=\sqrt{k_i}\\ \zeta&=\frac{k_p}{2\sqrt{k_i}}\end{aligned}\right\} \tag{2-19}$$

式（2-18）二阶系统的特征方程为

$$s^2+2\zeta\omega_c s+\omega_c^2=0 \tag{2-20}$$

其两个根为

$$\begin{cases}s_1=-\zeta\omega_c+\omega_c\sqrt{\zeta^2-1}\\ s_2=-\zeta\omega_c-\omega_c\sqrt{\zeta^2-1}\end{cases} \tag{2-21}$$

该锁相环响应特性取决于 ω_c 和 ζ 这两个参数。

基于锁相同步的矢量控制方式的风电机组是当前新能源发电机组普遍采用的同步方式，技术成熟度高，应用广泛。由于在变频器控制过程中有锁相环信号的参与，因而锁相环的性能好坏直接影响到新能源发电机组的并网性能。通常锁相环被设计具有快速的动态响应，当出现功率不平衡情况时，锁相环将迅速驱动变频器内电动势相位变化实现与电网的同步运行，因而在机电时间尺度上新能源发电机组输出功率几乎不变，导致对电网电压和频率的支撑能力不足。另外，随着新能源发电占比的增加，新能源发电接入系统强度相对变弱，新能源发电机组锁相环与电流环等控制环节的耦合程度加深，可能引起新能源发电参与的系统振荡问题。

而为适应新能源高占比接入电网，一种区别于锁相同步方式的自同步方式可能会应用。自同步方式是指不依赖于电网状态、由不平衡功率驱动自生风电机组并网内电动势幅值/相位的同步方式。相比于锁相同步方式，自同步方式通过建立功率变化和内电动势之间更简单直接的数学联系，通过改变控制方式使得新能源发电机组对外表现为电压源特性，以期望新能源发电对电网表现出固有惯量属性，在电网动态过程中提供动态支撑，减小频率变化率，提高系统频率稳定性。

实现自同步方式的一种典型方案是虚拟同步发电机（virtual synchronous generator，VSG）技术，通过模拟同步发电机的本体模型、有功调频以及无功调压等特性，模拟同步发电机运行机理。虚拟同步技术相关的研究主要分为三类：第一类是通过惯性功率控制设计使机组自然具备惯性、阻尼特性。自 1996 年开始，美国 N.W.Miller、E.V.Larsen 等人在研究电池储能系统时，通过虚拟同步控制使其具有类似于常规同步发电机组的惯性响应、有功调频及无功调压等外特性。第二类实现方式是通过模拟同步发电机的数学模型，从而使逆变器设备具备类似同步发电机的电磁特性、转子惯量以及调频调压特性。2007 年，欧盟 VSYNC（virtual-synchronous-controlled）工程提出了虚拟同步机的概念，之后，相继有学者通过对同步发电机模型不同型式的模拟，提出 VISMA（virtual synchronous machine）控制技术方案、虚拟惯性频率控制方案以及同步逆变器（synchronverter）方案。第三类实现方式为应用于微源逆变器中的 V/F 控制，通过下垂控制来实现并联运行的微源间的有功、无功功率分配，并针对此问题进行不同控制策略的研究以及微电网在并/离网条件下的切换等问题。

VSG 尽管可以模拟具备同步发电机的运行机制，但是，VSG 与传统的同步发电机并不能完全等价，并且 VSG 属于电力电子接口电源，控制参数复杂可变，针对 VSG 接入系统的稳定分析和控制还有待进一步研究。现有 VSG 稳定控制主要从设备层关注单个 VSG 的运行稳定性，较少从系统角度考虑稳定问题。VSG 接入电网后，虽可向系统提供惯性支撑，但同时也改变了系统的动力学特性，并增强了其与系统的耦合程度，使得系统稳定控制更为复杂。

2.2 新能源发电的并网运行特性

2.2.1 稳态下新能源发电运行特性

2.2.1.1 定速风电机组

直接并网的定速风电机组通常采用笼型感应电机，转子侧具有较强的过电流能力，因而转子超速是导致其脱网的主要原因。要实现定速风电机组的低电压穿越，应从两个方面入手：在电压跌落过程中减小机械转矩或增加电磁转矩。

在异步发电机的机械运动方程式中，T_m、T_e 可以分别用下式表示

$$T_m(\omega_r)=\frac{P_m}{\omega_r}=\frac{C_p(\lambda,\beta)\rho\pi R^2v^3}{2\omega_r} \tag{2-22}$$

$$T_e(\omega_r)=\frac{U_s^2}{\omega_r}\frac{R_{eq}(\omega_r)}{R_{eq}^2(\omega_r)+X_{eq}^2(\omega_r)} \tag{2-23}$$

式中 T_m、T_e——分别为机械力矩和电磁力矩；

v——风速；

P_m——机组的电磁功率；

R_{eq}、X_{eq}——从定子端看去的发电机等效阻抗。

感应发电机的转速—转矩曲线如图 2–17 所示。感应电机作为发电机运行时，机械转矩起加速作用，电磁转矩起减速作用，正常状态下两个转矩相互平衡，根据负荷的静态稳定判据可知，*A* 点是稳定平衡点，*C* 点是不稳定平衡点，发电机的稳定运行范围则是从同步转速到电磁转矩最大值 *B* 点所对应的转速。*C* 点所对应的转速为极限转速，转速超过极限转速将导致机械转矩始终大于发电机的电磁转矩，发电机会不断加速发生“飞车”现象，电机失稳，此时必须采取紧急制动措施将发电机停止。电压跌落发生时，电磁转矩降低，如果电压在转速升高至极限转速之前恢复，则电机

是动态稳定的，因而系统稳定的关键是故障恢复时刻感应电机转速应小于极限转速。

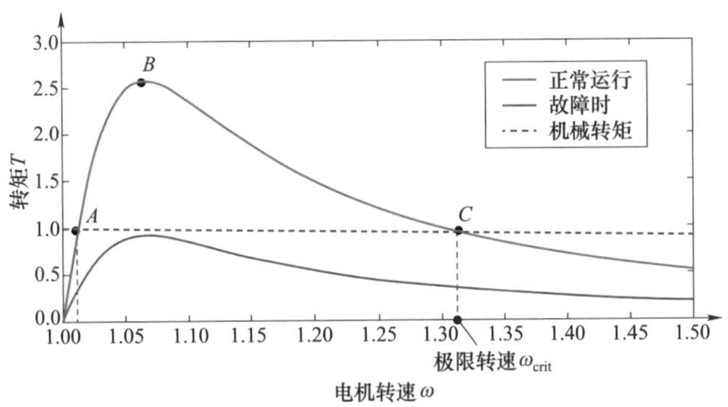

图 2–17　感应发电机的转速—转矩曲线

2.2.1.2　双馈风电机组

双馈风电机组转子绕组采用交流励磁，其转速与励磁电流的频率有关。双馈风电机组在不同运行状态下的频率方程为

$$\frac{np}{60} \pm f_2 = f_1 \tag{2-24}$$

式中　f_1、f_2——分别为定子、转子绕组电流频率，Hz；

n——转子转速；

p——发电机极对数。

“+”号表示电机处于次同步运行状态，“–”号表示电机处于超同步运行状态。

双馈风电机组不同运行状态下能量传递关系如图 2–18 所示。

定义转差率

$$s = \frac{n_{syn} - n_{gen}}{n_{syn}} \tag{2-25}$$

式中　n_{syn}、n_{gen}——分别为气隙旋转磁场转速和发电机转速，r/min。

当发电机转速小于气隙旋转磁场的转速时，发电机处于次同步运行状态，电网通过变频器向转子供电，同时由变频器向发电机转子绕组提供正相序励磁，风力机主轴传递的机械功率和转子上的滑差功率以电磁功率的形式通过定子侧去除损耗后送入电网。

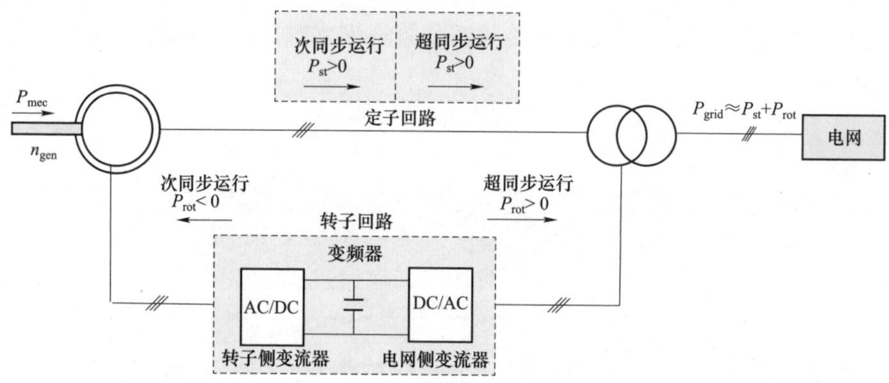

图 2-18 双馈风电机组不同运行状态下能量传递关系

P_{st}—机组的定子功率；P_{grid}—机组的输出功率；P_{mec}—风能的输入功率；P_{rot}—机组的转子功率

当发电机转速大于气隙旋转磁场的转速时，发电机处于同步运行状态，$f_2=0$，变频器向发电机转子提供直流励磁，转差功率为零，定子侧的电磁功率全部来自风轮吸收的风能转化而成的机械功率。

当发电机转速大于气隙旋转磁场的转速时，发电机处于超同步运行状态，转子三相绕组电流产生的旋转磁场方向与转子转向相反。风轮吸收风能转化而成的机械功率一部分以电磁功率的形式由定子送入电网，另一部分以滑差功率的形式由变频器送入电网。

忽略定子和转子回路的损耗，则流过变频器的功率，也就是滑差功率可表示为滑差与定子功率之积。如图 2-18 所示，滑差功率的流向取决于发电机的运行状态，发电机次同步运行时 $P_{rot}<0$，超同步运行时 $P_{rot}>0$。定子功率与网侧功率及机械功率之间的关系式为

$$P_{st}\approx P_{grid}/(1-s)=\eta_{gen}P_{mec}/(1-s) \tag{2-26}$$

式中 η_{gen}——发电机效率。

无论发电机处于哪种运行状态（次同步或超同步），发电机定子始终向电网输送功率，$P_{st}>0$。

2.2.1.3 全功率变换风电机组

以全功率变换风电机组中的直驱风电机组为例与双馈发电机的性能进行比较，如图 2-19 所示。由于双馈风电机组需要持续励磁，负载越低即转矩越小，则功率因数越差。双馈风电机组利用转子与定子磁场的转差来

运行，转速越小则转差越大，低风速下转子损耗增大。双馈风电机组功率因素随转矩增大而减小，直驱风电机组则与之相反。并且由于双馈风电机组需要励磁和转差，因此在低风速下效率较直驱风电机组低。

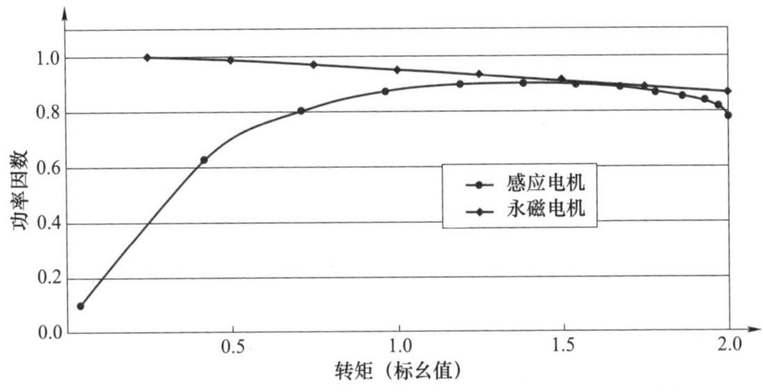

图 2－19 直驱风电机组与双馈发电机功率因数比较

直驱风电机组正常运行情况下，变频器跟随主控制系统的控制信号。在额定风速以下时，变速风电机组控制策略的作用是要使其尽可能地保持在最优的叶尖速比，即控制系统通过转速的控制来跟踪最优的 C_p 曲线，使得叶轮转速与风速的变化成比例。这样就获得最大的风能，因此同时也最大化空气动力的性能；而转速的控制则是通过对发电机电磁转矩的控制来实现的，使转速跟随风速变化。在高于额定风速时，主要通过变桨系统改变桨距来限制风力机获取能量，使风电机组保持在额定值下发电。

2.2.1.4 光伏发电单元

光伏阵列是光伏并网系统的能量来源，其输出功率受到负载状况和外部环境如光照强度、环境温度等影响。在一定的光照强度、环境温度下，光伏阵列可以工作在开路电压以下的不同输出电压下，但是当电压达到一特定值时，光伏阵列工作在最大功率点，光伏阵列输出功率达到最大。因此，为了充分发挥光伏阵列的作用，需要根据实际情况及时调整光伏阵列的输出电压，使之工作在最大功率点。

光伏并网逆变器是连接光伏组件与电网的功率变换纽带，是光伏并网发电的关键环节。在正常运行时，跟踪光伏阵列最大功率点的过程，就是在不断调整光伏并网逆变器的输出功率。当减小光伏阵列的输出电压时，可以增大光伏并网逆变器的输出功率；当增大光伏阵列的输出电压时，可以减小光伏并网逆变器的输出功率。当电网发生故障时，通过并网逆变器的控制实现满足电网运行的并网技术要求。

2.2.2 故障下新能源发电运行特性

2.2.2.1 风电机组

当电网电压跌落时，风电机组各个电气量将会经历一系列的电磁暂态过程。双馈风电机组由于定子与电网直接相连，电网发生故障导致机端电压跌落，造成发电机定子电流增加。由于转子与定子之间的强耦合，快速增加的定子电流会导致转子电流急剧上升。另外，由于机端电压降低，不能正常向电网输送有功功率，这些能量将导致直流电容电压快速上升、电机转子加速等一系列问题。直驱风电机组由于通过全功率变频器将电机与电网隔离，因此主要问题在于风电机组侧和网侧变频器功率不平衡而引起的直流电容电压快速上升、电机转子加速等问题。

由于双馈和直驱风电机组低电压穿越暂态过程的影响相似，并且双馈风电机组在低电压穿越期间的特性较直驱风电机组复杂，本节重点以电网故障下双馈风电机组的暂态电气特性为例进行分析。电网电压发生跌落故障时，会造成双馈风电机组定子磁链中出现较大的直流暂态分量，不对称电网故障还会产生负序暂态分量。由于双馈风电机组的转速通常较高，相对于定子磁链中的直流分量和负序分量而言均形成较大的转差频率，这势必导致转子电路中的过流问题，因此研究电网电压跌落时风电机组内部电磁过渡过程，首先要清楚电压跌落时电机定、转子回路的电流暂态特性。基于电机电压—磁链方程推导，可得到双馈风电机组由定、转子磁链表示的定、转子电流 i_s 、 i_r 的表达式分别为

$$\begin{cases} i_s = \dfrac{1}{L_s - \dfrac{L_m^2}{L_r}}\varPsi_s - \dfrac{L_m}{L_r}\dfrac{1}{L_s - \dfrac{L_m^2}{L_r}}\varPsi_r \\ i_r = -\dfrac{L_m}{L_s}\dfrac{1}{L_r - \dfrac{L_m^2}{L_s}}\varPsi_s + \dfrac{1}{L_r - \dfrac{L_m^2}{L_s}}\varPsi_r \end{cases} \tag{2-27}$$

式中 Ψ_s、Ψ_r——分别表示定子磁链和转子磁链；

i_s、i_r——分别表示定子电流和转子电流；

L_s、L_r、L_m——分别表示定子电感、转子电感、励磁电感。

在式（2-27）中 $L_s - L_m^2/L_r$ 类似于同步电机的暂态电抗，令该项为 L_s'，又因为 $L_s = L_m + L_{\sigma s}$，$L_r = L_m + L_{\sigma r}$，故暂态定子电抗 L_s' 可以表示为

$$L_s' = L_{\sigma s} + \frac{L_{\sigma r}L_m}{L_m + L_{\sigma r}} \tag{2-28}$$

式中 $L_{\sigma s}$——定子漏电感；

$L_{\sigma r}$——转子漏电感。

从物理意义来说，暂态定子电抗为转子短路时定子侧的等值电感。类似的，暂态转子电抗 L_r' 可以表示为

$$L_r' = L_{\sigma r} + \frac{L_{\sigma s}L_m}{L_m + L_{\sigma s}} \tag{2-29}$$

同样的，暂态转子电抗的物理意义为定子短路时转子侧的等值电感。

在式（2-29）中，令定、转子耦合因子分别为 $k_s = \dfrac{L_m}{L_s}$、$k_r = \dfrac{L_m}{L_r}$，并令漏抗因子为 $\sigma = 1 - \dfrac{L_m^2}{L_s L_r}$，则式（2-27）可以进一步简化为

$$\begin{cases} i_s = \dfrac{1}{L_s'}\Psi_s - \dfrac{k_r}{L_s'}\Psi_r \\ i_r = -\dfrac{k_s}{L_r'}\Psi_s + \dfrac{1}{T_r'}\Psi_r \end{cases} \tag{2-30}$$

当发生故障时，由于定子磁链和转子磁链为状态变量不能突变，磁链会从短路前的状态渐变到短路后新的稳态，所以定子电流和转子电流会从短路前的稳态逐渐过渡到另外一个新的稳态，为了保证电流变化的连续性，在过渡过程中定转子电流中除了稳态分量之外，必然还存在以指数衰减的自由分量，由于定子电阻的作用，定子磁链的直流分量会按照指数变化的规律衰减。故障发生时，当转子用 crowbar 短路后，转子侧电压突然下降为零，在转子绕组中同样会出现相对于转子绕组静止的直流分量。同样的由于转子电阻的作用，转子磁链的直流分量会按照指数变化的规律衰减。

当发生对称故障时，由于故障时间短，假设暂态过程中转速为常值，在忽略定子电阻的情况下，通过推导可分别得到定子和转子 a 相电流为

$$i_{sa}=\frac{\sqrt{2}U_s(1-d)}{\omega_1 L_s'}\cos(\omega_1 t+\alpha)+\frac{\sqrt{2}U_s d\cos\alpha}{\omega_1 L_s'}e^{-\frac{t}{T_s'}}-\frac{k_r|\Psi_{r0}|}{L_s'}\cos(\omega_r t+\alpha+\theta) \tag{2-31}$$

$$i_{ra}=-\frac{\sqrt{2}k_s U_s(1-d)}{\omega_1 L_r'}\cos(\omega_{slip}t+\alpha)-\frac{\sqrt{2}k_s U_s d}{\omega_1 L_r'}e^{-\frac{t}{T_s'}}\cos(-\omega_r t+\alpha)+\frac{|\Psi_{r0}|}{L_r'}e^{-\frac{t}{T_r'}}\cos(\alpha+\theta) \tag{2-32}$$

当发生不对称故障时，可分别得到定子和转子 a 相电流为

$$i_{sa}=\frac{\sqrt{2}U_{sp}}{\omega_1 L_s'}\cos(\omega_1 t+\alpha_p)+\frac{\sqrt{2}U_{sn}}{\omega_1 L_s'}\cos(-\omega_1 t+\alpha_n)+\frac{\sqrt{2}(U_s\cos\alpha-U_{sp}\cos\alpha_p-U_{sn}\cos\alpha_n)}{\omega_1 L_s'}e^{-\frac{t}{T_s'}}-\frac{k_r|\Psi_{r0}|}{L_s'}e^{-\frac{t}{T_r'}}\cos(\omega_r t+\alpha_p+\alpha_n+\theta) \tag{2-33}$$

$$i_{ra}=-\frac{\sqrt{2}U_{sp}}{\omega_1 L_r'}\cos(\omega_{slip}t+\alpha_p)-\frac{\sqrt{2}U_{sn}}{\omega_1 L_r'}\cos[-(\omega_1+\omega_r)t+\alpha_n]-ke^{-\frac{t}{T_s'}}\cos(\omega_r t+\theta_k)-\frac{|\Psi_{r0}|}{L_r'}e^{-\frac{t}{T_r'}}\cos(\alpha_p+\alpha_n+\theta) \tag{2-34}$$

式中　ω_{slip}——转差角速度。

由推导分析可知，DFIG 故障电流包含多种频率分量，各分量幅值及变化规律受到故障前机组运行工况、电网电压跌落严重程度、crowbar 保护电路参数、定转子绕组参数等诸多因素的影响。在定子静止坐标系中，定转子故障电流分量主要由工频分量、转速分量以及直流分量组成。对定子电流而言，工频分量主要由故障发生后机端电压的工频残压造成；直流衰减分量由定子磁链暂态分量在定子绕组中生成；转速分量由转子磁链暂

态分量在定子绕组中感应生成。对转子电流而言，工频分量对应转子坐标系中的转差分量，主要是由故障发生后机端电压的工频残压感应生成；转速分量对应转子坐标系中的直流分量，是由转子磁链暂态分量在转子绕组中生成；直流分量对应转子坐标系中的转速分量，由定子磁链暂态分量在转子绕组中感应生成。

当电网发生不对称故障时，由于双馈风电机组网侧、转子侧变频器有限的控制能力及其与双馈感应电机之间存在电磁、机电等方面的相互影响，使其在不对称电网故障下的控制与运行更为复杂。当电网发生不对称故障，基于对称电网电压下定子电压定向的网侧、转子侧变频器的传统矢量控制策略无法在同步速 *dq* 旋转坐标系中对正、负序电流实施精确控制，从而导致网侧、转子侧变频器电流控制的失效。电网不对称故障导致三相电流的高度不平衡，易于发生过电流现象，造成 DFIG 变频器输出有功、无功功率与直流环节电压的二倍电网频率波动，不仅会引起转子励磁电流谐波并影响转子侧变频器控制实施的准确性，且会对整个变频器构成过电压、过电流的危害，特别是影响直流母线电容的使用寿命；同时，不平衡电网电压引起了 DFIG 定子电流高度不平衡，从而会使定子绕组产生不平衡发热，发电机转矩产生脉动，导致输向电网的功率发生振荡。

2.2.2.2 光伏发电单元

光伏并网逆变器是光伏电站的核心，因此实现光伏发电故障穿越的基础核心就是提高光伏发电逆变器的故障穿越能力。由于光伏电站电压达到开路电压后，逆变器的输出电流基本为零，直流侧电压不会继续增加，因此制约光伏电站故障穿越能力的主要因素是光伏逆变器输出的交流电流，既要保持逆变器不脱网，又不能因过电流导致逆变器损坏或跳开。

对于光伏并网逆变器，在电网发生短路故障瞬间，电网电压幅值和相位发生突变，由于网压锁相延时、控制延时等因素，导致光伏逆变器不能实时调节输出电压适应电网电压突变，发生过流故障而从电网切除。因此，光伏逆变器级的故障穿越技术主要是从改进逆变器自身控制策略着手，无须增加辅助硬件设备。

总的来说，为了保证电网故障切除后系统的功率平衡，新能源发电机组应具有故障穿越能力，即要求风电机组和光伏发电单元在电网电压异常时仍然并网运行。目前国内外主要电网运营商均规定了风电场并网点电压跌落至 0.2～0.9（标幺值）范围内时的风电机组故障穿越能力，也称之为低电压穿越能力。而对于光伏发电单元来说，相关技术标准中甚至规定了零电压穿越能力。因此，新能源发电机组的故障特性与动态行为依赖于新能源发电机组的控制策略切换，既包含由设备过电压/过电流保护驱动的电路拓扑切换，也包含由新能源发电机组对电网支持需求所驱动的控制策略切换，在电网故障全过程下是一种由控制和保护策略所驱动的故障行为。

第 3 章

新能源发电机组建模

新能源接入电力系统的稳定性是电力系统运营者非常关注的内容，尤其是随着新能源并网规模的扩大，新能源接入对于系统安全稳定运行的影响也日益显著。通常电力系统规划者和经营者每天都会进行计算机模型模拟和运行分析，来评估可信应急方案的潜在影响及电力系统承受这些事件并保持稳定和联网的能力。为了确保可靠和正确的评估，电力系统模型要能在仿真中合理的表征出实际设备的性能。因此，为了分析大规模新能源并网运行对电力系统运行的稳定及安全的影响，需要建立准确反映新能源并网特性的机电暂态仿真模型，为电力系统稳定分析提供有力支持。

本章以适用于大规模新能源并网机电暂态仿真为目的，介绍了新能源发电机组通用化建模方法，在此基础上分别介绍了新能源发电机组模型的典型子模块及新能源发电机组模型参数的整定方法。

3.1 新能源发电机组建模方法

3.1.1 通用化建模需求

详细的新能源发电电磁暂态模型虽然能够准确反映新能源发电运行特性，但是若应用于电力系统潮流计算和机电暂态仿真中，不仅可能存在仿真收敛性问题，而且仿真速度慢、计算时间长，不适合实际工程的应用，因此需要建立适用于电力系统稳定分析的机电暂态时间尺度上的新能源发电模型。近几年来一些主流、商业化的电力系统仿真软件如 PSASP、

PSD－BPA、PowerFactory/DIgSILENT，参考特定机型的新能源发电控制策略和输出特性，逐步开发了风电机组和光伏发电单元仿真模型，初步具备了新能源并网分析的仿真手段。

但是，由于国内外风电机组/光伏发电单元的制造厂商众多，并且同一厂商下也存在多种不同的机组型号，这些不同厂商及不同型号的新能源发电机组在电网电压跌落下的输出特性差异性较大，导致参考特定机型建立的新能源发电模型不能反映这些不同厂商、不同型号机组的并网特性，难以满足电力系统建模仿真准确性的要求。另外，由于新能源发电机组单机容量小，一个新能源电站通常具有几十甚至几百台不同类型不同型号的新能源发电机组，在大规模新能源并网仿真分析时需要建立多个新能源电站接入系统的电力系统仿真模型，如果针对不同特定机型建立的新能源发电机组模型具有不一致的模型结构，那么电力系统建模仿真的工作量和复杂性将大大增加。

基于上述新能源发电模型需求分析，尤其是考虑到我国新能源发电基地装机规模大、并网新能源发电机组机型多、不同机型并网特性差异大，为了满足我国大规模新能源接入电网的暂态稳定仿真需求，必须要根据实际情况，在新能源发电模型的准确性、简单性和通用性之间寻找一个合适的解决方案，即采用通用化的建模思路：

（1）模型结构模块化程度高，功能易扩展，控制策略和信号通用化。

（2）通过模型参数调整可模拟不同厂商、不同机型新能源发电机组的并网特性。

（3）模型的复杂度应兼顾新能源发电机组并网特性模拟准确性及大规模电力系统仿真复杂性的需要。

以风电机组为例，近年来国际上很多风电机组制造商和研究机构都在致力于建立风电机组通用模型，如表3－1所示。

表3－1　国际上成熟的风电机组模型及其研究机构

年份	机构	内　容
2002	GE Energy	发布第一版GE风电机组模型
2003	Riso&DIgSILENT	发布DIgSILENT风电机组模型

续表

年份	机构	内　容
2005	WECC	开始第一代通用风电机组模型的研究
2008	WECC REMTF	开始第二代通用风电机组模型的研究
2009	IEC TC88 WG27	召开第一次建模会议
2010	GE Energy	发布 4.5 版本的 GE 风电机组模型
2010	WECC WGMG	发布第一代通用风电机组模型
2011	DIgSILENT	更新 DIgSILENT 风电机组模型
2012	IEC TC88 WG27	内部发布风电机组聚合模型的 CD（comment draft）
2013	EPRI	接连 4 次发布对第一代通用风电机组模型的最新改动进展

国际上主流的风电机组通用模型是以 4.5 版本 GE 风电机组模型为雏形并不断更新的 WECC 模型。WECC 模型将风电机组等效为受控电流源形式，侧重模拟出风电机组对外表现的电气行为。IEC 建模组织研究的模型进一步的改进了系统保护部分与空气动力学部分。

3.1.2 通用化建模方法

电力系统建模的基本途径可以归纳为四种，即基于元件机理的方法、基于测量辨识的方法、基于仿真拟合的方法和基于混合方法的建模。

基于元件机理的方法是根据电力系统元件的内在机理，按照基本物理、化学等定理和定律来导出模型方程，再采用数值计算方法来获得参数，所得模型称为机理模型，如对于同步发电机建模，就是根据电磁和电路原理，建立各绕组的磁链方程和电压方程。基于元件机理建模的优点是：描述建模对象的模型方程具有机理内涵，模型参数的物理概念清晰，便于分析和应用。但机理模型通常是在一定的假设和简化条件下得出的，对一些复杂的过程和因素，有时难以采用常规数学模型加以描述或者无法计及。

为了适用于一些物理机理尚不清楚或难以用简单规律描述的建模问题，基于测量辨识的建模方法被提出。基于测量辨识的建模是通过测量建模对象的运行及试验数据来辨识模型，可简称为测辨法。以电力负荷建模为例，根据从变压器采集到的数据，针对所选择的模型进行参数辨识。这种方法的特点是：无须确切知道系统的内部结构和参数，用现场辨识测试进行动态建模，可自然计及运行中的一些实际因素。

基于仿真拟合方法的建模过程是：① 在某次干扰下实测获得一些反映系统动态行为的曲线，对于模型的未知参数，先采用典型参数仿真实际系统事故，将仿真输出曲线与实际曲线进行对比分析；② 不断对参数进行修正，直到仿真曲线能够最好地拟合实际曲线。在这种建模方法中，判断仿真输出结果与实际结果是否一致，主要看系统的整体行为是否一致、主要环节的动态行为是否一致，而不拘泥局部行为、次要元件的结果。另外，建模的效果很大程度上取决于故障的程度和数量。不同程度的故障激发出系统动态性能可能不同，拟合同一模型的曲线，要确定参数就需要足够数量的故障场景。实际上这是一种不断试验参数的方法，难以保证在某些故障下获得的模型参数是否适用于其他故障。

基于混合方法的建模是上述三种方法的结合。通常基于元件机理的方法和基于仿真拟合的方法面对的是“白箱”，即对于对象的情况是已知、透明的，基于测量辨识的方法可以对系统内部过程所知不多，可以把建模对象看成“黑箱”，而电力系统建模面临的往往是“灰箱”，其内部机理大体是已知的，可按机理列出数学模型方程，但模型参数却不知道。因此，混合方法就是借鉴上述三种方法的特点，先按照机理列出方程，再通过测量辨识获得其中的参数，最后通过仿真来验证模型和参数的合理性。混合方法既具有物理概念明确的优点，又可以获得系统的实际参数。

对照上述四种电力系统元件建模方法的应用条件，并结合新能源发电机组建模的技术特点和发展水平，新能源发电机组通用化建模宜采用基于混合方法的建模思路，即首先根据新能源发电机组的技术原理和拓扑结构，基于元件机理的方法列出相关的数学模型，然后根据新能源发电机组实际的低电压穿越运行及试验数据，通过测量辨识获得其中的模型参数，最后通过基于仿真拟合的方法，将仿真输出曲线与实际曲线进行对比分析，调整参数使之能够尽量满足较多的测试工况。

3.1.3 通用化建模主要手段

3.1.3.1 基于对象时间尺度的简化

本节以双馈风电机组为例，阐述了新能源发电模型子模块的简化方法，也适用于全功率变换风电机组和光伏发电单元模型子模块的简化。

双馈风电机组的叶片从风中捕获部分能量转化为旋转的动能，然后通过机械驱动系统将机械能传送给发电机，通过发电机将机械能转化为磁场的能量，最终转化为电能。因此双馈风电机组中既包含慢变化的风力机、传动系统等机械系统，也包含快变化的电力电子控制部分、保护测量等电气系统，同时还包含有电磁转换过程，是一个具有多时间尺度的混合系统，如图 3－1 所示。在模型子模块简化建模时，可以依据风电机组各子模块的时间尺度分析，重点模拟反映在机电暂态时间尺度上的稳态运行特性及其暂态响应特性。

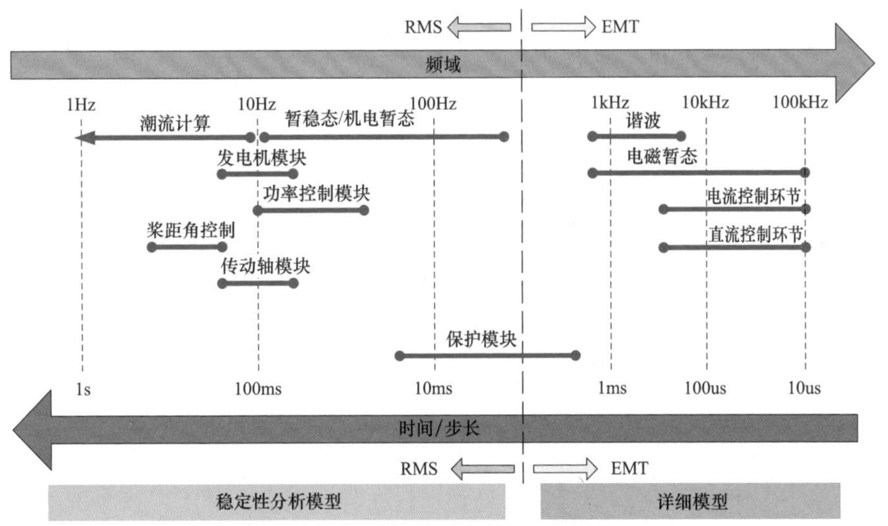

图 3－1　风电机组各子模块的时间常数

对于慢变化的风力机、传动系统等机械系统，由于电力系统机电暂态研究的仿真时间通常是秒级的，在如此短的时间内，风速可以视为恒定，风速的快速波动过程可忽略，因此详细的空气动力系统模型可视为非重要因素，通常采用简化的建模方法，拟合出风电机组的空气动力学特性。传动链模型则可以采用双质量块轴系模型。电机模型则采用忽略了电机定子磁链暂态的三阶模型。对于变速风电机组中的变频器模型，详细模拟变频器的脉冲宽度调制（pulse width modulation，PWM）调制和 IGBT 切换过程对于大规模风电并网的稳定分析是不必要的，因此可将具有高次谐波的高频变频器模型向基频平均化模型简化，重点描述变频器对发电机组实现的控制功能。

3.1.3.2 基于仿真目标的功能模拟

以准确模拟双馈风电机组的故障穿越特性为目标进行分析，图 3-2 所示为某型号双馈风电机组在大功率、三相对称故障、不同电压跌落程度下的暂态响应曲线。

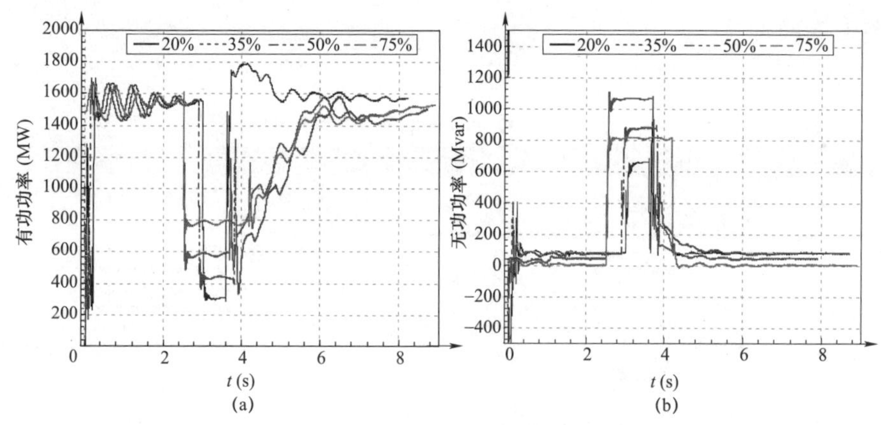

图 3-2 某型号双馈风电机组暂态响应特性

（a）有功功率曲线；（b）无功功率曲线

从图 3-2 可以看出：在正常运行状态下，风电机组能够快速响应控制系统发出的指令，风电机组能够稳定运行在某一出力水平上；风电机组并网特性变化主要体现在对电网电压跌落的暂态响应特性，既包括故障期间的有功控制特性和无功控制特性，也包括故障后的有功和无功恢复特性。因此，电网电压跌落下风电机组暂态响应特性模拟的准确性直接决定了大规模风电并网稳定分析结果的准确性。

根据实际风电机组运行和控制特性的调研和分析，风电机组暂态响应特性模拟是否准确的关键在于故障穿越控制模块，能否正确模拟风电机组故障穿越状态的判断、故障穿越期间和结束后的控制和保护特性。因此，在风电机组模型中应重点描述以下变频器控制逻辑：故障穿越状态判断、故障期间的无功电流注入能力及故障恢复后的有功控制特性等。

3.2 新能源发电机组模型及其子模块

3.2.1 定速风电机组

基于鼠笼式感应发电机的定速风电机组只能在极有限的范围内改变转速（1%～2%），风电机组的输出功率会随着风速变化而波动。根据其拓扑结构和运行特性分析，建立其模型结构如图 3－3 所示，图中 U_{WTref} 为采用可变电容器组时的电压参考设定值，U_{WTT}、I_{WTT} 分别为风电机组机端电压和电流。其中，电气设备模型是指与风电机组机端连接的电气设备，一般包括并网开关、箱式变压器及在机端配置的无功补偿设备。定速风电机组的空气动力学模型、传动链、发电机系统、保护模块的子模块模型可参考双馈风电机组模型的子模块建立。

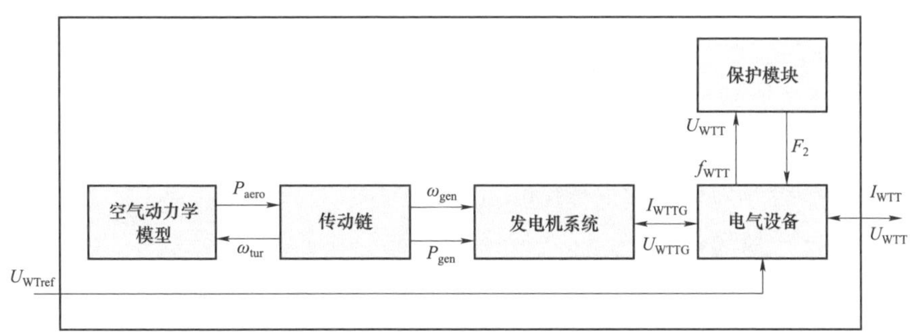

图 3－3　定速风电机组模型结构

P_{aero}—风速对应的输出机械有功功率；P_{gen}—发电机发出的有功功率；ω_{gen}—发电机电气角速度；ω_{tur}—传动链机械角速度；f_{WTT}—机组的频率；F_2—提供给电气设备的保护信号

3.2.2 双馈风电机组

基于双馈风电机组的拓扑结构和运行特性分析，建立适应于故障穿越特性仿真的双馈风电机组模型结构如图 3－4 所示，图中 P_{WTref}、Q_{WTref}、U_{WTref} 为接受于外部的有功功率、无功功率或电压参考设定值，主要子模块包括空气动力学模型、传动链、发电机和变频器系统、控制系统、保护模块以及与外部连接的并网电气设备，其中控制系统又包含桨距角控制和变频器控制。

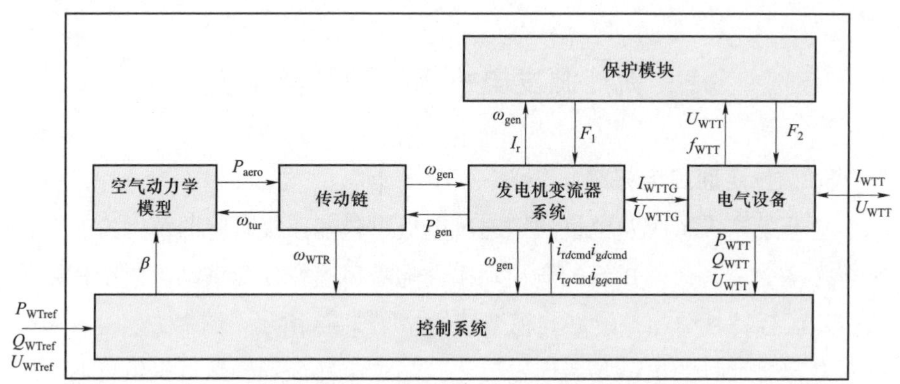

图 3-4　双馈风电机组模型结构

F_1—提供给变流器系统的保护信号；β—桨距角；ω_{WTR}—传动链反馈给控制系统的角速度；
i_{rdcmd}、i_{gdcmd}、i_{rqcmd}、i_{gqcmd}—分别为变流器的对应的转子和定子的 d 轴和 q 轴分量；
P_{WTT}、Q_{WTT}—分别为风电机组输出的有功和无功功率

3.2.2.1　空气动力学模型

风力机空气动力学模型模拟风能获取，可由式（3-1）表示

$$P_w = \frac{\pi}{2}\rho C_p R^2 v_W^3 \tag{3-1}$$

式中　ρ——空气密度；

R——风力机叶轮半径，m;

v_W——风速，m/s;

C_p——风能转换效率系数，一般作为 λ 和 β 的函数被给出。

通常空气动力学模型的参数可通过风电机组制造商获得或采用典型参数。

对于给定的 β，不同的 λ 所对应 C_p 的值相差较大，同时对于给定的 β 有且仅有一个固定的 λ_{opt} 能使 C_p 达到最大值 $C_{p\max}$，再由 $\lambda = R\omega_{tur} / v_{eq}$ 可得，在风速不断变化的情况下要保持 $\lambda = \lambda_{opt}$ 必须使 ω_{tur} 随着风速按照一定的比例 $K_{opt} = \dfrac{\lambda_{opt}}{R}$ 变化，只有在这种运行方式下才能保证风力机捕获的风能最大、效率最高。风力机的这一特性决定了风电机组控制指标和控制方案的设计，也是人们采用变速风电机组代替定速风电机组的初衷之一。

3.2.2.2　传动链

根据对风电机组传动链不同的等效方案和建模方法一般可将风电机组

传动链分成集中质量块模型、双质量块模型和三质量块模型。但在机电暂态分析时，考虑到需要减少风电机组模型的阶数，又尽可能准确模拟风电机组在电网电压跌落期间的力矩和转速动态变化，一般建议采用双质量块动态模型对传动链进行描述。双馈风电机组双质量块模型是将齿轮箱的转动惯量分别折算到风电机组叶轮和电机中，并且将齿轮箱和高低速轴的弹性作用和转动阻尼作用等效成一个弹性和阻尼环节，同时将低速轴的转速和转矩等折算到高速侧，如图 3－5 所示。

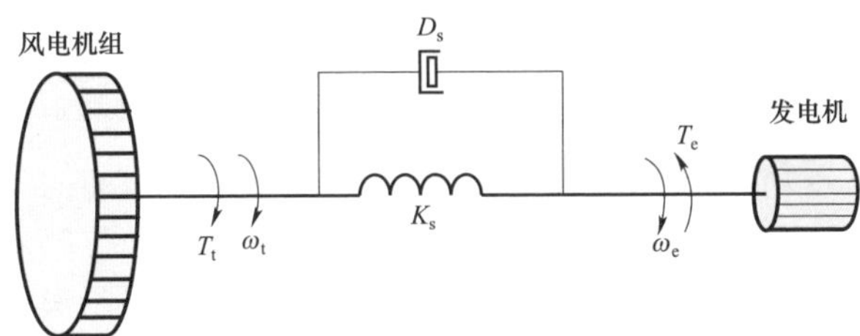

图 3－5 用于双馈风电机组的双质量块传动系统模型

T_t—机械转矩；T_e—电磁转矩；ω_t—机械角速度；ω_e—电气角速度

图 3－5 所示的双质量块传动系统模型包括低速轴、齿轮箱和高速轴三部分。将桨叶与低速轴作为一个质量块，考虑其刚性系数为 K；将齿轮箱与高速轴作为完全刚性轴处理。低速轴用风力机惯性时间常数 H_{tur} 表示，齿轮箱和发电机转子侧的高速轴用发电机惯性时间常数 H_{gen} 表示，则传动链模型采用如式（3－2）所示的两质量块模型。

$$\begin{cases} 2H_{tur}\dfrac{d\omega_{tur}}{dt}=T_{tur}-K_s\theta_s-D_{tg}(\omega_{tur}-\omega_{gen})-D_{tur}\omega_{tur} \\ 2H_{gen}\dfrac{d\omega_{gen}}{dt}=K_s\theta_s-T_{gen}+D_{tg}(\omega_{tur}-\omega_{gen})-D_{gen}\omega_{gen} \\ \dfrac{d\theta_s}{dt}=\omega_0(\omega_{tur}-\omega_{gen}) \end{cases} \tag{3-2}$$

式中 H_{tur}、H_{gen}——分别为风力机、发电机的惯性时间常数，s；

K_s——轴的刚度系数，$(kg \cdot m^2)/s^2$；

D_{tur}、D_{gen}——分别为风力机转子与发电机转子的阻尼系数，$(N \cdot m)/rad$；

D_{tg}——风力机与发电机之间的阻尼系数，$(N \cdot m)/rad$；

ω_{tur}——风力机转子角速度，rad/s；

ω_{gen}——发电机转子角速度，rad/s；

ω_0——额定角速度，rad/s。

3.2.2.3　发电机和变频器系统

发电机模型反映转子磁链暂态特性，忽略定子磁链暂态特性，采用如式（3-3）、式（3-4）所示的电机模型

$$\begin{cases} u_{sd}=-\omega_0\psi_{sq}+R_s i_{sd} \\ u_{sq}=\omega_0\psi_{sd}+R_s i_{sq} \\ u_{rd}=\dfrac{d\psi_{rd}}{dt}-(\omega_0-\omega_{gen})\psi_{rq}+(R_r+\Delta R)i_{rd} \\ u_{rq}=\dfrac{d\psi_{rq}}{dt}+(\omega_0-\omega_{gen})\psi_{rd}+(R_r+\Delta R)i_{rq} \end{cases} \tag{3-3}$$

$$\begin{cases} \psi_{sd}=L_s i_{sd}+L_m i_{rd} \\ \psi_{sq}=L_s i_{sq}+L_m i_{rq} \\ \psi_{rd}=L_r i_{rd}+L_m i_{sd} \\ \psi_{rq}=L_r i_{rq}+L_m i_{sq} \end{cases} \tag{3-4}$$

式中　L、R、u、Ψ、i——分别表示电感、电阻、电压、磁链和电流；

d、q——分别代表 d 轴和 q 轴分量；

s、r——分别代表定子和转子变量；

L_m——励磁电感。

正常情况下 ΔR 为 0，当 crowbar 保护动作时，ΔR 为 crowbar 电阻值。

机侧变频器模型被模拟为可控的电压源，网侧变频器模型被模拟为可控的电流源。控制系统和电网电压参考坐标系的定向宜通过锁相环环节实现。

3.2.2.4　控制系统

控制系统包含桨距角控制、机侧变频器控制和网侧变频器控制。

（1）桨距角控制。在风电机组中，桨距控制系统通过控制风力机桨叶角度，改变桨叶相对于风速的攻角，从而改变风力机从风中捕获的风能。桨距角控制在不同的情况下采用不同的策略：

1）风电机组功率输出优化。在风速低于额定风速时，桨距角控制用于风电机组功率的寻优，目的是在给定风速下使风电机组发出尽可能多的电能。

2）风电机组功率输出限制。在风速超出额定风速时，利用桨距角限制风电机组机械功率不超出其额定功率，同时能够保护风电机组机械结构不会过载及避免风电机组机械损坏的危险。

桨距角控制由于能够在很短的时间内实现对风电机组机械功率的调节，类似于同步发电机组汽轮机的快关汽门功能。随着桨距角β增加，风电机组机械功率P_M降低。桨距角控制大多用于变速风电机组，也有少部分的定速风电机组采用桨距角控制。当桨距角控制用于风电机组的功率寻优时，不同的风速下存在不同的最优桨距角β_{OPT}，最优桨距角可以通过叶素动量理论方法来确定，其功率寻优能够带来几个百分点的风电机组机械功率的改善。功率寻优在风速低于额定风速且桨距角为最优桨距角β_{OPT}时可以实现，不同风速时最优桨距角β_{OPT}在0°桨距角附近很小的一个范围内变化。对于变速风电机组的桨距角控制，其功率寻优可以通过风电机组变速实现，因此在风速低于额定风速的条件下，变速风电机组的桨距角一般保持在0°不变；只是当风速超过额定风速时风电机组才利用桨距角控制来限制风电机组的最大输出功率。

桨距角控制模型如图3－6所示，包括最大功率限制或最大转速限制两种模式。

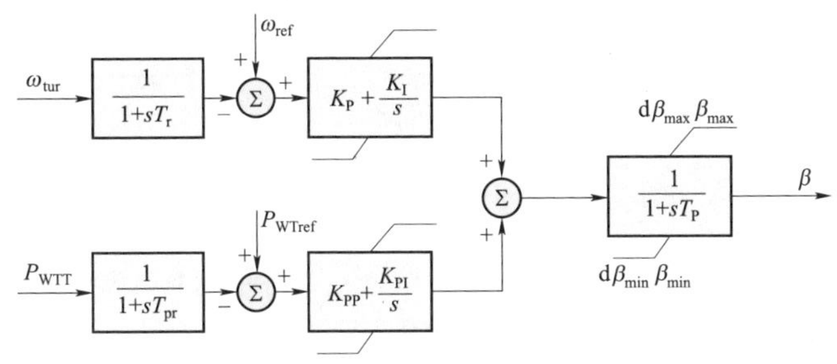

图3－6 桨距角控制模型

T_r、T_{pr}—测量环节时间常数；T_P—控制滞后时间常数；K_P、K_I—分别为转速PI控制的比例系数和积分系数；K_{PP}、K_{PI}—分别为功率PI控制的比例系数和积分系数；$d\beta_{max}$、$d\beta_{min}$、β_{max}、β_{min}—分别为限幅参数

（2）机侧变频器控制。机侧变频器控制模型如图3－7所示，包括故障穿越状态判断、稳态运行控制、故障穿越运行控制，输出机侧变频器有功

电流指令 i_{rdcmd} 和无功电流指令 i_{rqcmd}。

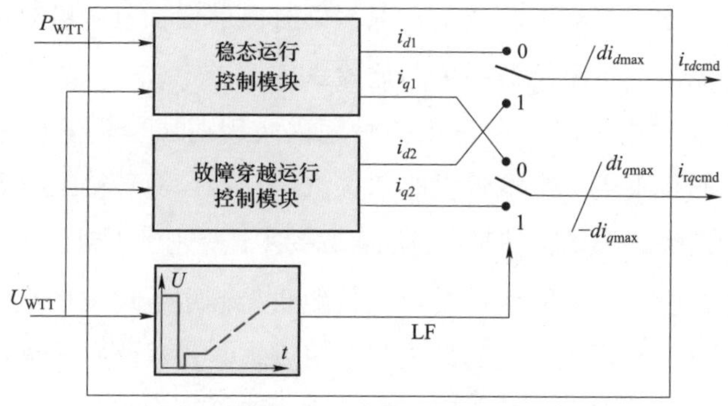

图 3-7　双馈风电机组机侧变频器控制模型

通过检测风电机组机端电压并根据低电压穿越曲线判断，当风电机组未进入低电压穿越状态时，机侧变频器电流指令为稳态运行控制模块的输出；当判断进入低电压穿越状态时，机侧变频器电流指令为故障穿越运行控制模块的输出。

稳态运行控制模块包括最优转速控制、有功功率控制和无功功率控制。最优转速控制模型如图 3-8 所示，有功功率控制模型如图 3-9 所示，无功功率控制模型如图 3-10 所示，根据机组运行模式不同，无功功率控制可以包括恒功率因数控制和恒电压控制两种模式。

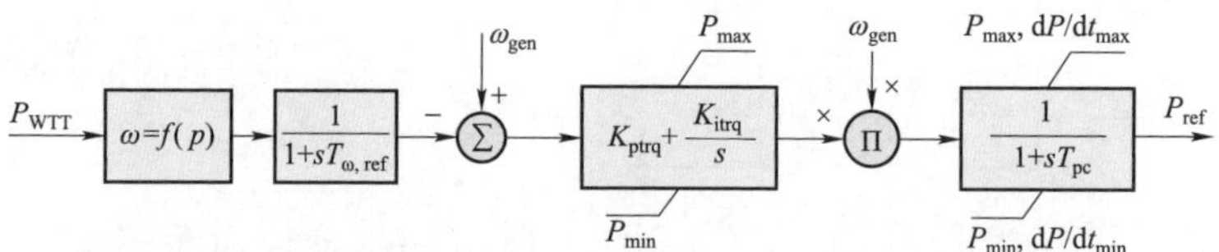

图 3-8　最优转速控制模型

$T_{\omega,ref}$—控制滞后时间常数；T_{pc}—控制滞后时间常数；K_{ptrq}—转速 PI 控制的比例系数；K_{itrq}—转速 PI 控制的积分系数

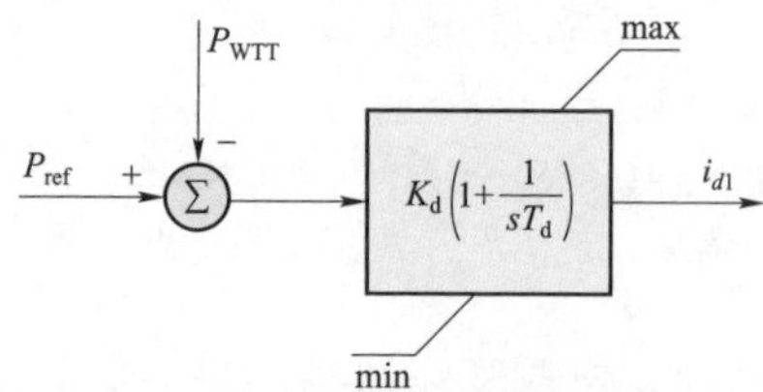

图 3-9　有功功率控制模型

K_d—有功 PI 控制的比例系数；T_d—有功 PI 控制的积分时间常数；i_{d1}—稳态下输出电流 d 轴分量

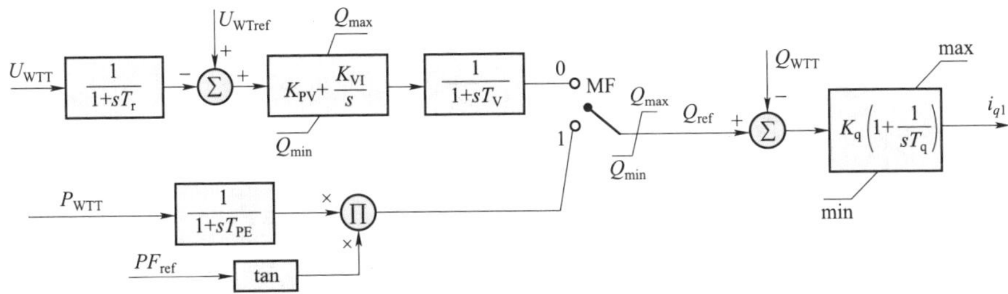

图 3-10　无功功率控制模型

T_r、T_{PE}—分别为测量环节时间常数；T_V—控制滞后时间常数；K_{PV}、K_{VI}—分别为电压 PI 控制的比例系数和积分系数；K_q、T_q—分别为无功 PI 控制的比例系数和积分时间常数；i_{q1}—稳态下输出电流 q 轴分量；MF—定电压控制或定功率因数控制的标志位；PF_{ref}—功率因数参考值；tan—三角函数

故障穿越运行控制模块包括故障穿越过程中变频器输出的有功电流和无功电流控制。风电机组在实际低电压穿越过程中，通常会优先进行无功电流支撑，以满足支撑电网电压的需求，系统故障期间一种典型的无功控制特性如图 3-11 所示。

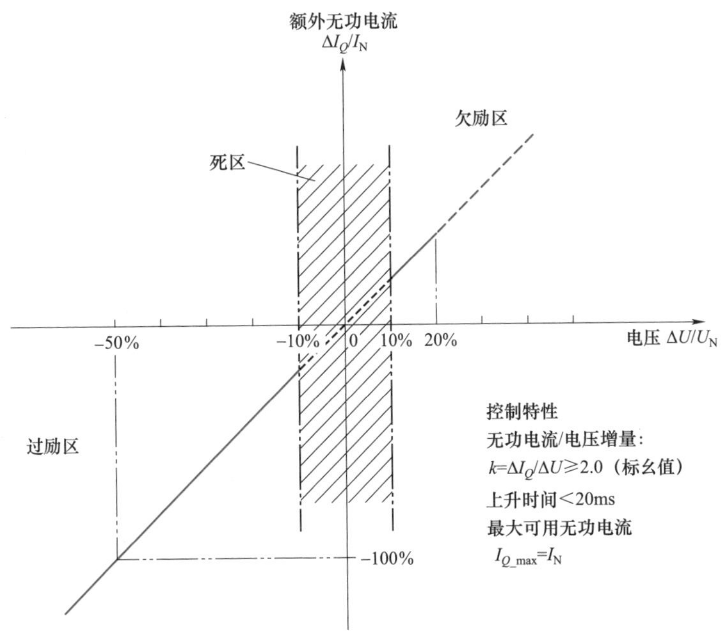

图 3-11　系统故障期间风电的无功控制特性

ΔI_Q—无功电流的增量；I_N—电流的额定值

双馈风电机组无功电流的暂态控制方案可参考图 3－12。

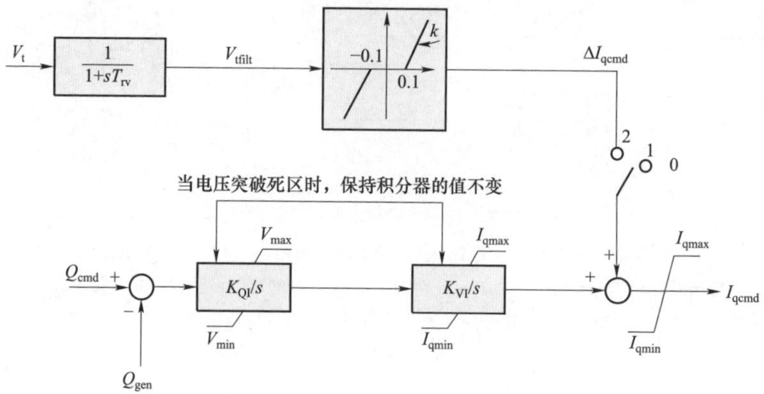

图 3－12　无功电流注入模块

Q_{cmd}—稳态下无功功率指令值；Q_{gen}—稳态下无功功率测量值；K_{QI}、K_{VI}—无功电压协调控制的积分系数；T_{rv}—测量时间常数；V_{tfilt}—机端电压测量值；k—暂态控制下垂系数；ΔI_{qcmd}—无功电流增量的指令值；I_{qcmd}—无功电流指令值

从图 3－12 中可以看出，故障发生后，端电压降至 0.9（标幺值）以下时，故障过程中电压控制的两个积分器被冻结，其值不再变化，无功注入输出对应于无功电流注入的 ΔU；故障恢复后，ΔU 变为 0，电压控制器的两个积分器重新开始动作。

在优先考虑无功注入的前提下，有功电流的上限值可以相应确定，即

$$I_{p\max}=\sqrt{(I_{\max}^2-I_{qcmd}^2)} \tag{3-5}$$

（3）网侧变频器控制。网侧变频器控制用于输出网侧变频器有功电流指令 i_{gdcmd} 和无功电流指令 i_{gqcmd}。有功电流指令用于控制直流侧电容电压恒定，直流电容电压控制模块如图 3－13 所示。无功电流指令用于控制网侧变频器发出的无功功率，一般设置输出为 0。

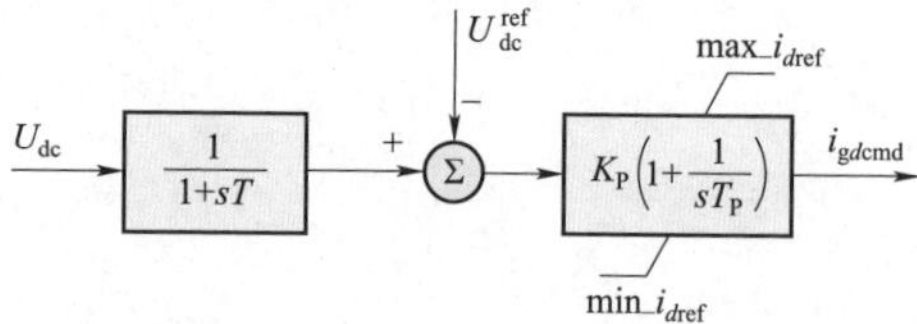

图 3－13　直流电容电压控制模型

U_{dc}、U_{dc}^{ref}—直流电容电压值和直流电容电压参考值；K_P、T_P—分别为直流电容电压 PI 控制的比例系数和积分时间常数；$\max\_i_{dref}$、$\min\_i_{dref}$—网侧变频器 d 轴电流限幅参数；I_{gdcmd}—网侧变频器 d 轴电流指令值

3.2.2.5 保护模块

保护模块包括模拟风电机组一般保护以及故障穿越保护。一般保护包括以下内容：

（1）发电机机端电压保护，当机端电压超过或低于设定值达到设定时间，发电机跳闸。

（2）发电机机端频率保护，当机端频率超过或低于设定值达到设定时间，发电机跳闸。

双馈风电机组为了实现故障穿越功能，通常会在转子侧配置crowbar保护电路以防止转子过电流。模拟crowbar保护电路的动作特性包括模拟保护动作判据、模拟保护动作投入持续时间，保护动作后，将crowbar保护电阻修正到电机模型中。

3.2.2.6 测量系统及坐标变换

双馈风电机组模型中除了上述的控制保护和主电路模块的模型外，还有一些重要的辅助模块模型，这主要包括测量系统中一些环节的建模，包括锁相环、滤波器和坐标变换等。

（1）锁相环。锁相环可用于测量风电机组定子电压相量的频率与相位，也可用于测量风电机组磁链矢量的转速与位移。锁相环本质上属于PI控制器，如图3-14所示，给出了锁相环（仅包括主要部分）的一种通用结构。

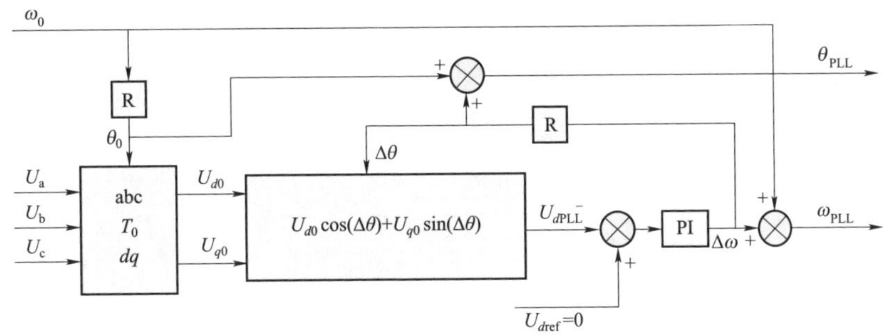

图3-14 锁相环通用结构

ω_{PLL}、θ_{PLL}—分别为锁相环测量的转速和相位；ω_0、θ_0—分别为转速和相位的估计值；U_a、U_b、U_c—分别为静止坐标系下a、b、c三相电压值；U_{d0}、U_{q0}—分别为旋转坐标系下d、q轴电压分量；U_{dPLL}—锁相环测得的d轴电压分量；$\Delta\omega$、$\Delta\theta$—分别为锁相环控制过程中转速和相位跟踪偏差

根据图 3－14，可在忽略滤波器的情况下推导出锁相环模型为

$$\omega_{\mathrm{PLL}}=\frac{\mathrm{d}\theta_{\mathrm{PLL}}}{\mathrm{d}t}=\omega_0+k_{\mathrm{p}}(0-U_d)+k_{\mathrm{i}}\int(0-U_d)\,\mathrm{d}t \tag{3-6}$$

式中 k_{p}、k_{i}——分别为锁相环 PI 控制的比例系数和积分系数。

（2）滤波器。可复位一阶低通滤波器用于测量有功功率与无功功率。采用低通滤波器可阻止信号高频分量进入控制器，从而提高控制稳定性。低通滤波器的可复位功能可保证风电机组正常运行控制模式与低电压穿越（low voltage rige through，LVRT）控制模式间的无扰动切换。

（3）坐标变换。风电机组仿真模型中存在多个旋转坐标系。公共参考坐标系标记为 RI，通常以同步旋转速度 ω_0 旋转，电网模型即使用公共参考坐标系。然而，同步发电机通常具有自己的 dq 参考坐标系，以自身角速度 ω_{r} 旋转。另外，当风电机组控制采用定子磁链定向或电网磁链定向时，风电机组也具有自己的 dq 参考坐标系。不同参考坐标系的比较，如图 3－15 所示。元件与电网间的接口需转换不同参考坐标系下（RI 与 dq）的信号，即

$$\begin{aligned}\begin{bmatrix}x_d\\x_q\end{bmatrix}&=\begin{bmatrix}\cos\Delta\theta & \sin\Delta\theta\\-\sin\Delta\theta & \cos\Delta\theta\end{bmatrix}\begin{bmatrix}x_{\mathrm{R}}\\x_{\mathrm{I}}\end{bmatrix}\\\begin{bmatrix}x_{\mathrm{R}}\\x_{\mathrm{I}}\end{bmatrix}&=\begin{bmatrix}\cos\Delta\theta & -\sin\Delta\theta\\\sin\Delta\theta & \cos\Delta\theta\end{bmatrix}\begin{bmatrix}x_d\\x_q\end{bmatrix}\end{aligned} \tag{3-7}$$

式中 $\Delta\theta$——公共参考坐标系 RI 与元件自身的 dq 参考坐标系间角度差；

x_{R}、x_{I}——公共参考坐标系下的变量；

x_d、x_q——d、q 参考坐标系下的变量。

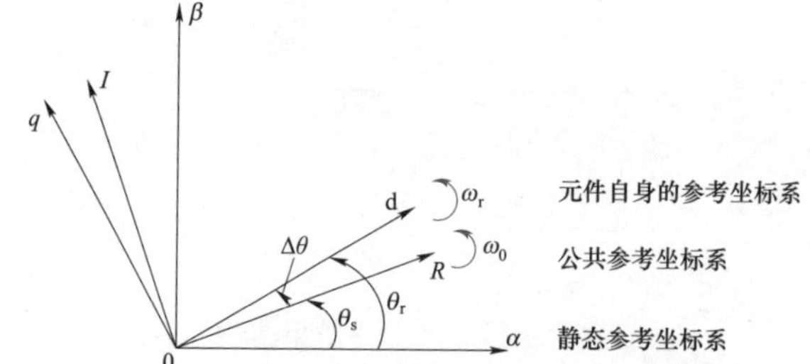

图 3－15 公共参考坐标系 RI、元件自身的 dq 参考坐标系及静态参考坐标系 $\alpha\beta$

θ_{r} 一元件自身参考坐标和静态参考坐标之间的角度；

θ_{s} 一元件公共参考坐标和静态参考坐标之间的角度

在电力系统仿真软件中，同步发电机模型与电网模型的接口一般是相似的，如图 3－16 所示。

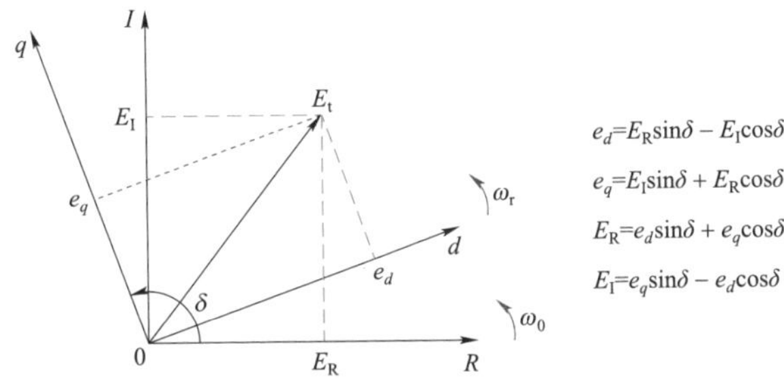

图 3－16　同步发电机 *dq* 坐标系与电网 *RI* 坐标系变换

E_I、E_t、E_R—分别为 *RI* 坐标系下 *I* 轴的电动势、同步发电机的电动势、*RI* 坐标系下 *R* 轴的电动势；e_q、e_d—分别为 *dq* 坐标系下 *d* 轴的电动势、*dq* 坐标系下 *q* 轴的电动势；δ—*dq* 坐标系与 *RI* 坐标角度差

对于双馈风电机组来说，还需要在定子电压参考坐标系（SVRF）和转子参考坐标系（RRF）之间进行信号的坐标转换。除了坐标变换时的位移角不同，这些坐标变换的方程类似于前述的风电机组模型与电网模型间的变换。

3.2.3　全功率变换风电机组

以直驱风电机组为例说明全功率变换风电机组，基于直驱风电机组的拓扑结构和运行特性分析，直驱风电机组由于背靠背式全功率变频器将发电机和电网隔离，因此风力机控制、发电机及机侧变频器控制引起机侧功率变化时，其特性将反映在直流电容电压动态上。同时，直驱风电机组一般都配置了斩波（chopper）保护电路防止直流电容过电压，若忽略直流电容电压微小波动所产生的影响，此时直驱风电机组的并网电气特性主要由网侧变频器控制系统决定，因此可将机侧变频器控制系统、发电机及风力机部件模型简化，通过网侧变频器模拟风电机组的有功功率和无功功率控制。

建立适应于故障穿越特性仿真的直驱风电机组模型结构如图 3－17 所示，图中 P_{WTref}、Q_{WTref}、U_{WTref} 为接受于外部的有功功率、无功功率或电压参考设定值，U_{WTT}、I_{WTT} 分别为风电机组机端电压和电流，主要子模块包括变频器系统、控制系统、保护模块以及与外部连接的并网电气设备，其中控制系统主要包含网侧变频器控制。

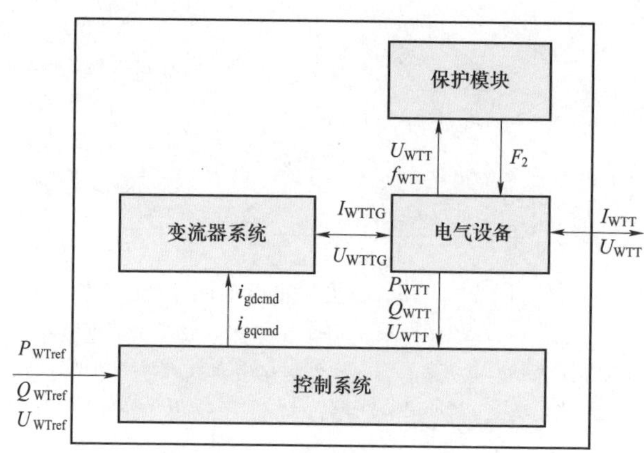

图 3-17　直驱风电机组模型结构

（1）变频器系统。直驱风电机组模型中变频器系统模型如图 3-18 所示，被模拟为可控的电流源。

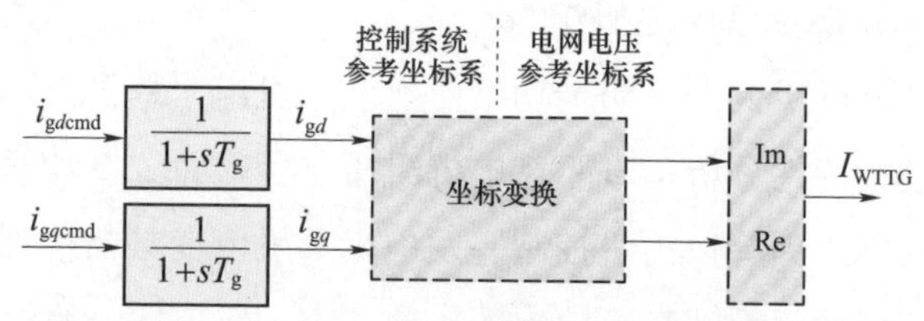

图 3-18　直驱风电机组变频器系统模型

T_g—控制器的比例环节系数；i_{gd}、i_{gq}—分别为机组电流的 d 轴和 q 轴分量

（2）控制系统。直驱风电机组模型中，控制系统主要包括网侧变频器控制系统模型，如图 3-19 所示，包括稳态运行下的有功功率控制和无功功率控制，故障穿越状态判断及故障穿越运行控制，用于输出网侧变频器有功电流指令 i_{gdcmd} 和无功电流指令 i_{gqcmd}，其典型控制模型可参考双馈风电机组机侧变频器控制系统进行建模。

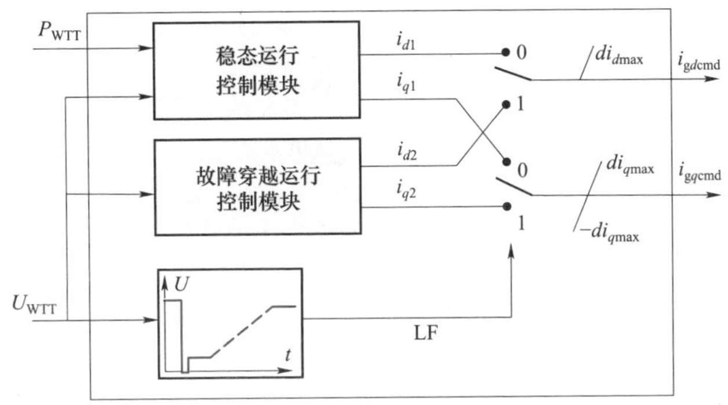

图 3-19　直驱风电机组控制系统模型

（3）保护模块。由于直驱风电机组一般都配置了 chopper 保护电路，使得直流电容电压的波动能够限制在较小的范围，建模中可以忽略直流电容电压的微小波动，采用直流电容电压恒定模型。因此保护模块主要包括发电机机端电压保护和发电机机端频率保护。

3.2.4　光伏发电单元

基于光伏发电单元的拓扑结构和运行特性分析，建立适应于故障穿越特性仿真的光伏发电单元模型结构如图 3-20 所示，主要子模块包括光伏方阵模型、逆变器模型及与外部连接的升压变模型，其中逆变器模型中包含了并网逆变器主电路及其控制系统模型。

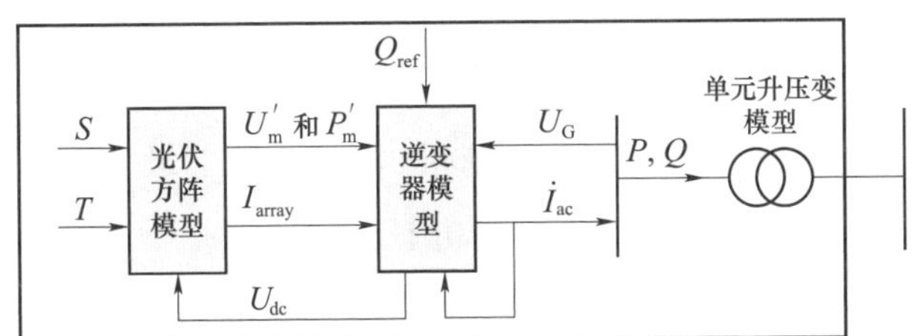

图 3-20　光伏发电单元模型结构

S、T—分别为太阳的辐照度、温度；U'_m、P'_m —分别为辐照度和温度对应的电压和功率；I_{array}—光伏阵列上的电流；U_G—光伏发电单元的机端电压；I_{ac} —光伏发电单元的输出交流电流；U_{dc}—直流母线的电压；Q_{ref}—无功功率参考值；P、Q—分别为光伏发电单元输出的有功功率和无功功率

3.2.4.1　光伏方阵模型

任意辐照强度 S 和工作温度 T 下的光伏方阵 IV 特性为

$$
\begin{cases}
\Delta T = T - T_{\text{ref}} \\
\Delta S = S - S_{\text{ref}} \\
I'_{\text{SC}} = I_{\text{SC}} \dfrac{S}{S_{\text{ref}}}(1 + a\Delta T) \\
U'_{\text{OC}} = U_{\text{OC}} \ln(\mathrm{e} + b\Delta S)(1 - c\Delta T) \\
I'_{\text{m}} = I_{\text{m}} \dfrac{S}{S_{\text{ref}}}(1 + a\Delta T) \\
U'_{\text{m}} = U_{\text{m}} \ln(\mathrm{e} + b\Delta S)(1 - c\Delta T) \\
\alpha = \left(\dfrac{I'_{\text{SC}} - I'_{\text{m}}}{I'_{\text{SC}}} \right)^{\frac{U'_{\text{OC}}}{U'_{\text{OC}} - U'_{\text{m}}}} \\
\beta = \dfrac{1}{U'_{\text{OC}}} \ln\left(\dfrac{1 + \alpha}{\alpha} \right) \\
I_{\text{array}} = I'_{\text{SC}}[1 - \alpha(\mathrm{e}^{\beta U_{\text{dc}}} - 1)]
\end{cases} \tag{3-8}
$$

式中 S_{ref}、T_{ref}——分别为辐照强度与工作温度的参考值，S_{ref}=1000W/m^2，T_{ref}=25℃；

ΔT——工作温度当前值与参考值的差值；

ΔS——辐照强度当前值与参考值的差值；

I_{SC}、I'_{SC}——分别为光伏方阵标准测试条件下短路电流、光伏方阵当前短路电流；

U_{OC}、U'_{OC}——分别为光伏方阵标准测试条件下开路电压、光伏方阵当前开路电压；

I_{m}、I'_{m}——分别为光伏方阵标准测试条件下最大功率点电流、光伏方阵当前最大功率点电流；

U_{m}、U'_{m}——分别为光伏方阵标准测试条件下最大功率点电压、光伏方阵当前最大功率点电压；

I_{array}——光伏方阵输出电流；

a、b、c——分别为计算常数，光伏方阵由硅材料构成时典型值分别为 0.002 5、0.000 5、0.002 88。

工作温度 T 与环境温度 T_{air}、辐照强度 S 的关系如下

$$T = T_{\text{air}} + KS \tag{3-9}$$

式中　K——系数，光伏方阵由硅材料构成时典型值取 0.03，其他材料的系数根据实际数据确定。

3.2.4.2　逆变器模型

（1）逆变器主回路模型。当以电网电压作为参考坐标时，电网电压 d 轴分量 $e_d=|\dot{U}_{\mathrm{G}}|$，$q$ 轴分量 $e_q=0$。逆变器输出的瞬时有功功率 P、无功功率 Q 分别为

$$\begin{cases} P=\dfrac{3}{2}e_d i_d = I_{\mathrm{dc}}U_{\mathrm{dc}} \\ Q=\dfrac{3}{2}e_d i_q \end{cases} \tag{3-10}$$

若考虑光伏逆变器电能变换效率，可相应增加效率转化系数。

考虑到逆变器直流侧并联电容 C，其与直流侧电压反馈量 U_{dc} 之间的关系如图 3-21 所示。

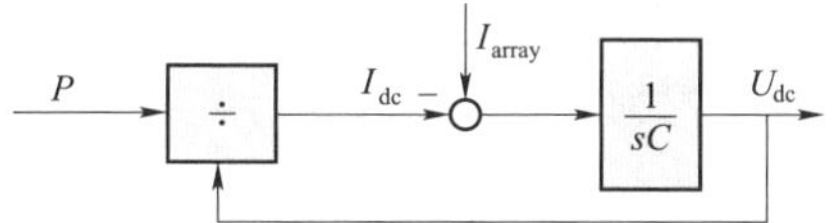

图 3-21　并联电容 C 作用下的直流电压 U_{dc}

（2）逆变器控制器模型。逆变器控制器模型包含三个模块，即稳态运行控制模块、故障穿越及保护控制模块、控制判断模块，如图 3-22 所示。

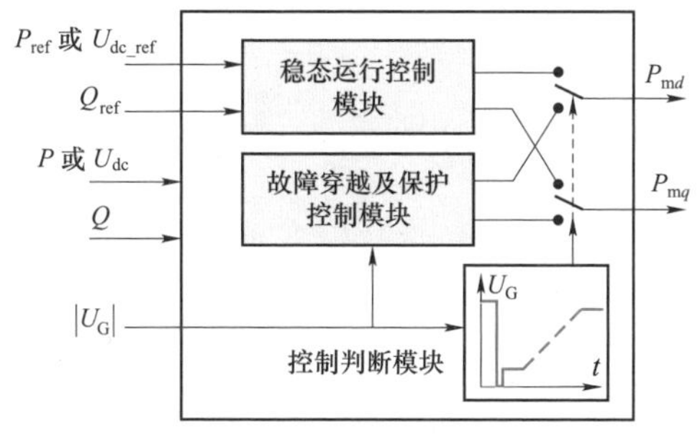

图 3-22　逆变器控制器模型

$U_{\mathrm{dc\_ref}}$—直流电压的参考值；Q_{ref}—无功功率的参考值；

P_{md}、P_{mq}—分别为有功功率的 d 轴分量和无功功率的 q 轴分量

稳态运行时，逆变器双环控制模式，逆变器外环控制与其控制目标和

参考坐标相关，逆变器通过外环控制输出相应的 i_{d_ref}、i_{q_ref}。此时，以直流侧电压、有功功率、无功功率为控制目标分别对应的外环控制环节如图 3–23 所示。

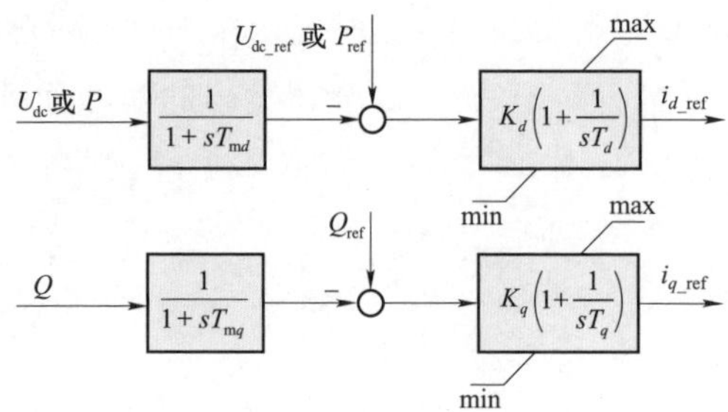

图 3–23　电网电压作为参考坐标下的逆变器外环控制环节

逆变器内环电流控制环节如图 3–24 所示。同步旋转 dq 坐标下，逆变器输出电流的 dq 轴分量 i_d、i_q，分别与电流内环的电流参考值 i_{d_ref}、i_{q_ref} 进行比较，并通过相应的 PI 调节器控制输出对应的调制比 P_{md}、P_{mq}，最终实现对 i_d、i_q 的无静差控制。

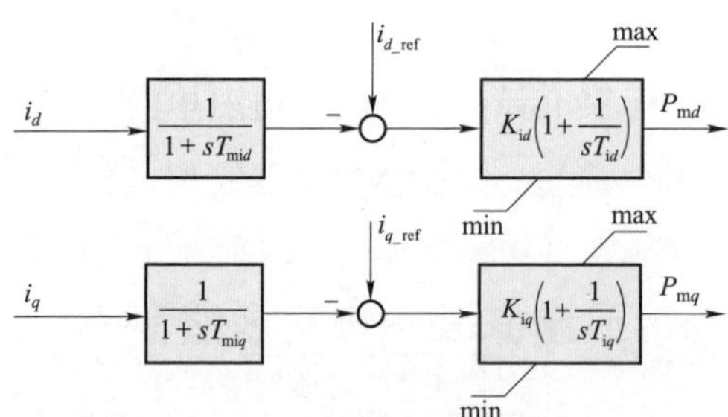

图 3–24　逆变器内环电流控制环节

逆变器故障穿越控制主要包括故障穿越过程中的逆变器输出的有功电流和无功电流控制，其中有功电流控制主要通过以下两种方法实现：

1）闭锁外环控制，直接给定内环有功电流目标值 i_{d_ref}；

2）保留外环控制，但设置内环有功电流目标值上限 $I_{d\max}$。

无功电流控制中内环无功电流目标值 i_{q_ref} 的给定应满足《光伏发电站接入电力系统技术规定》（GB/T 19964—2012）中对光伏发电站低电压穿越过程中动态无功支撑能力的要求，同时保证

$$i_d^2 + i_q^2 \leqslant I'^2_{\max} \tag{3-11}$$

式中 $I'_{\max}$——逆变器暂态过程中允许输出的最大电流。

逆变器保护模块的变量和参数通常包括控制节点电压等级、电压、电流、频率限值、耐受时间、保护动作时间等，具体可根据逆变器整定值作为参考值。

3.3 新能源发电模型参数整定

3.3.1 模型参数分类

以双馈风电机组为例，通用化模型子模块包括空气动力学系统、传动链系统、发电机和变频器主电路模型、控制和保护系统等，根据双馈风电机组通用化模型可得典型参数组主要包括：

（1）空气动力学模型参数；

（2）传动链模型参数；

（3）电机模型参数；

（4）桨距角控制、MPPT 控制等主控系统模型参数；

（5）机侧变频器控制系统模型参数；

（6）网侧变频器控制系统模型参数；

（7）保护模型参数。

由于风电机组模型涉及的参数众多，根据各子模块模型中不同参数的物理意义，大致可将通用化模型参数分为三类，即物理参数、运行参数和控制参数。其中，物理参数是随着风电机组型号的确定而直接确定或者是由厂商可以提供的，主要涉及在空气动力学模型、发电机模型及传动链模型中，如包括风电机组额定功率、风力机叶轮半径 R、风能转换效率系数 C_{p}、发电机定转子绕组的电阻和电感、传动链轴系刚度系数 K_{s}、风力机和发电机的惯性时间常数 H_{tur} 与 H_{gen} 等。

运行参数与风电机组的运行工作点确定有关，包括故障前初始有功功率、故障穿越保护电路的保护定值、故障穿越状态判断门槛值、风电机组在稳态运行下采用的控制模式（如电压控制模式、功率因数控制模式、无功功率控制模式等），这些参数对于特定机型的风电机组在具体的故障穿越测试工况下也是已知的。

此外，风电机组模型参数中还有大量的控制参数。由于风电机组作为基于电力电子控制的电源，控制器及其参数对风电机组的并网特性具有重要影响，尤其是对于电网电压跌落下的风电机组暂态响应特性具有重要影响，这些控制参数主要涉及桨距角控制和变频器控制等。

3.3.2 模型参数整定一般流程

新能源发电参数整定是为了解决通用化模型对不同机型的差异化并网特性模拟时参数如何确定的问题，是通用化建模工作的重要环节。参数整定就是在输入和输出的基础上，对一组给定的模型输入输出关系估计出模型的未知参数，从而得到一个与所测系统等价的模型。参数整定技术在电力系统的其他领域，比如负荷建模、发电机励磁系统等领域，已较早得到了应用，参数整定的理论也比较成熟。新能源发电模型参数整定一般流程如图 3-25 所示，在外在激励条件下，以实测数据与仿真数据的误差最小为目标函数，不断调整模型参数，直至误差满足模型验证的要求。

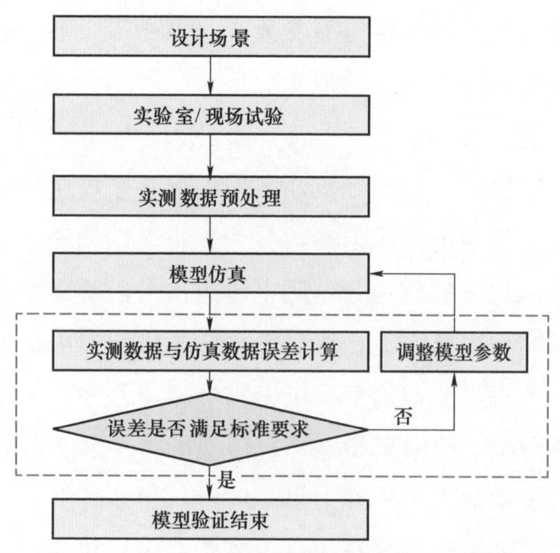

图 3-25 新能源发电模型参数整定一般流程

通过图 3-25 的新能源发电模型参数整定一般流程可以看出，实现良好的参数整定需要考虑多个方面的因素，如确定实际系统输出数据和模型系统输出数据、目标函数以及参数调整算法。另外，由于参数整定与模型特性密切相关，在参数整定之前，还需要对新能源发电模型系统进行一般的了解，掌握模型系统的非线性程度、系统控制特性等信息，这将对于模型参数整定过程提供重要的指导。

（1）试验数据选择。参数整定首先要选择试验数据，采样的数据序列应尽可能多的包含系统特性的内在信息。例如，新能源发电通用化模型如果需要反映机组在电网低电压或高电压下的重要响应特性，可以选择新能源发电机组低电压穿越或高电压穿越测试数据作为试验数据，包括故障前、故障期间及故障恢复后的数据序列。

（2）数据预处理。为了提高参数整定的有效性，通常需要对输入数据进行预处理。由于通用化模型主要反映新能源发电机组在机电暂态时间尺度上的电气特性，因此测试试验数据中的高频成分对于参数整定是不必要的，可以对测试数据进行滤波处理，剔除不必要的高频成分，以提高辨识的精度。

（3）误差计算。误差计算反映的是模型与实际系统的等价准则，这与建模目的是密切相关的。由于通用化模型需要准确反映新能源发电的稳态运行特性，以及在电网低电压或高电压下的响应外特性，因此目标函数应能涵盖对新能源发电机组输出有功功率和无功功率在稳态下、故障期间及故障恢复过程中动态行为的反映。

（4）模型结构特性分析。通常分析模型结构特性的主要内容包括明确模型参数的可辨识性及难易程度等，这对于完成参数整定具有重要意义，因为参数估计的好坏决定了用模型来解释实际问题的可信度。由于新能源发电机组通用化模型参数众多，这个分析也可转换为对辨识中关键参数的确定。关于分析模型参数的可辨识性及难易程度，目前用到较多的方法是研究模型参数灵敏度，分析参数灵敏度的大小及灵敏度曲线的形状。

（5）参数整定方法。参数整定方法比较多，主要可分为两类：一类是经典的辨识方法，包括爬山类方法、随机类方法以及最小二乘法等方法；另一类是基于现代启发式类算法的辨识方法，包括蚁群算法、粒子群算法、遗传算法等。在实际应用中，需根据辨识目的及模型的结构特性等决定采用哪种辨识方法。

3.3.3 案例分析

以准确模拟风电机组低电压穿越特性为目标示例。

（1）试验数据选择。为了保证风电机组模型参数在不同电网故障工况下仿真的适应性，参考风电机组低电压穿越实际测试项目，试验数据选择时至少要考虑以下工况，包括：① 风电机组有功功率稳态输出状态，包括大功率输出状态 $P>0.9\,P_{\mathrm{N}}$，以及小功率输出状态 $0.1P_{\mathrm{N}}\leqslant P\leqslant 0.3P_{\mathrm{N}}$；② 故障类型，包括三相对称故障和两相不对称故障；③ 电压跌落，分别在三相电压跌落和两相电压跌落下，正序电压跌落至（0.9±0.05）U_{N}、（0.75±0.05）U_{N}、（0.50±0.05）U_{N}、（0.35±0.05）U_{N}、（0.20±0.05）U_{N}。

（2）数据预处理。由于通用化模型主要反映新能源发电机组在机电暂态时间尺度上的电气特性，因此将数据处理为基波正序分量有效值。

（3）误差计算。一种典型的系统指标是反映系统整体动态行为的内在特性变量的对比误差，这与参数整定的目标也是相吻合的。对于通用化模型需要准确反映风电机组在电网电压跌落下的响应外特性，因此一种系统指标是能反映风电机组输出有功功率和无功功率在稳态下、故障期间及故障恢复过程中的动态行为，即

$$\begin{cases}\Delta\bar{J}_p = A\dfrac{1}{N}\sum\limits_{i_{\mathrm{A}}=1}^{N}\Delta J_p(i_{\mathrm{A}}) + B\dfrac{1}{M}\sum\limits_{i_{\mathrm{B}}=1}^{M}\Delta\bar{J}_p(i_{\mathrm{B}}) + C\dfrac{1}{K}\sum\limits_{i_{\mathrm{C}}=1}^{K}\Delta J_p(i_{\mathrm{C}}) \leqslant F(J_p) \\ \Delta\bar{J}_q = A\dfrac{1}{N}\sum\limits_{i_{\mathrm{A}}=1}^{N}\Delta J_q(i_{\mathrm{A}}) + B\dfrac{1}{M}\sum\limits_{i_{\mathrm{B}}=1}^{M}\Delta\bar{J}_q(i_{\mathrm{B}}) + C\dfrac{1}{K}\sum\limits_{i_{\mathrm{C}}=1}^{K}\Delta J_q(i_{\mathrm{C}}) \leqslant F(J_q)\end{cases} \tag{3-12}$$

式中 i_{A}、i_{B}、i_{C}——分别表示故障前、故障中、故障恢复阶段三个分段区间内的数据点；

N、M、K——分别表示故障前、故障中、故障恢复阶段三个分段区间内的数据点总数；

ΔJ_p、ΔJ_q——分别为每个数据点的有功输出和无功输出对比误差；

A、B、C——分别是对比误差在三个分段区间内的权重，如可设置为 0.1、0.6、0.3；

$\Delta\bar{J}_p$、$\Delta\bar{J}_q$ ——有功输出和无功输出的加权对比误差；

$F(J_p)$、$F(J_q)$ ——设定的误差评判指标。

（4）模型参数相关性分析。模型参数整定的一个关键是要挖掘在不同工况下数据特征和模型参数的相关性，从而保证整定的模型参数在不同工况下均能实现较好的模型仿真精度。

例如，统计某机型双馈风电机组在对称故障下低电压穿越期间测试数据信息如表3-2所示，统计数据均为正序分量有效值。

表3-2　低电压穿越期间测试数据信息统计

测试序号	工况	故障期间（标幺值）		
		电压 U	无功电流 I_q	有功电流 I_p
1	3ph20fl	0.279	0.833	0.279
2	3ph20pl	0.288	0.841	0.708
3	3ph35fl	0.454	0.804	0.248
4	3ph35pl	0.461	0.776	0.188
5	3ph50fl	0.595	0.646	0.258
6	3ph50pl	0.585	0.622	0.164
7	3ph75fl	0.807	0.521	0.257
8	3ph75pl	0.819	0.464	0.178
9	3ph90fl	0.894	0.022	1.076
10	3ph90pl	0.892	0.019	0.236

注　3ph表示三相短路故障；20、35、50、75、90分别表示故障期间电压跌落的深度为0.2、0.35、0.50、0.75、0.90（标幺值）；fl和pl分别表示正常运行时风机是大功率或小功率输出状态。

根据表3-2可获得 I_q 与 $\Delta U(\Delta U = 0.9 - U)$ 的相关性如图3-26所示，根据该相关性有助于辨识风电机组在低电压穿越期间实现无功电流动态注入功能的关键参数。

（5）模型仿真和实测数据的对比。根据风电机组故障穿越过程的时序可知，风电机组在故障穿越过程中后一阶段的响应特性与前一阶段的状态是相关的，因此模型参数整定时应有一定的时序步骤。

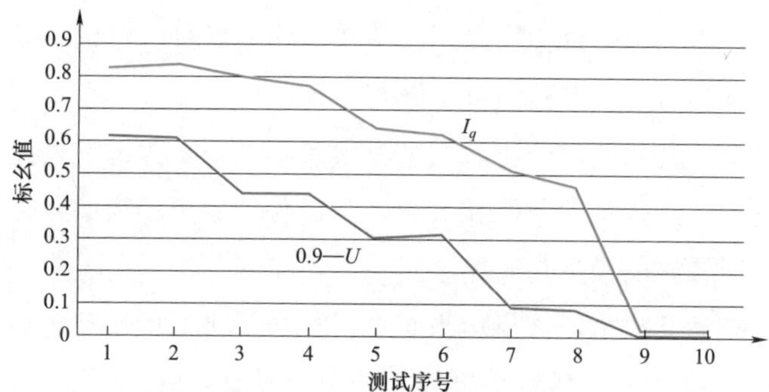

图 3-26　基于测试数据的故障穿越期间无功电流和电压之间的相关性

通过仿真模拟与风电机组低电压穿越型式试验相同的系统工况，设置相同的系统故障，对该机型双馈风电机组测试数据和模型仿真结果进行比较，不断调整模型参数，重点是故障穿越控制模块的控制参数，使得风电机组在轻载/满载、不同电压跌落程度下的有功和无功仿真曲线逐渐吻合于实测曲线。在对称故障曲线拟合完成后，再通过不对称故障曲线的进一步模拟分析，对模型参数进行调整优化，从而最终实现模型参数整定。

图 3-27 所示为稳态满功率工况、三相短路故障、50%电压跌落时，风电机组实测曲线与仿真曲线的拟合结果，红色曲线为测试结果，蓝色曲线为仿真结果。从图 3-27 可以看出，通过模型参数的调整，风电机组通用模型和参数能够较为准确地反映风电机组在电网电压跌落下的暂态响应特性，从而满足大规模风电并网机电暂态仿真的需求。

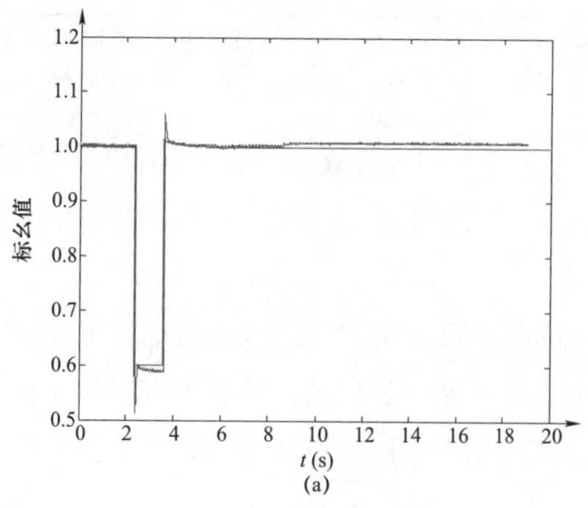

(a)

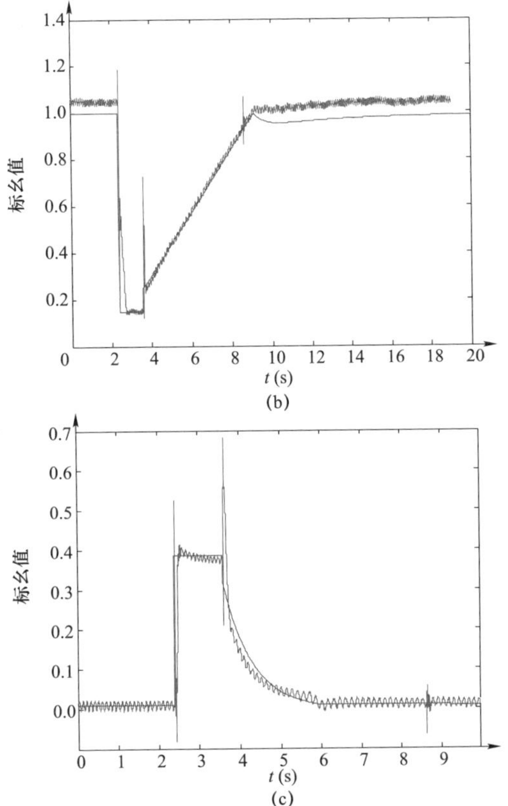

图 3-27　稳态大功率运行状态、电压跌落至 0.5（标幺值），模型仿真曲线与实测曲线比较

（a）机端电压；（b）有功功率；（c）无功功率

第 4 章

新能源电站建模

本章介绍了新能源电站详细建模的主要电气部件模型和场站控制系统模型，给出了新能源电站等值建模的基本原则，并以不同规模的风电场示例，介绍了新能源电站等值建模方法。

4.1 新能源电站详细模型

4.1.1 新能源电站结构

新能源电站包括风电场和光伏电站，其主要元件由三部分组成，即新能源发电机组、集电系统和升压变电站。

（1）风电场。在图 4－1 中，风电机群产生的电能通过 10kV 或 35kV 汇集线路送入风电场升压变电站，再通过升压变压器升压，达到主网电压等级，然后送入到主网。升压变电站除了安装升压变压器外也要配备一些无功补偿装置来稳定电压，如电容器、电抗器、静止无功补偿器等，必要时还需配置滤波器等来改善并网点电压质量，满足风电场并网的电能质量要求。

（2）光伏电站。光伏电站一般分为并网型光伏电站和离网型光伏电站。本书主要介绍并网型光伏电站，图 4－2 所示为光伏电站结构示意图，光伏电站一般采用模块化设计，由光伏组件采用串并联的方式组成光伏阵列，光伏阵列经防雷汇流箱后接入直流配电柜，然后经光伏并网逆变器变换为交流电。一般光伏发电系统都分为若干个 1MW 的光伏发电单元，每个

1MW 发电单元采用 1 台或多台并网逆变器。逆变器交流侧电压一般为 270V，大都直接升压为 10kV 或 35kV，通过汇集系统汇集后，直接并网或升为更高电压等级后再并网。

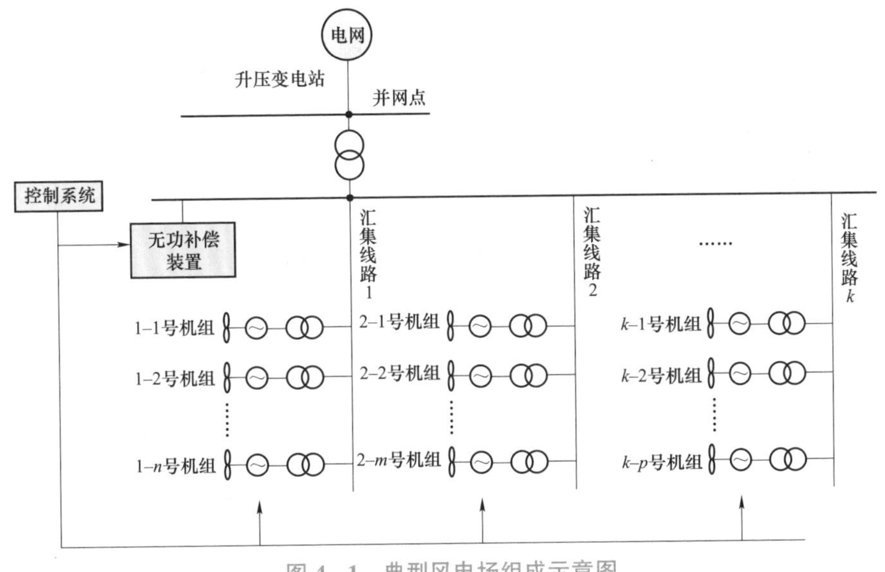

图 4-1　典型风电场组成示意图

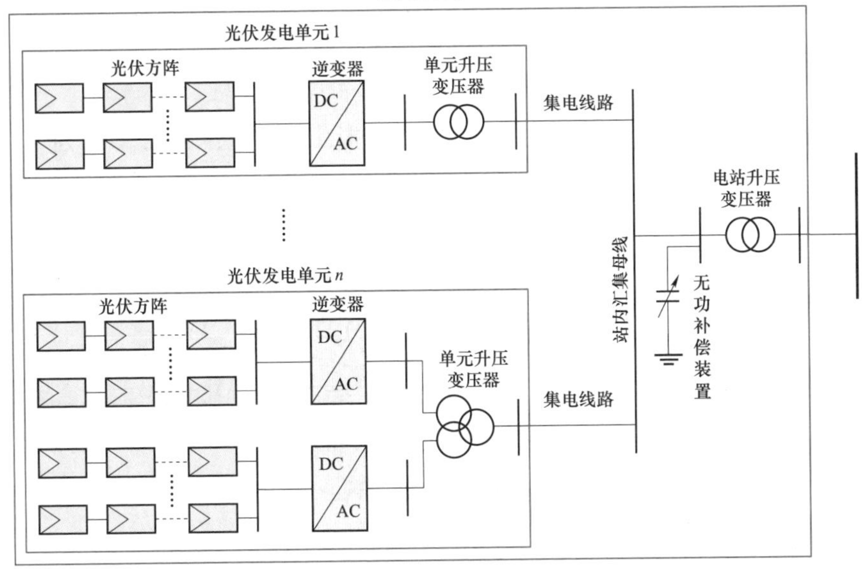

图 4-2　光伏电站结构示意图

4.1.2 主要元件模型

新能源电站主要元件包括新能源发电机组、变压器、集电线路、动态无功补偿等设备。

（1）新能源发电机组。新能源发电机组主要指风电机组或光伏发电单元，应能够较为准确反映新能源发电机组的暂态响应特性。

（2）变压器。变压器包括新能源发电机组的升压变压器及新能源电站的升压变压器，建模时一般可以采用双绕组变压器模型，可选择 T 形等值电路或Γ形等值电路，如图 4-3 所示。

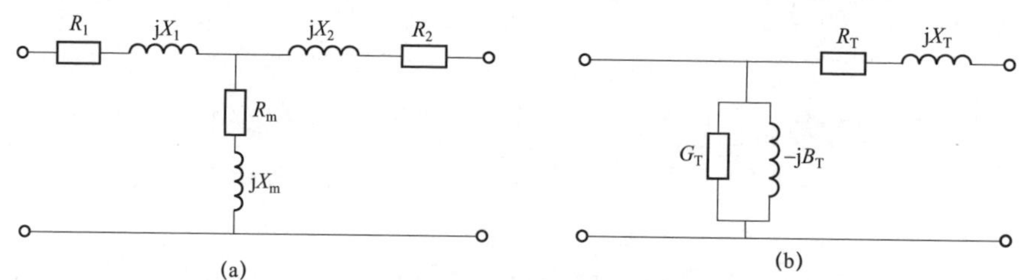

图 4-3 双绕组变压器等值电路

（a）T 形电路；（b）Γ 形电路

R_1—变压器一次电阻，Ω；X_1—变压器一次电抗，Ω；R_2—变压器二次等值电阻，Ω；X_2—变压器二次等值电抗，Ω；R_m—变压器励磁电阻，Ω；X_m—变压器励磁电抗，Ω；R_T—变压器等值电阻，Ω；X_T—变压器等值电抗，Ω；G_T—变压器等值电导，S；B_T—变压器等值电纳，S

（3）集电线路。集电线路模型包括线路正序、负序、零序参数，一般可选用 Π 形等值电路或 T 形等值电路，如图 4-4 所示。

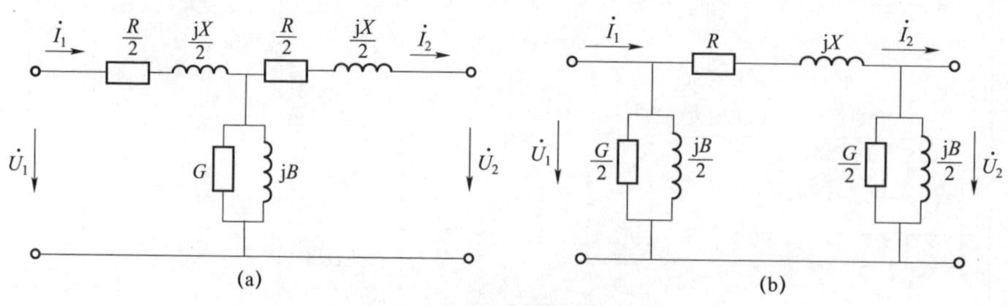

图 4-4 集电线路等值电路

（a）T 形电路；（b）Π 形电路

R—集电线路总电阻，Ω；X—集电线路总电抗，Ω；G—集电线路总电导，S；B—集电线路总电纳，S

（4）动态无功补偿。

1）SVC。SVC是目前电力系统应用最多、最为成熟的并联补偿设备，也是一类较早得到应用的 FACTS 控制器：根据所用的并联电容器组和并联电抗器组控制方式的不同分为不同的类型，最为广泛应用的SVC是由晶闸管投切的并联电容器组（thyristor switched capacitors，TSC）和晶闸管控制的并联电抗器（thyristor controlled reactor，TCR）组成，电容器组的电容器可以由晶闸管控制分组投入或切除，并联电抗器可以通过晶闸管进行平滑控制改变其电抗值。

TSC－TCR型SVC的单相结构如图4－5所示，它是根据装置容量、谐波影响、晶闸管阀参数、成本等而由 n 条TSC支路（或者容性滤波器支路）和 m 条TCR支路构成，图中 $n=2$，$m=1$。各TSC、TCR参数一致，通常TCR支路的容量稍大于TSC支路的容量。

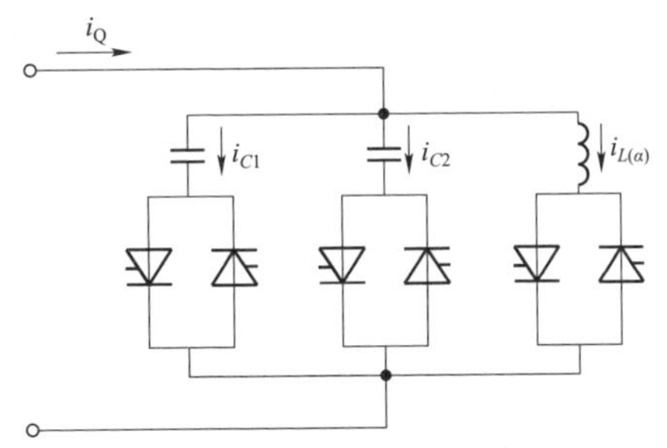

图4－5 TSC－TCR型SVC的单相结构图

在额定电压下，TSC－TCR型SVC在所有TSC支路投入而TCR支路断开时，输出最大的容性无功功率 Q_{Cmax}；在所有TSC支路断开而TCR支路投入（$\alpha=0$）时，输出最大的感性无功功率 Q_{Lmax}；当要求装置输出容性无功，且 $Q<Q_{Cmax}$ 时，则投入 k 条 TSC 支路，使得 $\frac{k-1}{n}Q_{Cmax}<Q\leqslant\frac{k}{n}Q_{Cmax}$，并调节 TCR 支路的触发延迟角 α，吸收多余的容性无功功率 $\frac{k}{n}Q_{Cmax}-Q$；而要求装置输出感性无功时，可关断所有的TSC支路而通过控制TCR支路来获得所需要的无功功率。

在图 4-6 中，通过动态改变 SVC 的并联电容与并联电抗值即可以动态改变 SVC 输出的无功功率，控制 SVC 所连接母线的电压甚至是需要远程控制的母线电压。

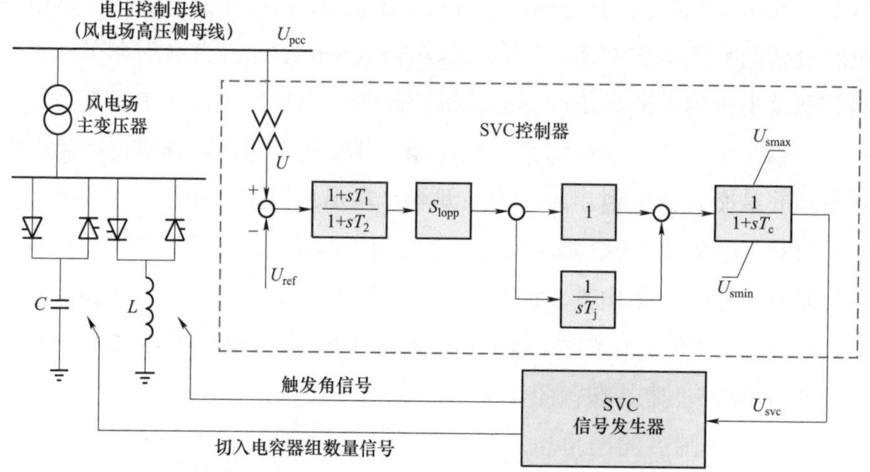

图 4-6 静态无功补偿器 SVC 结构及控制器框图

U_{pcc}—风电场并网点的电压；U_{svc}—SVC 信号发生器电压指令值；T_1、T_2—分别为移相环节的超前和滞后时间常数；S_{lopp}—控制比例系数；T_j—PI 控制积分时间常数

SVC 从本质上来讲仍然是并联的电容器组和电抗器组，只是由于基于晶闸管的控制能够提高其动态响应的速度，在一定程度上满足故障条件下的动态无功支持要求，但是其电流波形畸变会产生大量谐波，此外由于其吸收或发出的无功功率仍然是与其端电压的平方成正比，当其无功功率达到自身无功极限值时，就会表现出与电抗器组或电容器组相同的无功电压特性，低电压水平下无法提供其额定的无功容量。

当 SVC 接入新能源电站低压侧汇流母线时，根据 SVC 容量的大小可以部分甚至完全提供新能源电站的无功需求，改善整个新能源电站的功率因数，减少从电网侧流向新能源电站方向的无功，降低线路压降；在电网侧发生大扰动故障时，SVC 能够动态调整其输出无功功率，协助系统电压在故障过程结束后的恢复。相关研究表明在安装 SVC 装置后，新能源电站节点电压的波动明显降低；当发生故障后，SVC 的动态无功调节能力可以加快故障切除后新能源电站节点电压的恢复过程，改善系统的稳定性。

2）SVG。SVG 是基于电压源变频器的装置，电压源由直流电容提供，所以 SVG 不具备持续提供有功功率的能力。SVG 正常工作时是通过电力半导体开关的通断将直流侧电压转换成与交流侧电网同频率的输出电压。此时，SVG 类似于电压型逆变器，只不过其交流侧输出所连接的不是无源负载，而是电网。图 4-7 为静止同步补偿器 SVG 原理示意图。其中直流侧为储能电容，为 SVG 提供直流电压支持；IGBT 逆变器通常由多个逆变器串联或并联而成，交流电压的大小、频率和相位可以通过控制 IGBT 的驱动脉冲进行控制；连接变压器的漏抗可以用于限制电流，防止逆变器故障或系统故障时产生过大的电流。

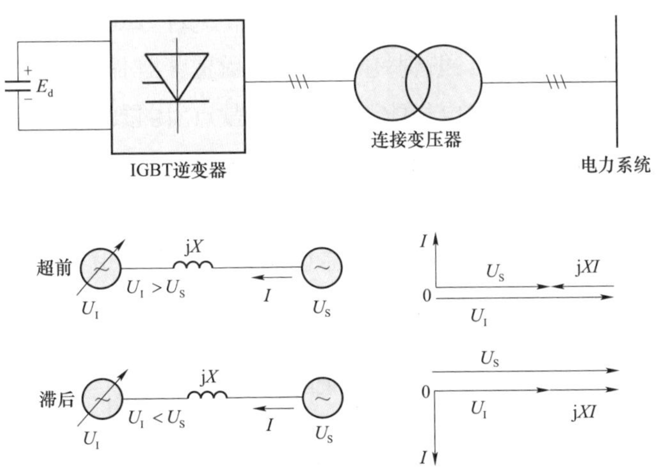

图 4-7　静止同步补偿器 SVG 原理示意图

整个 SVG 装置相当于一个电压大小可以控制的电压源，设 SVG 装置产生的电压为 $\dot{U}_I$，系统电压为 $\dot{U}_s$，连接电抗为 X，则 SVG 装置吸收的电流为

$$\dot{I} = \frac{\dot{U}_s - \dot{U}_I}{jX} \tag{4-1}$$

因此 SVG 装置吸收的视在功率为

$$S = \dot{U}_s \dot{I}^* = \dot{U}_s \frac{\dot{U}_s^* - \dot{U}_I^*}{-jX} \tag{4-2}$$

一般情况下，忽略 SVG 吸收的有功功率，其产生的电压 $\dot{U}_I$ 与系统电

压 $\dot{U}_S$ 相位相同，因此 SVG 吸收的无功功率为

$$Q=\mathrm{Im}(S)=\mathrm{Im}\left(\dot{U}_s\frac{\dot{U}_s^*-\dot{U}_I^*}{-\mathrm{j}X}\right)=\frac{U_s-U_I}{X}U_s \tag{4-3}$$

如果电压源提供的电压幅值大于交流系统接入点的交流电压，SVG 吸收的无功功率 $Q<0$，此时 SVG 相当于电容；如果电压源提供的电压幅值小于交流系统接入点的交流电压，SVG 吸收的无功功率 $Q>0$；此时的 SVG 相当于电感。电流大小由电压差与两点之间的阻抗比值决定，SVG 装置产生的电压幅值可以快速地控制，因此其吸收的无功功率可以连续地由正到负快速控制。

SVG 控制策略应根据不同的应用而设计，一种基于比例的控制系统电压的方法，其动态特性以一阶惯性环节表示，如图 4－8 所示。图 4－8 中 U_t、U_{ref}、U_{err} 为节点电压、参考电压和电压偏差，T_m 为量测时间常数，K_R 和 T_R 为增益大小及时间常数。T_m 和 T_R 通常很小。

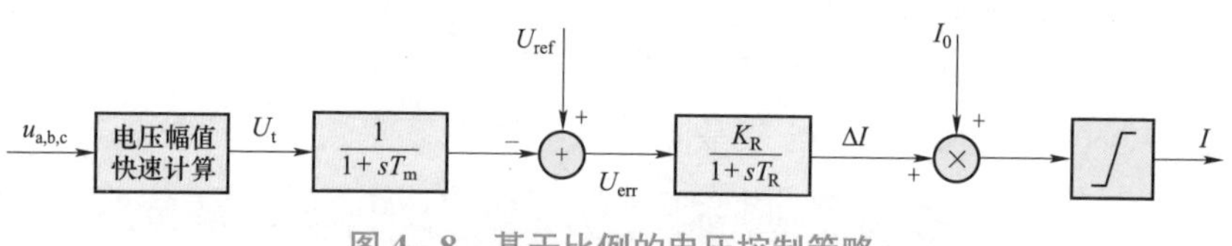

图 4－8 基于比例的电压控制策略

通常情况下，由于 SVG 装置受电压等级和容量的限制，并联在电力系统中通过吸收或发出无功电流（功率）控制系统节点电压时，即使整个装置的容量完全利用，也不太可能维持电力系统中该节点的电压不变。为此采用 SVG 装置控制系统某节点电压时，通常只用比例环节而不加入积分环节，因为前者为有差调节而后者为无差调节，它可能导致 SVG 装置经常处于满容量运行状态，一旦系统电压发生变化 SVG 装置可能因处于饱和状态而失去调节能力。

采用比例环节控制电力系统节点电压的 SVG 装置运行曲线如图 4－9 所示，中间可控部分曲线斜率的设定是根据 SVG 装置接入点的系统容量和 SVG 装置本身容量共同确定的，其目的是充分发挥 SVG 装置维持节点电压的能力。

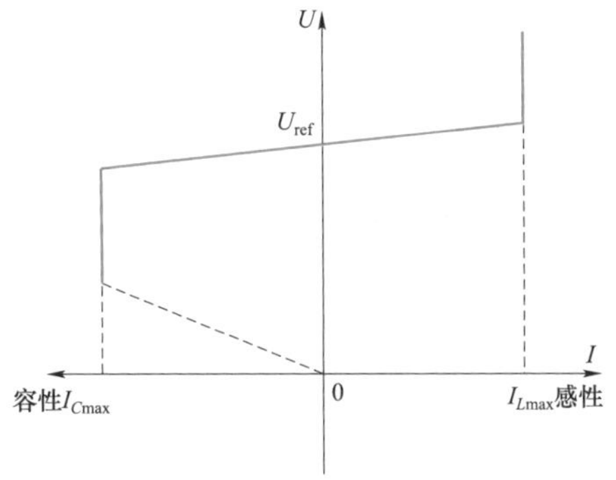

图 4-9　SVG 装置运行曲线

与 SVC 相比，在交流电压较低的情况下 SVG 可以提供更多的无功功率，因为 SVG 在电压下降到很低的情况下仍能提供额定值大小的无功电流。而且 SVG 的响应时间要比 SVC 短，有更快的响应速度。SVG 由于能够快速平滑地从容性到感性调节无功功率，因此对维持系统电压、改善电力系统动态特性、阻尼电力系统振荡、提高电力系统的静态与暂态稳定性都具有很高的应用价值。

4.2 新能源电站控制系统模型

4.2.1　新能源电站控制系统模型基本功能

新能源电站有功功率控制系统应能自动执行调度机构下达的有功功率及有功功率变化的控制指令，确保新能源电站有功功率及功率变化率不超过调度指令。新能源电站有功控制过程可分为两层实现，即有功需求整定和有功功率分配。新能源电站无功控制系统应能自动执行调度机构指令调节其发出（或吸收）的无功功率，实现对新能源电站并网点无功或电压的控制。新能源电站无功控制过程可分为两层实现，即无功需求整定和无功功率分配。新能源电站应充分利用新能源发电机组的无功容量及其调节能力，将新能源电站无功功率参考值按一定原则分配到新能源电站内发电单元及无功补偿装置。

因此，在新能源电站控制系统建模时，应充分考虑实际新能源电站的功率控制策略，通常应包含有功功率/无功功率需求整定模块和分配模块，如风电场功率控制系统模型基本功能需求如图 4－10 所示。

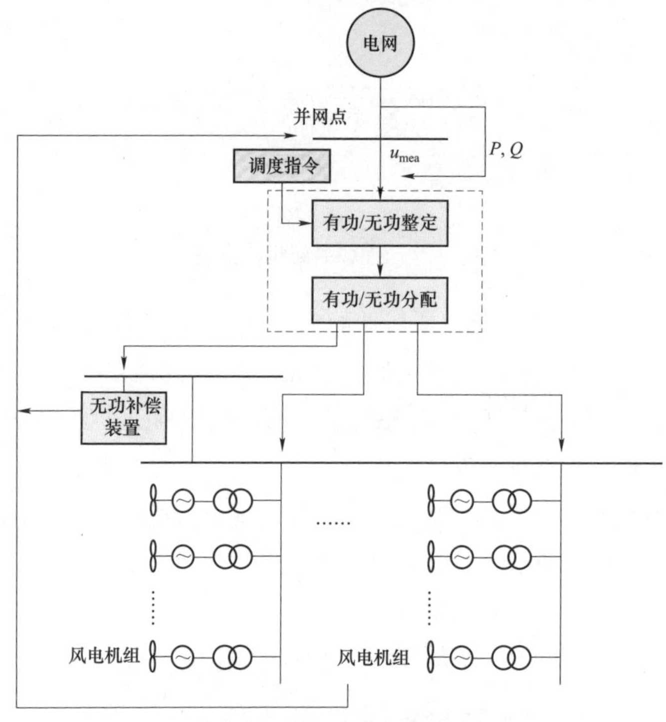

图 4－10　风电场功率控制系统模型基本功能需求

u_{mea}—并网点电压测量值；P、Q—并网点有功和无功测量值

4.2.2　典型的新能源电站控制系统模型

近年来国际上很多研究机构都在致力于开展新能源发电建模研究工作，本节调研了几种主流的新能源电站控制模型。

4.2.2.1　WECC 的新能源电站控制系统模型

WECC 于 2014 年提出了新能源电站控制系统模型，如图 4－11 所示，在有功功率控制方面，该模型实现了定有功功率控制与一次调频功能，考虑了有功功率变化率限制；在无功功率控制方面，实现了定电压控制与定无功功率控制功能。

4.2.2.2　IEC 的风电场控制系统模型

IEC 于 2015 年提出的风电场控制系统模型，如图 4－12 所示，在有功功率控制方面，该模型实现了定有功功率控制和一次调频功能，考虑了斜率限制；在无功功率控制方面，实现了定无功功率控制、定电压控制、定功率因数控制及无功/电压下垂控制模式。

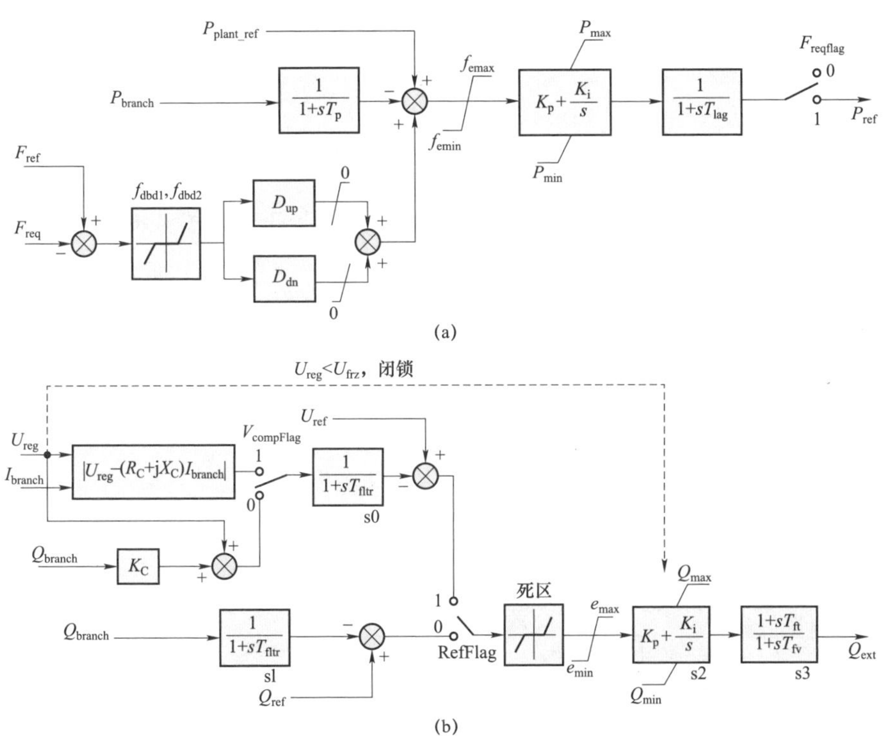

图 4-11 WECC 提出的新能源电站控制系统模型

（a）有功功率控制模型；（b）无功功率控制模型

P_{plant_ref}—电站接收到的有功功率指令值；P_{branch}—电站有功功率实测值；T_p—测量环节时间常数；f_{emax}—有功功率偏差的上限；f_{emin}—有功功率偏差的下限；P_{max}—比例积分环节的幅值上限；P_{min}—比例积分环节的幅值下限；T_{lag}—有功功率控制环的时间常数；F_{ref}—电站频率参考值；F_{req}—电站频率实测值；f_{dbd1}—调频死区下限值；F_{dbd2}—调频死区上限值；D_{dn}—下垂控制的下调系数；D_{up}—下垂控制的上调系数；$F_{reqflag}$—状态开关切换标志位；P_{ref}—电站有功功率控制系统的输出值；U_{reg}—电站端口母线电压测量值；I_{branch}—电站电流实测值；R_C—线路压降的补偿电阻；X_C—线路压降的补偿电抗；Q_{branch}—电站无功功率实测值；K_C—无功电流补偿环节的增益；$V_{compFlag}$—状态开关切换标志位；T_{fltr}—电压或无功功率的测量时间常数；U_{ref}—电站端口母线电压参考值；Q_{ref}—电站无功功率参考值；RefFlag—状态开关切换标志位；e_{max}—偏差上限；e_{min}—偏差下限；K_p—PI 控制环节的比例系数；K_i—PI 控制环节的积分系数；Q_{max}—PI 控制环节的幅值上限；Q_{min}—PI 控制环节的幅值下限；T_{ft}、T_{fv}—移相环节的超前和滞后时间常数；Q_{ext}—电站无功功率控制系统的目标值；U_{frz}—低电压穿越电压阈值

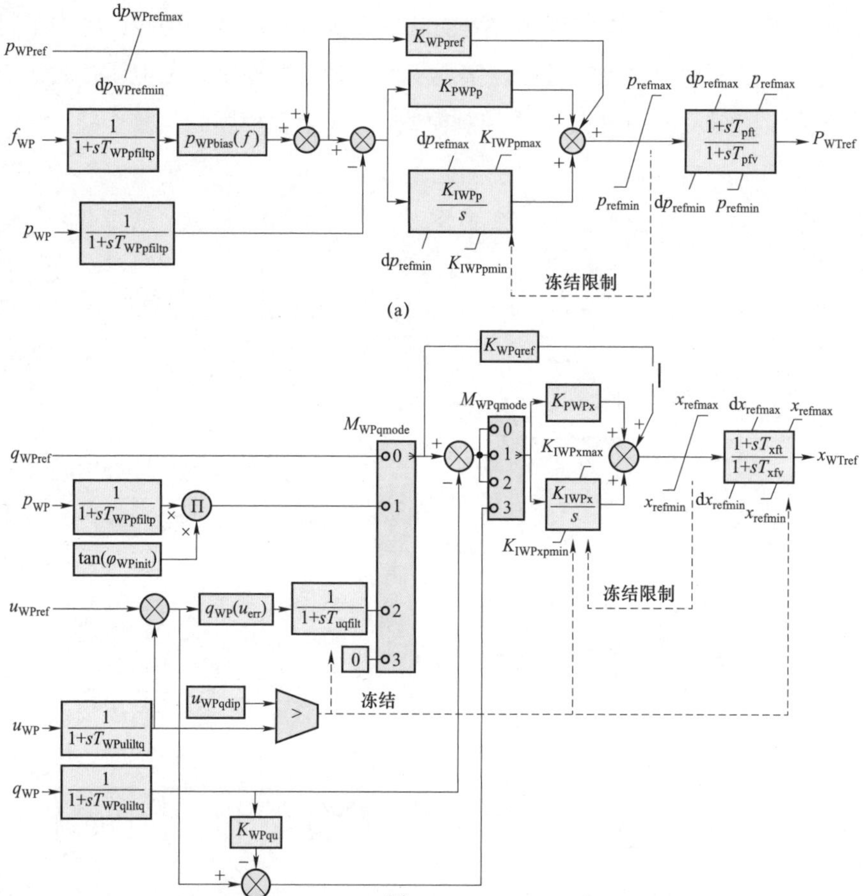

(a)

(b)

图 4-12　IEC 的风电场控制系统模型

（a）有功功率控制模型；（b）无功功率控制模型

p_{WPref}—电站有功功率参考值；f_{WP}—频率实测值；p_{WP}—有功功率实测值；T_{WPpfiltp}—有功功率时间常数；$p_{\mathrm{WPbias}}(f)$—有功功率和频率之间的数值关系；dp_{WPrefmax}—电站有功功率参考值的正向最大变化率；$\mathrm{d}p_{\mathrm{WPrefmin}}$—电站有功功率参考值的反向最大变化率；$K_{\mathrm{WPpref}}$—电站有功功率参考值的增益；$T_{\mathrm{pft}}$、$T_{\mathrm{pfv}}$—移相环节的超前和滞后时间常数；$\mathrm{d}p_{\mathrm{refmax}}$—有功参考值的最大变化率；$\mathrm{d}p_{\mathrm{refmin}}$—有功参考值的最小变化率；$p_{\mathrm{refmax}}$—电站有功功率参考值最大值；$p_{\mathrm{refmin}}$—电站有功功率参考值最小值；$K_{\mathrm{PWPp}}$—PI 控制比例系数；$K_{\mathrm{IWPp}}$—PI 控制积分系数；$K_{\mathrm{IWPpmax}}$—积分环节的最大值；$K_{\mathrm{IWPpmin}}$—积分环节的最小值；$q_{\mathrm{WPref}}$—电站无功功率参考值；$x_{\mathrm{refmax}}$—$x_{\mathrm{rWTref}}$ 最大需求；x_{refmin}—x_{rWTref} 最小需求；T_{xft}、T_{xfv}—超前—滞后环节的时间常数；K_{PWPx}—PI 控制比例系数；K_{IWPx}—PI 控制积分系数；T_{WPufiltq}—电压测量时间常数；T_{WPqfiltq}—有功功率测量时间常数；u_{WPqdip}—低电压穿越下无功功率控制的电压阈值；$q_{\mathrm{WP}}(u_{\mathrm{err}})$—低电压下电压—无功静态模式的对应关系；$K_{\mathrm{WPqref}}$—无功功率参考值的增益；$K_{\mathrm{IWPxmax}}$—无功/电压积分环节参考值上限；$K_{\mathrm{IWPxmin}}$—无功/电压积分环节参考值下限；$\mathrm{d}x_{\mathrm{refmax}}$—电站无功/电压参考值的正向最大变化率；$\mathrm{d}x_{\mathrm{refmin}}$—电站无功/电压参考值的反向最大变化率；$M_{\mathrm{WPqmode}}$—无功/电压控制模式状态开关标志位，即 0—定无功功率，1—定功率因数，2—下垂控制，3—定电压

4.3 新能源电站等效模型

在新能源电站并网分析中可采用包含所有新能源发电机组模型、常规电力设备模型、厂站级控制模型的新能源电站详细仿真模型。在建立新能源电站详细仿真模型时，可根据新能源电站实际电气结构搭建新能源发电机组、集电系统、新能源电站控制系统模型等，各子设备之间的电气连接距离及接线方式应与实际情况相同。但是，通常仿真研究中更关心整个新能源电站的外特性及其接入电网后的影响，因此在新能源电站接入电网分析时，可以不把每台新能源发电机组都作为一个单独元件列入仿真程序中进行分析，而是看作一个整体进行研究，对新能源电站进行合理简化以等值出详细程度不同的新能源电站模型。由于从新能源电站的建模方法上看，无论是风电场或是光伏电站都是相似的，因此本书是以风电场的等效模型为例进行说明的。

4.3.1 新能源电站模型等效的基本原则

以风电场聚合集群等值模型研究为例，应根据研究目的的不同而采用不同的方法。由于实际工况中风电场的运行方式是时刻在变的，例如，风速变化导致风电机组运行点改变、风电场内风电机组检修安排等，使得风电场运行工况具有区别于常规机组的极大的不确定性。因此，建立从多角度完全模拟风电场实际运行特性的等值模型是一项复杂而有难度的工作。目前已有较多的国内外文献对风电场等值技术进行了研究，如可以假设风速相同的风电机组动态特性相同，基于历史风速数据建立风电场多机等值模型。但是，在开展新能源接入电网的潮流计算和机电暂态稳定分析时，更经验的做法是假设风电场风速不变，考虑风电场内部电气接线进行静态等值。聚合过程中，风电场聚合模型的风电装机容量为所聚合的风电场中各个风电机组装机容量之和，除了考虑风电机组本身的聚合，模型中还需要考虑风电场内部的汇集系统（变压器、电缆、架空线）的等值。

在此假定下，采用的风电场聚合模型建模原则如下：

（1）风电场聚合模型 PCC 电压与所聚合的风电场 PCC 电压相等。

（2）风电场聚合模型的输出有功功率与所聚合的风电场 PCC 输出有功功率相等。

（3）风电场聚合模型的输出无功功率与所聚合的风电场 PCC 输出无功功率相等。

基于上述基本原则，风电场等值建模包括风电机组分群聚类、风电场集电系统等值、等值机参数聚合三个部分。其中风电机组分群聚类包括聚合变量和聚类算法的选取，一般根据不同的应用场景选取不同的聚合变量，保证能够精确反映风电机组的动态特性，同时利用聚类算法实现聚类变量的快速高效分群。根据实际风电场的情况，可以将风电场等值为一台机或多台机，即采用单机等值法或多机等值法。经验表明：

（1）对于规模较小的风电场，风电场电气仿真模型可按照单机等值，等值后的风电场电气仿真模型结构如图 4－13 所示。

（2）对于规模中等的风电场，风电场电气仿真模型可按照馈线条数等值，等值后的风电场电气仿真模型结构如图 4－14 所示。

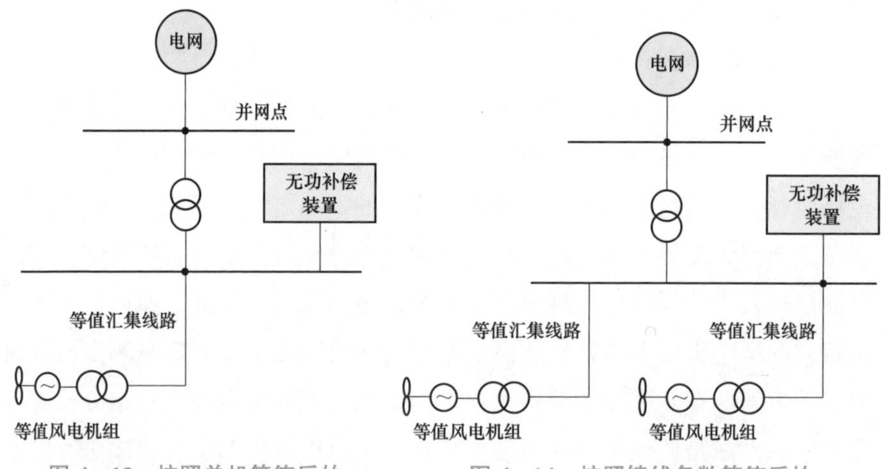

图 4－13　按照单机等值后的风电场电气仿真模型结构

图 4－14　按照馈线条数等值后的风电场电气仿真模型结构

（3）对于大型风电场，风电场电气仿真模型可按照馈线条数等值，且同一馈线上的风电机组宜用多台风电机组等效，等值后的风电场电气仿真模型结构如图 4－15 所示。

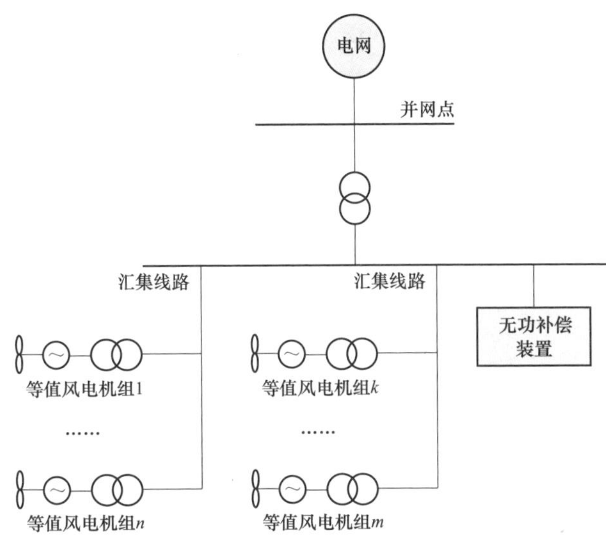

图 4－15　馈线上采用多台机组等值后的风电场电气仿真模型结构

4.3.2　新能源电站等值建模方法

4.3.2.1　单机等值

将同一类型的风电机组合并等效，将集电系统和变压器基于等效线损模型进行简化。下面以某双馈型风电场介绍最简单的单机等值法。

（1）风电机组等效。根据双馈风电机组的数学模型可知，在机群等值时需要等值的参数包括转子惯性时间常数 T_J、转差率 s、转子电阻 R_r、转子漏抗 X_r、定子电阻 R_s、定子漏抗 X_s、励磁电抗 X_m 和转子绕组时间常数 T_0 等。其中，对于同型风电机组电机电气部分的等值，由于定子电阻、定子电抗、转子电阻、转子电抗、励磁电抗这几个参数可转化为基于额定功率标幺值，等值时只需改变机组视在功率或者直接采用倍乘模式即可。

（2）风电机组箱式变压器等效。若将风电机群倍乘成一台风电机组等效，则需要用一台箱式变压器等值反映机群内所有箱式变压器的集中特性。等值箱式变压器上的电压降应该与所有箱式变压器的集中电压降相同，且有功和无功损耗是所有箱式变压器的损耗之和。因此，箱式变压器的等效阻抗值 Z_{eq} 可表示为

$$Z_{eq} = Z/N \qquad (4-4)$$

式中　Z——机群内所有风电机组总阻抗。

（3）集电系统等效。对于实际风电场，需要根据风电场内电气接线方式从末端的风电机组开始分层分级简化。风电机组的连接如图 4－16（a）所示，并假设图 4－16 中风电机组为一个机群；机群等值成单台机组或者采用倍乘模式（风电机组都连接到同一母线上）如图 4－16（b）所示。

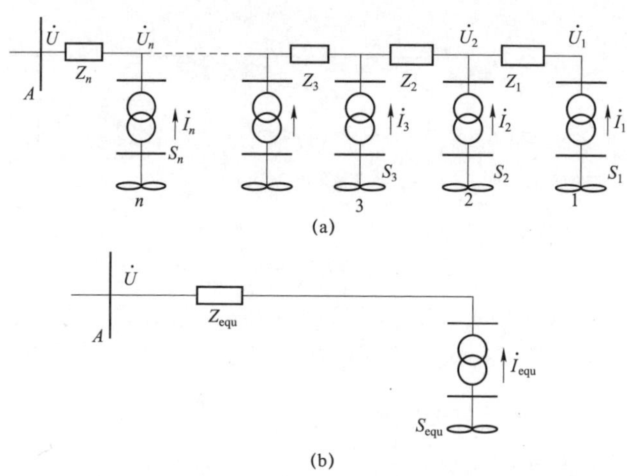

图 4－16　基于等效损耗的风电场集电线路等值

（a）等效前；（b）等效后

$S_1, S_2, \cdots, S_n$—n 台风电机组的输出功率；$\dot{U}_1, \dot{U}_2, \cdots, \dot{U}_n$—$n$ 台风电机组的机端电压；

$Z_1, Z_2, \cdots, Z_n$—相邻两台风电机组间的集电线路阻抗

在对集电线路进行等效时，可把风电机组和箱式变压器作为一个整体简化成一个电流源，每台风电机组向集电线路中注入的电流相量相等，即 $\dot{I}_1 = \dot{I}_2 = \cdots = \dot{I}_n = \dot{I}$。

图 4－16（a）中集电线路总损耗为

$$\begin{aligned} S_{\text{Tol\_Loss}} &= S_{\text{Loss\_}Z_1} + S_{\text{Loss\_}Z_2} + \cdots + S_{\text{Loss\_}Z_n} \\ &= I^2(Z_1 + 2^2 Z_2 + 3^2 Z_3 + \cdots + n^2 Z_n) = I^2 \sum_{i=1}^{n} i^2 Z_i \end{aligned} \tag{4-5}$$

图 4－16（b）中的参数与图 4－16（a）关系为

$$\begin{cases} S_{\text{equ}} = S_1 + S_2 + \cdots + S \\ \dot{I}_{\text{equ}} = \dot{I}_1 + \dot{I}_2 + \cdots + \dot{I}_n = n\dot{I} \\ S'_{\text{Tol\_Loss}} = I_{\text{equ}}^2 Z_{\text{equ}} = n^2 I^2 Z_{\text{equ}} \end{cases} \tag{4-6}$$

式中 $\dot{I}_{\text{equ}}$ ——等效注入电流；

Z_{equ} ——集电线路等效阻抗；

$S'_{\text{Tol\_Loss}}$ ——等值后线路损耗。

根据等效线损模型可得集电线路的等效阻抗为

$$Z_{\text{equ}} = \sum_{i=1}^{n} i^2 Z_i \Big/ n^2 \tag{4-7}$$

4.3.2.2 多机等值

多机等值法的核心是根据不同的研究目的进行机群划分，然后将运行工况相似的风电机组进行聚合等值。在进行大规模新能源接入系统的稳定计算时，如果需要提高风电场等值模型的精度，可以将同一馈线上的风电机组等值为 1 台机组，从而提高风电场仿真模型的精度。甚至，如果风电场规模较大时，可以按照馈线条数等值，并且同一馈线上的风电机组用多台风电机组等效，而对于汇集系统的等效方法同上述单机等值法相同。

4.3.3 案例分析

4.3.3.1 小型场站

根据某实际风电场的接线图搭建了详细风电场模型，如图 4－17 所示。风电场含有 33 台双馈风电机组；风电场内有两条馈线，其中一条馈线接 17 台风电机组，另一条馈线接 16 台风电机组。对距离并网点较远和较近的 4 台风电机组的机端电压曲线分析可知，不同位置的风电机组机端电压相差最大约 0.003（标幺值），且机组有功、无功输出相差很小，因此可以直接将其等效成 1 台风电机组。

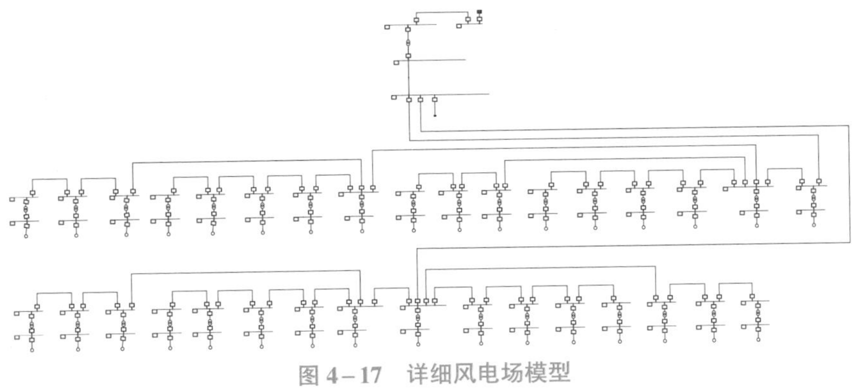

图 4－17 详细风电场模型

图 4-18 给出了等值后风电场模型图。为研究等值后的暂态过程，设置在风电场接入点附近发生三相短路故障，经过 60ms 清除故障，等值前后并网点输出有功的曲线如图 4-19 所示［其中（b）是对（a）的局部放大］，等值前后并网点输出无功功率的曲线如图 4-20 所示［其中（b）是

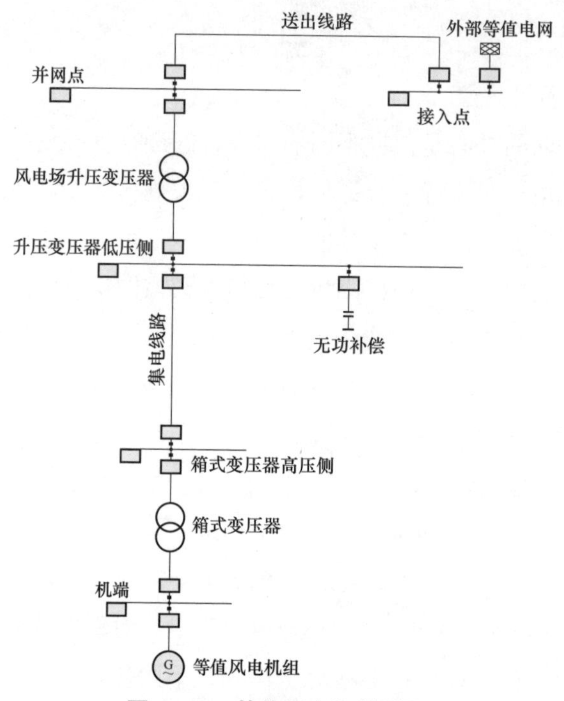

图 4-18　等值风电场模型图

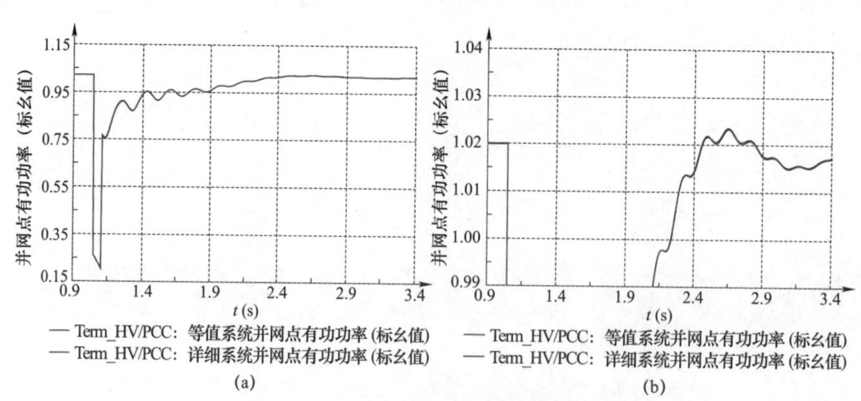

图 4-19　风电场并网点有功功率

（a）1:1 图；（b）局部放大图

对（a）的局部放大]，由图 4－19、图 4－20 得知，等值前后并网点输出有功和无功功率的误差很小，几乎为 0。

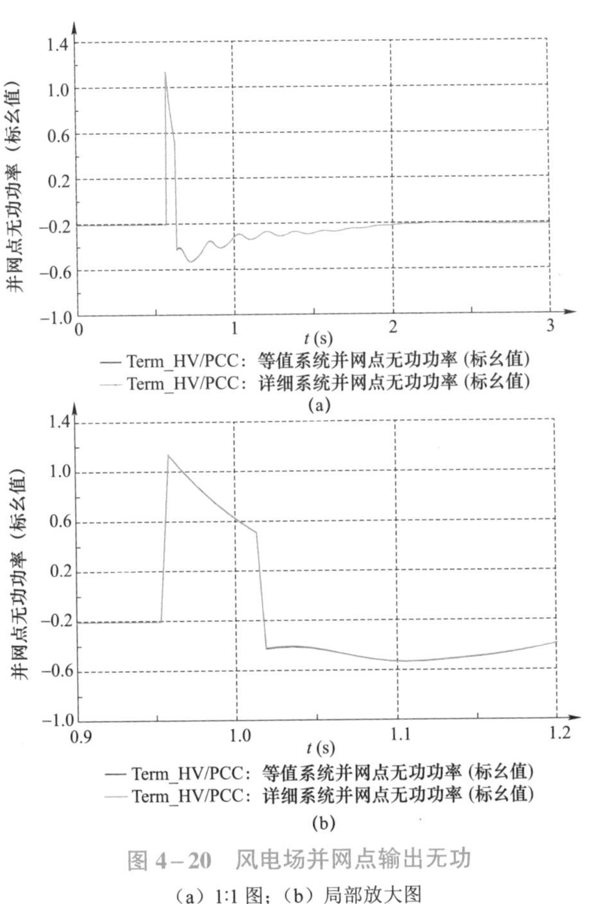

图 4－20　风电场并网点输出无功

（a）1∶1 图；（b）局部放大图

4.3.3.2　大型场站

如图 4－21 所示，为某风电场 1～3 号主变压器连接的共 158 台双馈风电机组组成的风电场详细模型。由于风电场内集电线路上连接风电机组较多，集电线路较长，当风电机组满载时，沿线电压分布逐渐上升，某些馈线首末端电压差达到约 0.05（标幺值），且机组在故障期间有功、无功输出的差值超过 10%。因此，对于这样的大型风电场，可以采用多机等值法，按照馈线条数等值，并且同一馈线上的风电机组用多台风电机组等效。等值后的风电场模型如图 4－22 所示，等值风电场模型共包含 23 台等值机。

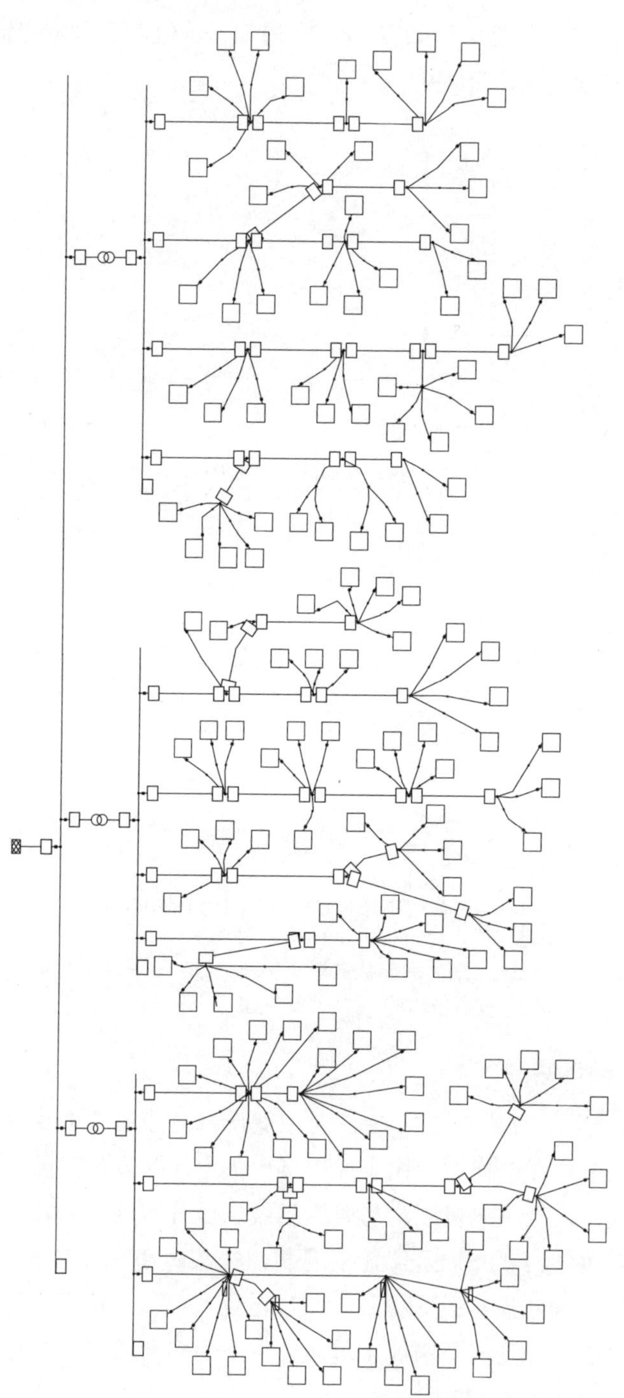

图 4－21　风电场详细模型

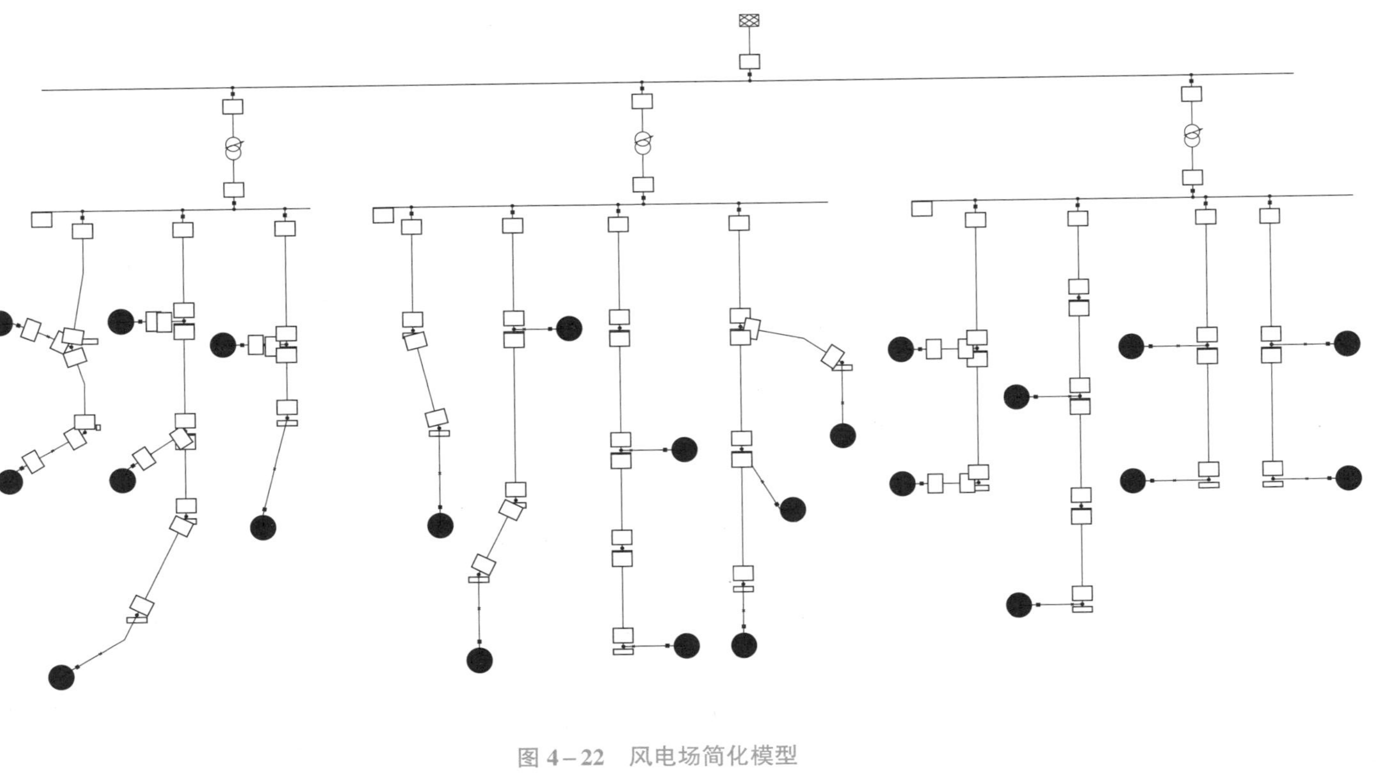

图 4－22　风电场简化模型

假定仿真时间的第0s，在该风电场并网点附近发生三相短路故障，0.625s 后三相短路故障清除。图 4－23 给出了上述故障方式下，分别采用风电场详细模型和简化模型进行仿真时，该风电场并网点电压变化曲线、有功和无功功率变化曲线，图 4－24 则给出了仿真结果比较的局部放大图。从图 4－24 可以看出，采用本书所提的等值方法后，风电场低电压穿越特性的仿真结果能够与详细模型很好的吻合。

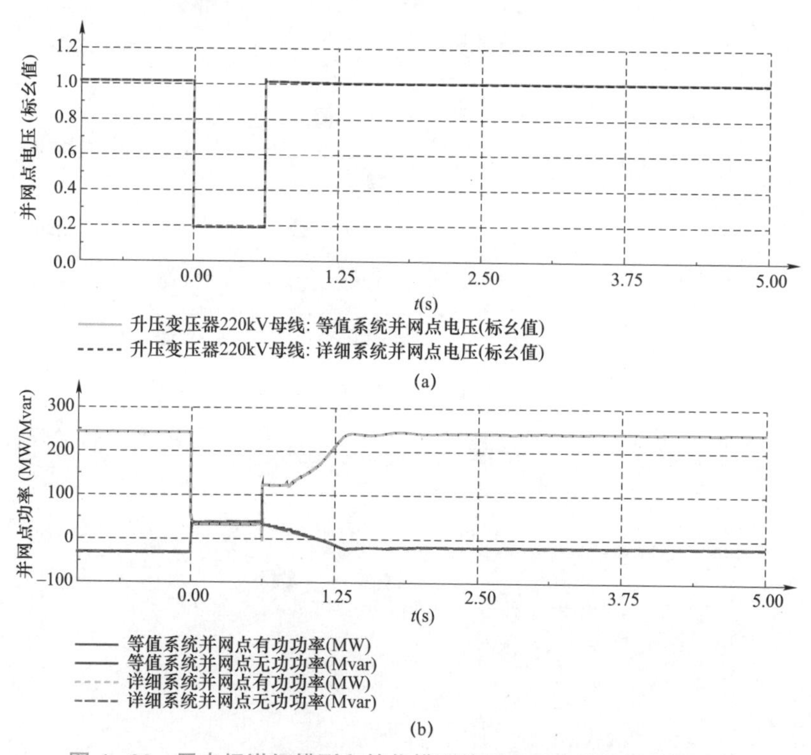

图 4－23　风电场详细模型和简化模型的低电压穿越特性仿真比较

（a）并网点电压；（b）并网点功率

4.3.3.3　大型基地

对于由多个风电场组成的大型风电基地，其等值也可用上述原理。首先将单个风电场按照馈线等效成单个或多个风电机组，然后对整个风电场群的电压分布进行分析，将数量众多的风电场群等效成可用于电力系统仿真分析的有限数量风电机组。风电场接入汇集站通常有辐射式和链式两种方式。下面对这两种方式接入汇集站的风电场群进行分析。

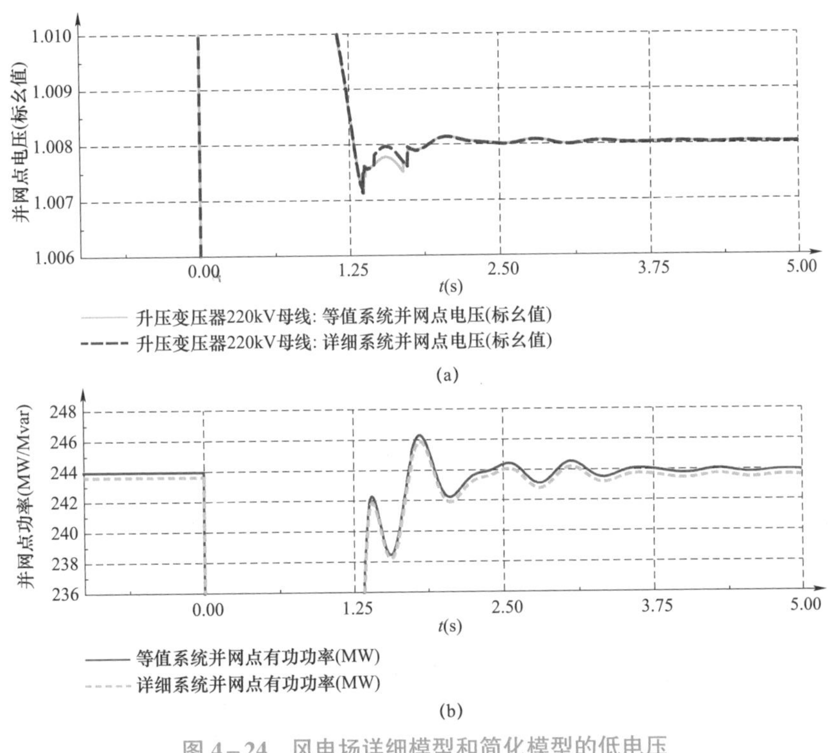

图 4-24　风电场详细模型和简化模型的低电压穿越特性仿真比较局部放大图

（a）并网点电压；（b）并网点功率

某采用辐射式结构接入汇集站的风电场群如图 4-25 所示。其中，风电场均接入 500kV 汇集站的 220kV 母线侧，风电总装机容量 3000MW，其中 21%的风电机组为直驱风电机组，其余风电机组为双馈风电机组。图 4-25 中风电群采用详细模型和等值模型时，风电场并网点电压和汇集站 220kV 母线电压如图 4-26 所示。由图 4-26 可知，采用等值模型对汇集站电压和并网点电压的影响在可接受的范围内，等值对风电场的暂态分析结果影响较小。

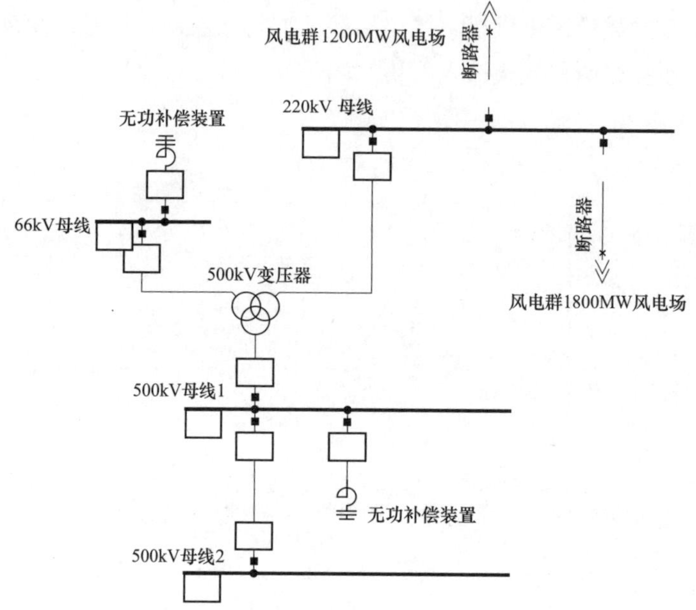

图 4-25　采用辐射式结构接入汇集站的风电场群

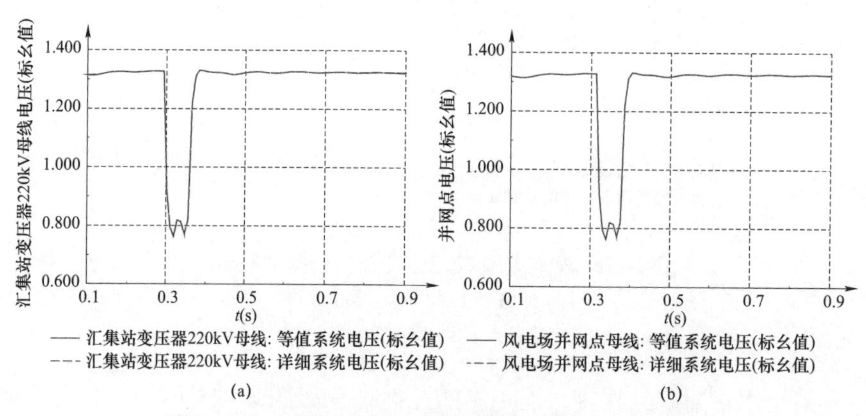

图 4-26　辐射式结构接入的风电场并网点电压曲线

（a）汇集站变压器 220kV 母线电压；（b）风电场并网点电压

某采用链式结构接入汇集站的风电场群如图 4-27 所示。风电场分三级汇集接入，最终升压至 500kV 送出，风电总装机容量 2500MW，且 35%为直驱风电机组，65%为双馈风电机组。采用详细模型和等值模型时，图 4-27 中红色区域 1 号风电场并网点电压和相邻的 2 号风电场并网点电压如图 4-28 所示。由图 4-28 可知，采用等值模型对汇集站电压和并网点电压的影响在可接受的范围内，等值对风电场的暂态分析结果影响较小。

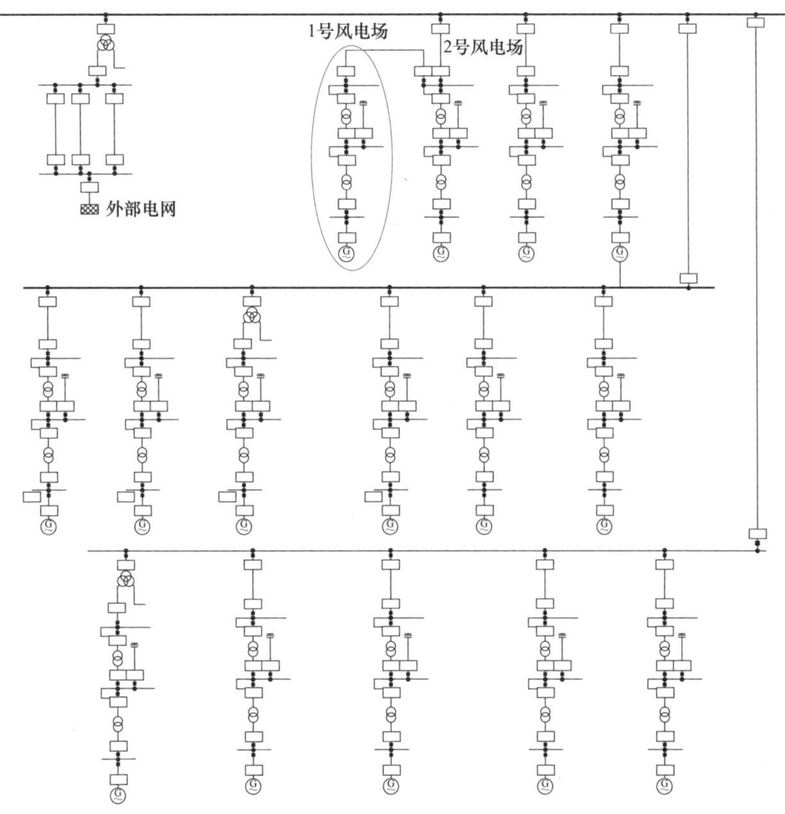

图4－27 采用链式结构接入汇集站的风电场群

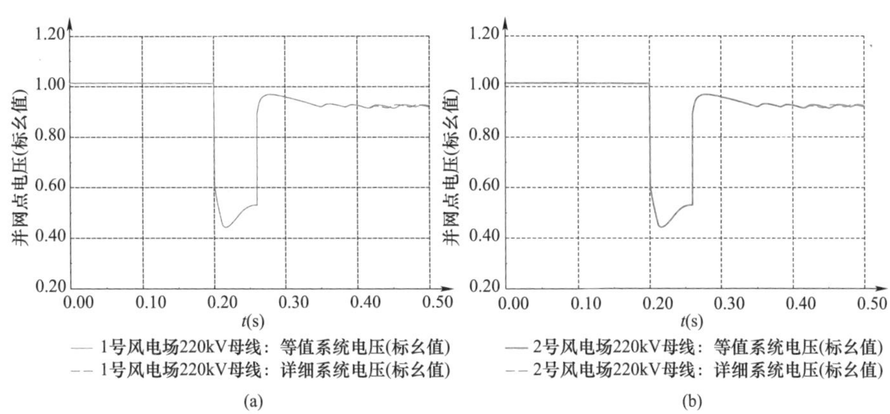

图4－28 链式结构接入的风电场并网点电压曲线

（a）目标风电场；（b）邻近风电场

第 5 章

新能源发电接入电网无功电压分析

随着新能源发电并网容量越来越大，其接入后对电网的影响也日益明显，其中无功电压问题尤为突出，因此有必要开展新能源发电接入电网的无功电压研究。新能源发电接入电网的无功电压研究内容主要包括新能源发电的无功电压特性、新能源发电接入电网后的电压稳定机理、新能源电站的电压控制技术。

本章针对新能源发电接入电网的无功电压问题，分析了风电机组和光伏发电单元的无功电压特性，阐述了新能源发电接入电网后的电压稳定机理，讨论了新能源电站的电压控制技术，最后介绍了新能源电站接入电网静态电压稳定分析方法。

5.1 新能源发电的无功电压特性

新能源发电主要包含风电机组和光伏发电单元，风电机组中又分为定速风电机组和变速风电机组。下面就以定速风电机组、双馈风电机组、全功率变换风电机组和光伏发电系统为例,分析新能源发电的无功电压特性。

5.1.1 定速风电机组无功电压特性

风电场有功功率较高时,由电网向风电场方向输送的无功功率也增高,引起了主网与风电场之间线路的压降过大，导致风电机组机端电压过低。

在对异步发电机的无功特性进行分析时，由于其定子电阻与铁芯的功率损耗与 P_e 相比可以忽略，因此可以得到简化的 Γ 型等值电路，如图 5－1

所示。

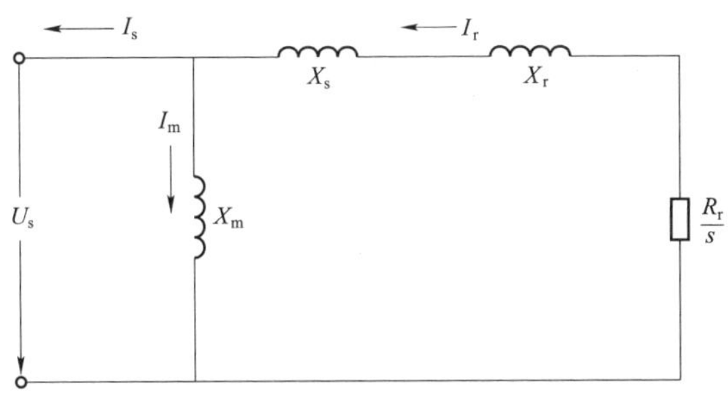

图5-1　普通异步发电机Γ型等值电路图

普通异步发电机定子发出的无功功率为

$$S_e = P_e + jQ_e = \dot{U}_s \overset{*}{I}_s = \dot{U}_s \left(-\frac{\overset{*}{U}_s}{Z_{eq}} \right) = \dot{U}_s \left\{ -\frac{\dot{U}_s}{jX_m // \left[\frac{R_r}{s} + j(X_s + X_r) \right]} \right\}^* \tag{5-1}$$

可以假设$\dot{U}_s = U_s \angle 0°$，则

$$\begin{cases} S_e = -U_s^2 \left\{ \dfrac{1}{jX_m // \left[\dfrac{R_r}{s} + j(X_s + X_r) \right]} \right\}^* \\ P_e = -\dfrac{U_s^2 R_r / s}{(R_r / s)^2 + (X_s + X_r)^2} \\ Q_e = -\dfrac{U_s^2 [(X_s + X_r)^2 + X_m (X_s + X_r) + (R_r / s)^2]}{X_m [(X_s + X_r)^2 + (R_r / s)^2]} \end{cases} \tag{5-2}$$

由式（5-2）可以看出，考虑到$s<0$，其发出的有功功率为正，发出的无功功率为负，因此异步发电机在运行时发出有功功率并吸收无功功率，其功率与机端电压的平方成正比，且是转差s的函数。若发电机的机端电压不变时，则其发出的有功功率与吸收的无功功率仅仅是转差s的函数。因此，异步发电机的输出功率是与其转差密切相关的，这一特点也决定了异步发电机自身运行的稳定性。

图5-2与图5-3为1.5MW的普通异步电机在机端电压为额定电压条

件下的电磁转矩—转速特性曲线与转速—无功特性曲线，可以看出，异步电机在超同步发电机状态下与次同步电动机状态下的电磁转矩是反向的，而其无功功率无论在超同步还是次同步状态随着转差绝对值的增加而增加，对于异步发电机而言，其输出的有功功率越大、转速越高时，其吸收的无功功率就越大，因此，对应于普通的异步电机风电场，各台异步电机消耗的无功功率与风电场送出线路电抗消耗的无功功率是导致异步电机风电场电压稳定性降低的主要原因。

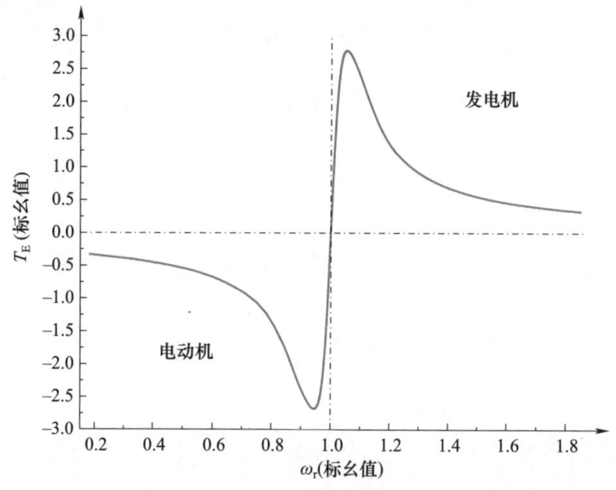

图 5-2　普通异步电机电磁转矩—转速特性曲线

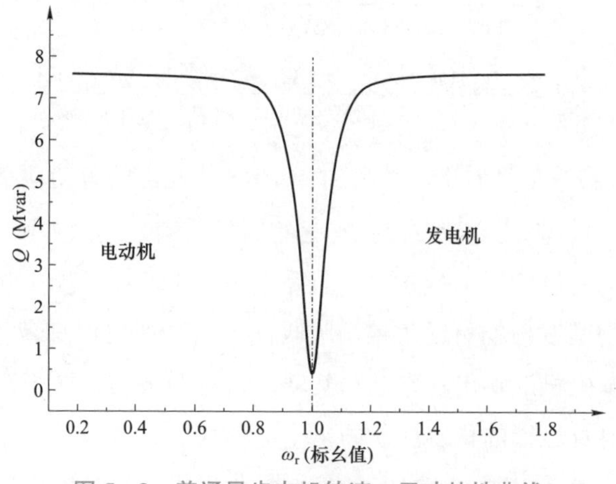

图 5-3　普通异步电机转速—无功特性曲线

在通过潮流计算手段进行静态电压稳定性分析时，求解包含风电场的电力系统潮流必须考虑风电机组本身的特点：异步发电机本身没有励磁调节装置，不具有电压调节能力，因此不能像常规同步发电机一样将它视为电压幅值恒定的 *PV* 节点；异步发电机向系统注入有功功率的同时还要从系统吸收一定的无功功率，吸收无功功率的大小与机端电压及滑差密切相关，因此也不能简单地把它处理为功率恒定的 *PQ* 节点。由于以上原因，目前在计算含有风电场的电力系统潮流时通常分常规潮流计算和异步发电机内部电路计算两部分交替进行：由电动机等值电路得到潮流计算所需的有功功率和无功功率，而潮流计算的结果则是下一次计算电动机等值电路的必要条件。

对于普通异步发电机，其电磁转矩—转速特性可由下式得到

$$T_{\mathrm{E}}(\omega_{\mathrm{g}})=\frac{U_{\mathrm{T}}^{2}}{\omega_{\mathrm{g}}}\frac{R_{\mathrm{eq}}\omega_{\mathrm{g}}}{R_{\mathrm{eq}}^{2}\omega_{\mathrm{g}}+X_{\mathrm{eq}}^{2}\omega_{\mathrm{g}}} \tag{5-3}$$

对于风电机组的异步发电机，转子运动方程为

$$2H_{\mathrm{g}}\frac{\mathrm{d}\omega_{\mathrm{g}}}{\mathrm{d}t}=T_{\mathrm{M}}-T_{\mathrm{E}} \tag{5-4}$$

式中　T_{M}——加在异步发电机轴上的机械转矩；

T_{E}——异步发电机的电磁转矩。

异步发电机的电磁转矩是机端电压平方的函数，同时又是转子转速的函数。若机械转矩与电磁转矩不相等，异步发电机便会在不平衡转矩的驱动下加速或减速。

图 5-4 是异步发电机接在无穷大系统母线（$S_{\mathrm{sc}}\to+\infty$）上时不同机端电压下的电磁转矩—转速特性曲线，当异步发电机接在实际电网中时，异步发电机吸收的无功功率为

$$Q_{\mathrm{E}}(\omega_{\mathrm{g}})=\frac{U_{\mathrm{T}}^{2}X_{\mathrm{eq}}\omega_{\mathrm{g}}}{R_{\mathrm{eq}}^{2}\omega_{\mathrm{g}}+X_{\mathrm{eq}}^{2}\omega_{\mathrm{g}}} \tag{5-5}$$

无功值会随着异步发电机转速的改变而改变，发电机机端电压也随着异步发电机吸收的无功变化，因此得出的电磁转矩—转速曲线就不是在恒定电压下得到的电磁转矩—转速曲线，与图 5-2 的一组曲线有所差别。所

以，相同的异步发电机接入到不同的电网（强或弱）时，可能会表现出不同的特性。

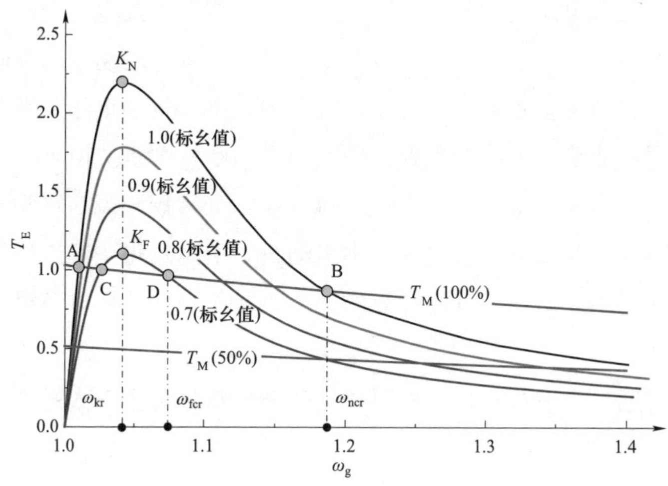

图 5-4　不同机端电压下异步发电机电磁转矩—转速特性曲线

对于异步发电机而言，机械转矩 T_M 是加速转矩而电磁转矩 T_E 是减速转矩，由图 5-4 可以看到，在异步发电机的任一运行状态下存在两个运行点，图 5-4 中电压为额定电压 1.0（标幺值）、机械转矩为 100%时，电磁转矩与机械转矩曲线存在两个交点 A 和 B，在这两个运行点发电机的机械转矩与电磁转矩是相等的。显然，只有在运行点 A 异步发电机才可以稳定运行，在发生任意的小扰动后能够恢复到运行点 A；而当发电机运行在 B 点时，当有小扰动导致发电机加速时，发电机的机械功率总是会大于其电磁功率，导致发电机一直加速，无法恢复到扰动前的运行点 B。因此，异步发电机的稳态运行点为电磁转矩曲线与机械转矩曲线的交点 A 点。对应于不同机端电压下的这一组曲线，从同步转速起始一直到 K_N 点所对应的转速区间（0，ω_{kr}）都是异步发电机能够稳定运行的稳态运行区域。

因此，K_N 点及其对应的转速 ω_{kr} 确定了异步发电机的静态稳定极限，可以把 K_N 称为异步发电机的静态稳定极限点，转速 ω_{kr} 称为异步发电机的静态稳定极限转速，当异步发电机转速 $\omega_g < \omega_{kr}$ 时，此时任意的稳态运行点都是稳定的，异步电机也是静态稳定的；而在异步电机转速 $\omega_g > \omega_{kr}$ 区间内的运行点则都是不稳定的运行点，会在任意的小扰动下发生发电机超速及电压失稳现象。

若以异步发电机的运行点转速 ω_g 与静态稳定极限点转速 ω_{kr} 之差作为此运行点的静态稳定裕度，当异步发电机的机械转矩低于 100%时，其机械转矩曲线向下平移，与电磁转矩曲线的交点对应的转速也会低于额定机械转矩时交点 A 对应的转速，从而整个异步发电机的静态稳定运行裕度增大。因此，异步发电机在低负载运行方式下的静态稳定裕度要高于满载及高负载运行方式下的静态稳定裕度。

由图 5－4 的不同机端电压下异步发电机的电磁转矩—转速特性曲线还可以看出，电压越低的情况下，异步发电机的稳定裕度越低；且在故障情况下由于发电机加速还会导致其吸收无功增加，在整个风电场接入电网后的故障情况下，由于风电场吸收的无功增多，同时也降低了电网的电压稳定性。

5.1.2 双馈风电机组无功电压特性

双馈感应发电机系统发出或吸收的无功功率完全由其控制系统决定。双馈感应发电机的变速范围取决于其变频器系统的容量，若变频器有更大的容量能够通过更多的转差功率，则发电机的变速范围就大；若变频器的容量较小，则发电机的变速范围就小。一般而言，双馈感应发电机变频器容量为发电机容量的 20%～30%，因此其变速范围为±（20%～30%）的同步转速范围。

当双馈感应电机运行在额定电压时，在正常转速范围内变速风电机组可以在容量范围以内的任意转矩运行点运行，这完全取决于其控制系统的控制目标；但是当双馈感应电机的运行电压过低时，若要发出额定容量的功率，其电流会超出发电机绕组的额定电流值，因此绕组过电流的要求会限制双馈感应电机在电压过低情况下发出的功率。对于其无功功率，类似于有功功率，只是受到发电机容量的限制，在容量范围以内时，可以按控制系统的要求发出或吸收无功功率。

图 5－5 为双馈感应电机电磁转矩—转速特性曲线，可以看出在变速范围内可以运行在发电机或电动机额定容量范围内的任意运行点上。

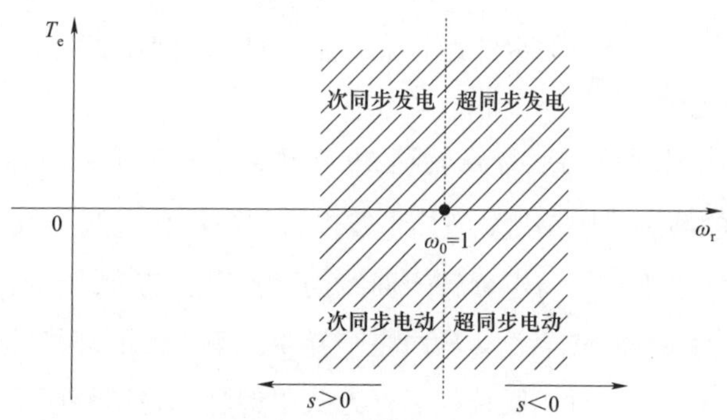

图 5-5 双馈感应电机电磁转矩—转速特性曲线

5.1.3 全功率变换风电机组无功电压特性

全功率变换风电机组的发电机侧变频器的控制目标（发电机有功功率、交流电压）和电网侧变频器的控制目标（直流母线电压、网侧无功功率）均能够实现控制量之间的独立控制；风电机组无功功率不受其有功功率变化的影响，同时无功功率的变化也不影响风电机组的有功功率；风电机组有功功率的变化对直流电压会造成一定的影响，网侧变频器无功功率的变化则主要影响网侧变频器的交流侧电压。

5.1.4 光伏发电系统无功电压特性

并网光伏发电系统如图 5-6 所示，通过电抗器 X_T 同电网相连。光伏阵列所发出的功率为

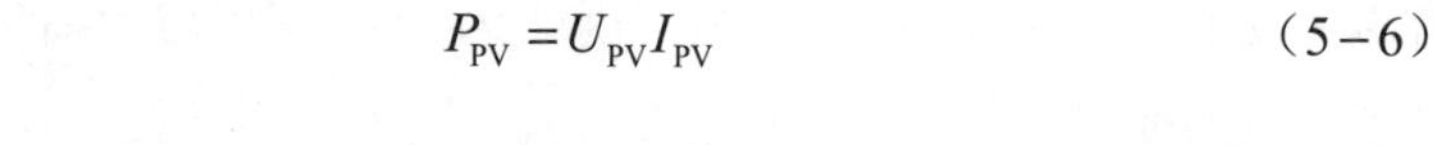

$$P_{PV} = U_{PV} I_{PV} \tag{5-6}$$

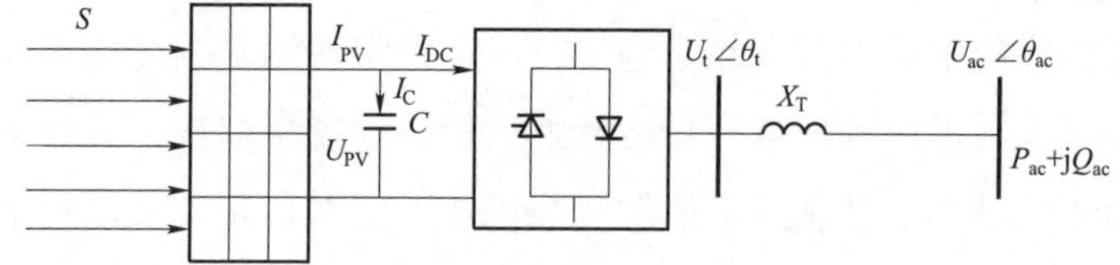

图 5-6 并网光伏发电系统

光伏发电系统注入交流系统的有功可以表示为

$$P_{ac} = \frac{U_t U_{ac}}{X_T} \sin(\theta_t - \theta_{ac}) \tag{5-7}$$

注入交流系统的无功可以表示为

$$Q_{ac}=\frac{U_t U_{ac}}{X_T}\cos(\theta_t-\theta_{ac})-\frac{U_{ac}^2}{X_T} \tag{5-8}$$

考虑电容的充放电过程有

$$P_{PV}=U_{PV}I_{PV}=CU_{PV}\frac{dU_{PV}}{dt}+P_{ac} \tag{5-9}$$

式（5-8）中U_t和θ_t分别为电压源型逆变器出口交流电压的幅值和相角，由逆变器控制系统决定。此外，SPWM型逆变器的交直流电压之间有如下关系

$$U_t=\frac{\sqrt{3}}{2\sqrt{2}}mU_{PV} \tag{5-10}$$

式中　m——调制比。

式（5-6）～式（5-10）即确定了光伏发电系统的无功电压数学表达式。

首先，在发送一定有功的情况下，发送无功受逆变器开关管容量的限制。其次，在逆变器容量足够大的情况下，还受传输线路的限制。

参考图5-6和式（5-7）、式（5-8）可以得到式（5-11）

$$P_{ac}^2+\left(Q_{ac}+\frac{U_{ac}^2}{X_T}\right)^2=\left(\frac{U_{ac}U_t}{X_T}\right)^2 \tag{5-11}$$

而P_{ac}在0～P_{max}之间变化，光伏发电系统的实际工作区域如图5-7中阴影区域所示。

由此可以得出光伏发电系统所能发出的无功上下限为

$$-\frac{U_t U_{ac}}{X_T}-\frac{U_{ac}^2}{X_T}\leqslant Q\leqslant\frac{U_t U_{ac}}{X_T}-\frac{U_{ac}^2}{X_T} \tag{5-12}$$

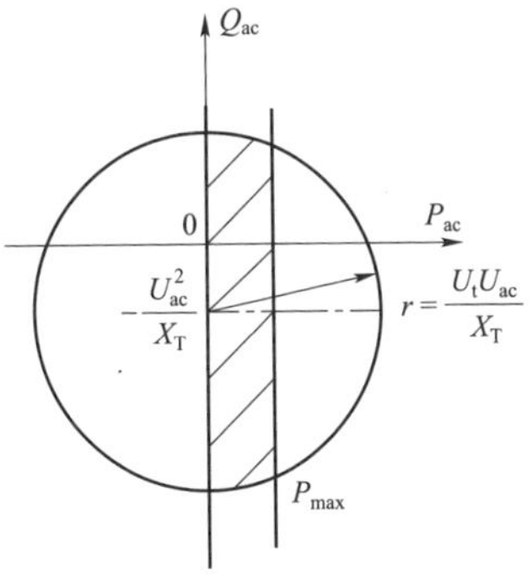

图5-7　有功无功极限

5.2 新能源电站的电压控制

当电力系统中节点的负荷或注入功率增加时，有可能发生电压崩溃现象。电压值低于可接受的限值并伴随连续的、不可控制的电压降低，这种现象称之为电力系统的电压失稳现象。对电压稳定性的研究已进行了多年，

但到目前为止，学术界对它还没有一个广泛接受的严格定义。加拿大的P.Kunder将电压稳定定义为“电力系统在正常运行或经受扰动后维持所有节点电压为可接受值的能力”，而电压失稳是指“扰动引起的持续且不可控制的电压下降过程”，至于电压崩溃则是指“伴随着电压失稳的一系列事件导致系统的部分电压低到不可接受的过程”。电气电子工程师协会（Institute of Electrical and Electronics Engineers，IEEE）在《电力系统电压稳定性：概念、分析工具和工业经验》报告中指出：电压稳定性是系统维持电压的能力，它使得负荷导纳增加时负荷功率也增加，即电压和功率都是可控的。

对于常规的电力系统电压稳定性研究而言，电压失稳或电压崩溃的现象都是从受端系统的负荷点开始的，由于负荷需求超出电力网络传输功率的极限，系统已经不能维持负荷的功率与负荷所需吸收的功率之间的平衡，系统丧失了平衡点，引起电压失稳现象的发生。而对于并网新能源电站的地区电网而言，在新能源电站处于高有功功率运行状态时，本来是受端负荷的系统转化成为送端系统，但根据世界各国实际的新能源电站运行经验，其电压稳定性降低的问题仍然出现，这是由于新能源电站的无功特性引起的：新能源电站的无功仍可以看作是一个正的无功负荷，由于电压稳定性与无功功率的强相关性，因此新能源电站引起的电压稳定性降低或电压崩溃现象在本质上与常规电力系统电压失稳的机理是一致的。在常规电力系统的研究中，系统的扰动可以是负荷变化；而在包含新能源电站的电力系统电压稳定性研究中，系统的扰动则可能是新能源电站有功功率的变化。

无论新能源电站装机容量大小、采用何种技术，新能源电站接入都会对接入地区电网的电压稳定性带来不同程度的影响。并网新能源电站静态电压稳定性分析是采用潮流计算的方法，研究新能源电站在小扰动（如风速或者光照变化，或新能源电站出力增加）情况下的电压稳定问题，其反映的问题实质是新能源电站的有功、无功特性与电网本身的坚强程度，电网或新能源电站本身是否能够在新能源电站连续运行中提供足够的无功电压支持，在小扰动情况下保证新能源电站与电网的电压稳定性。

5.2.1 新能源电站静态电压稳定机理

从本质上讲，电压稳定问题是一个需考虑电力系统元件动态特性的动态问题，但是电压稳定的静态分析方法因其计算简便、能够定性地提供电压稳定判据而成为研究分析电压稳定问题的主要方法。

为了能够更好地解释新能源电站静态电压稳定性的问题，这里采用静态潮流计算的方法进行说明。图5-8为用于静态电压稳定性分析的单机无穷大系统电压稳定分析示意图。

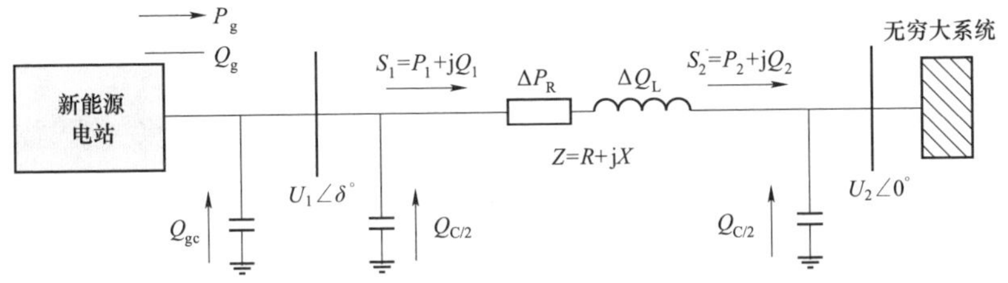

图5-8 单机无穷大系统电压稳定分析示意图

P_g、Q_g—分别为新能源电站发出的有功功率与吸收的无功功率；
Q_{gc}—新能源电站并联的电容器组提供的无功；
$Q_{C/2}$—线路的充电功率；ΔP_R、ΔQ_L—分别为线路的有功、无功损耗

在图5-8中，新能源电站通过等值线路接入无穷大系统，$\dot{U}_2$为无穷大系统节点电压，$Z=R+jX$是等值线路的阻抗（也称为短路阻抗），两节点之间的电压差可以表示为

$$\dot{U}_1-\dot{U}_2=Z\dot{I}=Z\left(\frac{S_1}{U_1}\right)^*=Z\frac{S_1^*}{U_1^*} \tag{5-13}$$

假设$\dot{U}_2$的相角为零，上述方程为

$$\begin{cases}\dot{U}_1=Z\dfrac{S_1^*}{U_1^*}+U_2\\ \dot{U}_1U_1^*=U_2U_1^*+ZS_1^*\\ U_{1R}^2+U_{1I}^2=U_2(U_{1R}-jU_{1I})+(R+jX)(P_1-jQ_1)\end{cases} \tag{5-14}$$

其中　$\dot{U}_1=U_{1R}+jU_{1I}$，$U_1^*=U_{1R}-jU_{1I}$。

将式（5-14）中的实部与虚部分开可得

$$\begin{cases}U_{1R}^2+U_{1I}^2=U_2U_{1R}+RP_1+XQ_1\\ jU_2U_{1I}-jXP_1+jRQ_1=0\end{cases} \tag{5-15}$$

$$U_{1I}=\frac{P_1X-Q_1R}{U_2} \tag{5-16}$$

将式（5-16）代入到实部等式中

$$U_{1R}^2+\left(\frac{P_1X-Q_1R}{U_2}\right)^2-U_2U_{1R}-(RP_1+XQ_1)=0 \tag{5-17}$$

节点电压的实部为

$$U_{1R}=\frac{1}{2}\left\{U_2\pm\sqrt{U_2^2-4\left[\left(\frac{P_1X-Q_1R}{U_2}\right)^2-\left(P_1R+Q_1X\right)\right]}\right\} \tag{5-18}$$

假设无穷大系统节点的电压幅值$U_2=1$，式（5-18）化为

$$U_{1R}=\frac{1}{2}\pm\sqrt{\frac{1}{4}-\left[(P_1X-Q_1R)^2-(P_1R+Q_1X)\right]} \tag{5-19}$$

由式（5-16）、式（5-19）可以得出节点电压为

$$\dot{U}_1=\left\{\frac{1}{2}\pm\sqrt{\frac{1}{4}-\left[(P_1X-Q_1R)^2-(P_1R+Q_1X)\right]}\right\}+\mathrm{j}(P_1X-Q_1R) \tag{5-20}$$

最终节点电压$\dot{U}_1$有下面的结论：

（1）当$(P_1R+Q_1X)-(P_1X-Q_1R)^2>-\frac{1}{4}$，式（5-20）有双重解：一个是物理解，一个是伪解。

（2）当$(P_1R+Q_1X)-(P_1X-Q_1R)^2=-\frac{1}{4}$，式（5-20）有一重解：为电压崩溃临界点。

（3）当$(P_1R+Q_1X)-(P_1X-Q_1R)^2<-\frac{1}{4}$，式（5-20）有无解。

可以看出，新能源电站电压值与其发出的有功、无功功率和等值线路R、X值有密切的关系。当等值线路的参数确定时，并网点电压水平完全由新能源电站发出的有功和无功决定。$(P_1R+Q_1X)-(P_1X-Q_1R)^2=-\frac{1}{4}$，电压的双重解重合变为只有一重解，对应了电压崩溃的临界值，此运行点为新能源电站电压崩溃的临界点。上面从数学上说明了潮流方程多解对应于正

常运行情况，而潮流解重合为一重解时，对应于电压崩溃的临界值。

在工程中，为了清楚的说明问题，常常忽略次要的因素，只抓住问题的主要方面进行分析。为了避免分析中复数带来的影响，将整个新能源电站及其等值线路作为一个整体，从接入无穷大系统端进行分析

$$\dot{U}_1-\dot{U}_2=\left(\frac{P_2+\mathrm{j}Q_2}{\dot{U}_2}\right)^*(R+\mathrm{j}X) \tag{5-21}$$

$$\dot{U}_1=U_2+\left(\frac{P_2+\mathrm{j}Q_2}{U_2}\right)^*(R+\mathrm{j}X) \tag{5-22}$$

$$\dot{U}_1=U_2+\frac{P_2R+Q_2X}{U_2}+\mathrm{j}\left(\frac{P_2X-Q_2R}{U_2}\right) \tag{5-23}$$

$$U_1=\sqrt{\left(U_2+\frac{P_2R+Q_2X}{U_2}\right)^2+\left(\frac{P_2X-Q_2R}{U_2}\right)^2} \tag{5-24}$$

在一般情况下，由于 $U_2+\dfrac{P_2R+Q_2X}{U_2}>>\dfrac{P_2X-Q_2R}{U_2}$，所以可以将式（5-24）简化为

$$U_1\approx U_2+\frac{P_2R+Q_2X}{U_2} \tag{5-25}$$

无穷大系统电压 U_2 为恒定值，因此，风电场出口电压仍然与等值线路的 R、X 值有密切的关系，当等值的线路参数确定时，则机端电压水平完全由新能源电站与等值线路作为一个子系统的有功、无功决定；由于不同新能源发电的无功特性不同，因此其接入电网后对电网电压稳定影响的程度也不同。

按照图 5-8 中功率方向定义，有 $P_2=P_{\mathrm{g}}-\Delta P_{\mathrm{R}}$，$Q_2=Q_{\mathrm{gc}}+Q_{\mathrm{C/2}}-Q_{\mathrm{g}}-\Delta Q_{\mathrm{L}}$。

5.2.1.1　定速风电机组风电场静态电压稳定性

对于定速风电机组风电场，当其输出有功功率 P_{g} 增长时，其吸收无功功率 Q_{g} 也增长，同时由于线路送出有功功率的增长还会导致线路电抗消耗的无功 ΔQ_{L} 增长，且 ΔQ_{L} 与线路的电流平方成正比，因此，包括风电场及等值线路在内的总无功负荷在风电出力较大时其数量也很可观，当 $Q_2<0$

且 $P_2R+Q_2X<0$ 时，风电场机端电压就会低于无穷大系统的母线电压 U_2，由于在线路中的压降主要是由无功传输引起的，因此风电场电压稳定性降低的原因主要是风电场及其等值线路作为一个无功负荷需要吸收无功功率所致，当机端并联电容器提供的无功功率与线路充电无功功率之和大于风电场与等值线路消耗的无功时，风电场机端电压水平能够得到改善；当风电场有功功率增大带来风电场消耗的无功及线路消耗的无功大于机端并联电容器提供的无功功率与线路充电无功功率时，$Q_2<0$，若 $P_2R+Q_2X<0$，则风电场机端电压水平降低；由于风电场无功源都是并联电容器性质的无功源，输出无功与电压平方成正比，因此电压降低时其提供的无功也减少，不能够提供足够的无功支持，因此其电压稳定水平降低。

5.2.1.2　双馈风电机组风电场静态电压稳定性

由于双馈风电机组能够实现有功、无功的解耦控制，因此双馈风电机组的变速风电场的无功特性取决于双馈风电机组的控制。一般而言，双馈风电机组构成的风电场能够控制其风电场出口与电网之间不交换无功功率，即整个风电场不发出也不消耗无功功率，$Q_g=0$，因此，风电场与等值线路中只有线路的无功损耗是此系统的无功负荷，相比于异步电机风电场，由于其无功消耗变小，其电压稳定性要明显好于异步电机风电场。

但是当基于双馈风电机组的风电场出力较高，有 $Q_2<0$ 且 $P_2R+Q_2X<0$ 时，同样会带来风电场电压水平的下降及电压稳定性的降低；若风电机组能够采用电压控制策略控制风电场发出的无功功率以补偿线路上消耗的无功时，还可以进一步改善风电系统的电压稳定性。

从上述分析可以看出，不论采用何种机型的风电场，当其出力较高时，由电网向风电场方向输送的无功功率也增高，引起了主网与风电场之间线路的压降过大，导致风电机组机端电压过低。在工程上的理解则是电网网络结构弱，网络线路的无功输送能力欠缺，导致输送无功的压降太大，电网末端的电压水平无法保证。

由于全功率变换风电机组和光伏发电系统与双馈风电机组一样，均能实现有功和无功的解耦控制，所以全功率变换风电机组风电场和光伏发电站的无功电压特性与双馈风电机组风电场一致，这里不再赘述。

5.2.2 新能源电站电压控制模式

新能源电站电压控制模式主要有变电站控制模式、电厂控制模式、厂站控制模式三种。

5.2.2.1 变电站控制模式

在新能源发电技术发展的起步阶段，为了追求有功功率的最大输出和控制方式的单一简便，并网的新能源发电单元通常是以恒功率因数 1.0 运行，没有利用无功调节能力。变电站控制模式的新能源电站电压控制就是以新能源电站升压站为核心，借鉴变电站综合控制系统（voltage and reactive power control，VQC）的经验，调节新能源电站主变压器分接头与升压站内集中无功补偿装置保证新能源电站并网点母线的电压质量。

变电站控制模式的优点是不干涉新能源发电单元运行，易被新能源电站业主接受。该模式的缺陷在于：一方面导致新能源发电单元快速灵活的无功调节能力得不到充分利用，使得风速光照或系统运行方式变化引起的新能源电站母线和接入点电压波动难以通过集中无功补偿装置来有效平抑；另一方面，随着新能源电站装机容量的提高，集中无功补偿装置的容量也越来越大，要求标准也越来越高，造成了很大的浪费。

5.2.2.2 电厂控制模式

随着风电技术需求的提高，国内外部分新能源发电单元陆续开放无功电压的控制接口，支持新能源发电单元远程功率因数控制、无功控制和电压控制模式，使得新能源发电单元的无功调节能力真正具有工程实用意义。电厂控制模式的新能源电站电压控制是利用新能源发电单元自身的无功调节能力，将新能源发电单元群综合为一个可连续控制的无功源，使其外特性上类似配有自动调压器（automatic voltage regulator，AVR）的常规电厂，可以参与区域优化，甚至是二级电压控制。电厂控制模式下单个新能源发电单元的无功功率是在新能源发电单元群出力的基础上按一定原则进行分配，分配方法主要包括等功率因数法和等偏移量法。

等功率因数法是指各个新能源发电单元在无功功率的上下极限范围内按照功率因数相同的原则进行分配，无功分配量与各个新能源发电单元有功功率的相关性大。单个新能源发电单元在达到功率极限后不再参与调节。采用等功率因数分配法时，新能源发电单元的无功功率与有功功率成正比，在新能源发电单元变频器容量不变的情况下有功功率较大的新能源发电单元可能由于功率越限而跳机。

等偏移量法是指各个新能源发电单元在无功功率的上下极限范围内按照偏移量相同的原则进行分配，在各自的可调范围内总具有相同额度的调控容量。无功分配量与各个新能源发电单元的有功功率相关性小，新能源发电单元电站内的新能源发电单元基本上可以同时达到上下极限。等偏移量法的实质是希望每个新能源发电单元发出或吸收的无功功率尽可能一致，因此分配给每个新能源发电单元的无功功率与其自身的容量成正比。在并网点电压较高的情况下，馈线末端所连新能源发电单元可能由于承担调压任务而导致机端电压越上限。

电厂控制模式的优点是调节范围大且响应迅速，缺陷是没有考虑新能源发电单元群之间、新能源发电单元群与升压站设备之间的协调控制。

5.2.2.3 厂站控制模式

厂站控制模式的新能源电站电压控制是综合考虑含新能源电站有载调压变压器、升压站内集中无功补偿装置和新能源发电单元等多种无功源设备的电压无功控制，能够协调新能源电站内等多种无功源进行电压控制。厂站控制模式首先根据分区图或规则库确定升压站内无功源的动作方案，在此基础上计算出新能源发电单元群无功功率后再按采用等功率因数法和等偏移量法在新能源发电单元之间分配无功功率。

厂站控制模式的优点是对新能源发电单元群与升压站集中无功补偿装置进行协调控制，可以在较小静态补偿设备投资的前提下实现并网点电压和无功的连续调节，显著提高电压合格率。该模式的缺陷在于没有考虑新能源发电单元与新能源发电单元之间的协调控制，从本质上讲仍是一种新能源发电单元群控制，而非新能源电站整体控制。

5.2.3 新能源电站电压稳定改善措施

5.2.3.1 串联补偿装置

输电线路的串联感性电抗是影响稳定极限的主要决定因素。减小输电网各种元件的电抗，可以增加传输功率，从而提高电压稳定性。而实现上述目的的最直接的方法是减小输电线路的电抗，该电抗是由额定电压、线路和导线结构及并行回路数决定的。在输电线路中采用串联电容器补偿可以有效降低输电线路电抗，加强电网结构。

串联电容器直接补偿了线路串联电抗，可大大提高输电线的最大功率输送能力。传统上串联电容器用于补偿非常长的架空线，近来，对利用串联电容器补偿较短但重载线路的好处的认识已有所增加。

5.2.3.2 可控高压电抗器

新能源发电出力的波动性对电网电压造成了很大影响，而传统 500kV 甚至 750kV 等级的高压电抗器不能在线调节，只是为了补偿高压输电线路上的充电功率。但在新能源装机容量较大的区域，由于新能源电站电压控制能力较弱，将引起相邻 500kV 母线甚至 750kV 等级母线电压下降较多，此时变压器低压侧的电抗器对高压侧母线电压的控制能力较弱，若高压侧电抗器在线可调，将极大地提高电网电压稳定性及控制能力。

5.2.3.3 动态无功补偿装置

电网相关电压会随着新能源电站出力的变化而变化，当新能源电站位于电网末端时，如果在新能源电站安装的无功补偿装置是电容器组，那么在新能源电站大有功功率时，相关母线电压波动很大。

以 SVG 和 SVC 为代表的动态无功补偿装置都可以应用于大规模输电网中以加强动态无功补偿、改善电网末端或大负荷中心电压稳定性。SVC 从本质上来讲仍然是并联的电容器组和电抗器组，但是基于晶闸管的控制能够提高其动态响应的速度，从而在一定程度上满足故障条件下的动态无功支持要求；由于其吸收或发出的无功功率仍然是与其端电压的平方成正比，当其无功功率达到自身无功极限值时，就会表现出与电抗器组或电容器组相同的无功电压特性，低电压水平下无法提供其额定的无功容量。

SVG 装置相当于一个电压大小可以控制的电压源，如果电压源提供的电压幅值大于交流系统接入点的交流电压，SVG 吸收的无功功率 $Q<0$，此时 SVG 相当于电容；如果电压源提供的电压幅值小于交流系统接入点的

交流电压，SVG吸收的无功功率$Q>0$，此时的SVG相当于电感。电流大小由电压差与两点之间的阻抗比值决定，SVG装置产生的电压幅值可以快速地控制，因此其吸收的无功功率可以连续地由正到负快速控制。

SVC与SVG可以提供动态无功功率用以保证交流电压以满足并网要求。SVC与SVG可以在几个周期内对交流电压的变化做出响应，因此不需要快速投切电容器组和变压器分接头切换运行。其快速响应特性可以减少远方交流系统故障时风电场的电压跌落，增加了风电场的故障穿越能力，特别是在风电场通过较长的联络线接入电网的情况下。

SVG还有很强的过载能力，在故障瞬间可以提供2～3倍额定容量、持续时间达2s左右的无功支持，使节点电压质量得到提高。SVG在作为动态无功补偿器发出无功功率的同时也能发出一定的有功功率，能有效减少有功功率的冲击。

5.2.3.4 变频器控制措施

双馈风电机组、全功率变换风电机组和光伏发电系统均是通过变频器接入电网，并可以通过变频器的控制对有功和无功功率分别进行控制。

以下为采用变频器控制的优点：

（1）通过变频器控制转子电流为电机提供励磁；

（2）具有控制无功与电压的能力；

（3）通过独立控制电机转矩与转子励磁电流，实现对有功功率与无功功率的解耦控制。

目前我国大多新能源发电单元采用的是恒功率因数控制，不能做到功率因数在线可调，不能充分利用新能源发电单元可以发出一部分无功功率的特性。因此，开发一种多目标控制系统，对新能源发电单元变频器进行在线调节，主动发出无功功率，以控制新能源电站并网点电压，这样的装置和控制策略可大大提高新能源电站接入电网后的电压稳定性。

5.2.4 新能源电站自动电压控制技术及系统

自动电压控制（AVC）是电网调度自动化的组成部分，运用网络技术和自动控制技术，对发电机的无功进行实时跟踪调控，对变电站的无功补偿装置及主变压器分接头进行调整，有效控制区域电网的无功潮流，改善电网供电水平。新能源电站综合自动电压控制系统是根据调度的指令和新能源电站并网点的信号，调节新能源电站的无功补偿装置及新能源发电单元本身的控制系统，实现整个新能源电站无功控制。

5.2.4.1　新能源电站综合自动电压控制系统的结构

新能源电站综合自动电压控制系统的输入信号包括调度的指令、风速/光照数据及并网点的有功功率、无功功率、电压等，控制目标为保持新能源电站的有功、无功、电压等在合理范围内变化。新能源电站控制系统整体构架如图 5–9 所示。在正常情况下，电网根据新能源电站的输出功率，对某些调频电厂的自动发电控制装置进行调整，保持系统的功率平衡。紧急情况下，调度中心根据电网的运行状况向新能源电站下达指令，对新能源电站的有功功率和无功功率提出要求。新能源电站根据风速/光照、电压等信息确定新能源电站的功率输出，并向各个新能源发电单元下达指令。如果新能源发电单元具有无功调节能力，新能源发电单元也可以参与系统电压调整；否则只能通过调节新能源电站的无功补偿装置及升压变压器分接头调节新能源电站无功功率。

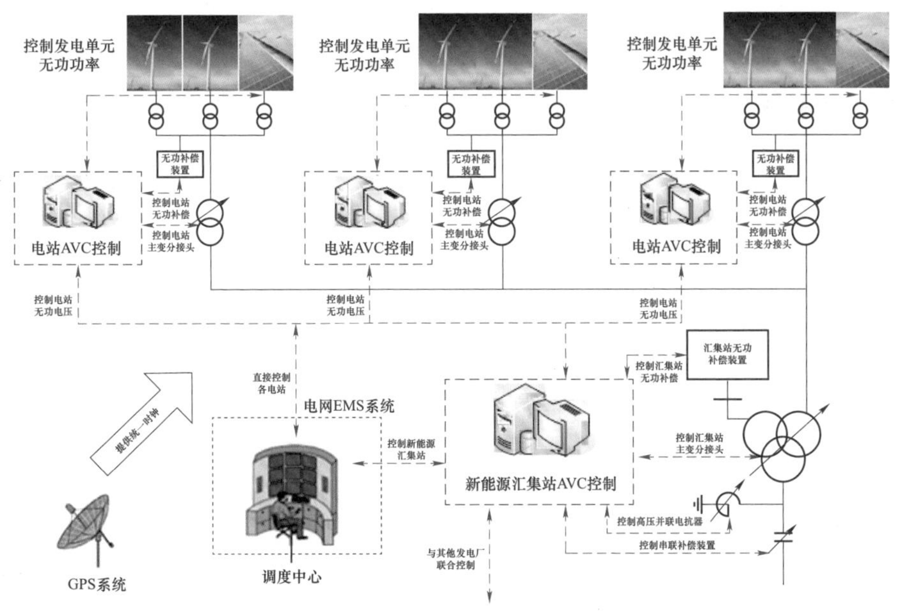

图 5–9　新能源电站控制系统整体构架

5.2.4.2　新能源电站与发电单元的协调控制策略

如果新能源电站中各个发电单元的型号相同，并且处于相同的运行状态，则整个新能源电站的特性就与单个发电单元特性基本一致，各个发电单元可以采用相同的控制策略。如果新能源电站采用的发电单元类型不一致，或新能源电站分布范围较广，那么各个发电单元将处于不同的运行状态。在这种情况下可以采用发电单元群控制的方法，具体而言就是根据新能源电站中发电单元的排列位置和资源状况，把发电单元划分为若干个群，同一个群可以采用相同的控制策略。

5.2.4.3　新能源电站综合自动电压控制系统设计

（1）通信方式。新能源电站各个发电单元有自己的控制系统，根据发电单元自身数据及状态，通过计算、分析、判断而控制发电单元的一系列控制和保护动作，能使单个发电单元实现全部自动控制，无须人为干预。当这些性能优良的发电单元安装在某一新能源电站时，集中监控管理各个发电单元的运行数据、状态、保护装置动作情况、故障类型等十分重要。为了实现这些功能，下位机（发电单元控制机）控制系统应能将发电单元的数据、状态和故障情况等通过专用的通信装置和接口电路与中央控制室的上位计算机通信，同时上位机应能向下位机传达控制指令，由下位机的控制系统执行相应的动作，从而实现远程监控功能。根据新能源电站运行的实际情况，上、下位机通信具有以下特点。

1）一台上位机能监控多个发电单元的运行，属于一对多通信方式；

2）下位机应能独立运行，并能对上位机通信；

3）上、下位机之间的安装距离较远；

4）下位机之间的安装距离也较远；

5）上、下位机之间的通信软件必须协调一致，并应开发出工业控制专用功能。

为了适应远距离通信的需要，我国新能源电站监控系统主要采用以下两种通信方式。

1）异步串行通信，用 RS-422 或 RS-485 通信接口。由于所用传输线较少，所以成本较低，很适合新能源电站监控系统采用。同时因为此种通信方式的通信协议比较简单，也很常用，所以成为较远距离通信的首选方式。

2）调制解调器（MODEM）方式。这是将数字信号调制成一种模拟信号，通过介质传输到远方，在远方再用解调器将信号恢复，取出信息进行处理，是一种实现远距离信号传输的方式。此种传输方式的传输距离不受限制，可以将某地的信息与世界各地交换，且抗干扰能力较强、可靠性高，虽相对说来成本较高，但在新能源电站通信中也有较多的应用。

（2）上、下位机通信接口的设计。

1）上位机通信接口的设计。在工业现场控制应用中，通常采用工控PC 机作为上位计算机，通过 RS－232 串行口与下位机通信，构成集散式监控系统。但是，采用 RS－232 串行口进行数据通信，其缺点是带负载能力差，仅用于近距离（15m 以内）通信，无法满足分散的、远距离的新能源电站监控的通信要求。无论是采用异步串行通信方式还是调制解调方式，均要在 PC 机 RS－232 串行口的基础上进行适当的改进与扩展。

RS－232 的电气接口是单端的、双极性电源供电系统，这种电路无法区分由驱动电路产生的有用信号和外部引入的干扰信号，使传输速率和传输距离都受到限制；RS－422 则采用平衡驱动和差分接收的方法，从根本上消除信号地线。当干扰信号作为共模信号出现时，接收器只接收差分输入电压，因而这种电路保证了较长的传输距离和较高的传输速率。两者之间可用异步通信用 RS－232/422 转换接口板转换。

2）下位机通信接口的设计。监控系统的下位机是指各发电单元的中心控制器。对于每个发电单元来说，即使没有上位机的参与，也能安全正确地工作。所以相对于整个监控系统来说，下位机控制系统是一个子系统，具有在各种异常工况下单独处理发电单元故障，保证发电单元安全稳定运行的能力。从整个新能源电站的运行管理来说，每个发电单元的下位控制器都应具有与上位机进行数据交换的功能，使上位机能随时了解下位机的运行状态并对其进行常规的管理性控制，为新能源电站的管理提供方便。因此，下位机控制器必须使各自的发电单元可靠地工作，同时具有与上位机通信联系的专用通信接口。

可编程控制器（Programmable Logic Controller，PLC）具有功能齐全、可靠性高和编程方便的特点，在工业控制领域广泛应用。尤其是近年来，为了满足现场控制要求及集散控制的要求，国外的PLC厂家纷纷推出与各自PLC相配套的通信模块，这些模块提供了RS－232/422适配器或RS－232接口与PC机之间实现数据通信，并有专门的编程软件，使软件开发更加方便。因而，采用可编程控制器（PLC）作为发电单元的下位控制器，完全可以满足发电单元控制和新能源电站监控的要求。

（3）抗干扰措施。新能源电站监控系统的主要干扰源是：① 工业干扰：高压交流电场、静电场、电弧、晶闸管等；② 自然界干扰：雷电冲击、各种静电放电、磁爆等；③ 高频干扰：微波通信、无线电信号、雷达等。

这些干扰通过直接辐射或由某些电气回路传导进入的方式进入控制系统，干扰控制系统工作的稳定性。从干扰的种类来看，可分为交变脉冲干扰和单脉冲干扰两种，它们均以电或磁的形式干扰系统，应采用以下抗干扰措施。

1）在机箱、控制柜的结构上，对于上位机来说，要求机箱能有效地防止来自空间辐射的电磁干扰，而且尽可能将所有的电路、电子器件均安装于机箱内。还应防止由电源进入的干扰，所以应加入电源滤波环节，同时要求机箱有良好的接地和机房内有良好的接地装置。

2）通信线路上，信号传输线路要求有较好的信号传输功能，衰减较小，而且不受外界电磁场的干扰，所以应该使用屏蔽电缆。

3）通信方式及电路上，不同的通信方式对干扰的抵御能力不同。一般说来，新能源电站中上、下位机之间的距离不会超过几千米，这种情况下经常采用串行异步通信方式，其接口形式采用RS－422A接口电路，采用平衡驱动、差分接收的方法，从根本上消除信号地线。这种驱动器相当于两个单端驱动电路，输入相同信号，输出一个正向信号和一个反向信号，对共模干扰有较好的抑制作用。RS－422A串行通信接口电路适合于点对点、一点对多点、多点对多点的总线型或星型网络，它的发送和接收是分开的，所以组成双工网络非常方便，很适合于新能源电站监控系统。

调制解调方式一般适用于远距离传输，用于多站互联，现在也有用于新能源电站监控系统的例子。此种通信方式的特点是采用平衡差分方式，是半双工的，具有 RS－422A 的优点。用一对双绞线即可实现通信，可节省电缆投资。但对于近距离通信来说，RS－422A 电路的串行通信方式显得更加经济一些。

（4）编制监控应用软件。监控应用软件是根据具体对象来实施工业监控而开发出的软件，用在监控系统中执行监视、控制生产过程和及时调整的应用程序。对于新能源电站监控系统，首先要显示新能源电站整体及机组安装的具体位置，然后要了解各个发电单元之间的连接关系及每个发电单元的运行情况。新能源电站的监控应用软件应具有以下功能。

1）友好的控制界面。在编制监控软件时，应充分考虑到新能源电站运行管理的要求，应当使用汉语菜单，使操作简单，尽可能为新能源电站的管理提供方便。

2）能够显示各个发电单元的运行数据，如每个发电单元的瞬时发电功率、累计发电量、发电小时数等，将下位机的这些数据调入上位机，在显示器上显示出来，必要时还应当用曲线或图表的形式直观地显示出来。

3）显示各发电单元的运行状态，如调向、手/自动控制以及大/小发电机工作等情况。通过各发电单元的状态了解整个新能源电站的运行情况，这对整个新能源电站的管理是十分重要的。

4）能够及时显示各发电单元运行过程中发生的故障。在显示故障时，应能显示出故障的类型及发生时间，以便运行人员及时处理及消除故障，保证发电单元的安全和持续运行。

5）能够对发电单元实现集中控制。值班员在集中控制室内，只需对标明某种功能的相应键进行操作，就能对下位机进行改变设置、状态和对其实施控制。但这类操作必须有一定的权限，以保证整个新能源电站的运行安全。

6）系统管理。监控软件应当具有运行数据的定时打印和人工即时打印以及故障自动记录的功能，以便随时查看新能源电站运行状况的历史记录情况。

监控软件的开发应尽可能在现有工业控制软件的基础上进行二次开

发，这样可以缩短开发周期。在软件的编制过程中，应当采用模块化程序设计思想，有利于软件的编制和总体调试。

目前，我国各大新能源电站在引进国外发电设备和采用国内发电设备的同时，一般也都配有相应的监控系统。但各有自己的设计思路，致使新能源电站监控技术互不兼容。如果一个新能源电站中有多种类型的发电单元，就会给新能源电站的运行管理造成很大困难。

5.2.4.4　新能源电站与系统电压协调控制

（1）新能源电站与系统电压协调控制的必要性。合理的控制策略不但能保证新能源电站最大限度地、安全地捕获风能/光能，同时也能充分发挥新能源发电单元的无功调节能力，使新能源发电单元能够参与电网的无功调节，平衡无功扰动，提高新能源电站接入系统的电压稳定性，实现全网的优化运行。

通过对新能源电站接入系统后的无功电压分析可知，在某些电网条件下，尤其是对通过500kV输电线路送出的大型新能源电站汇集基地而言，单纯利用新能源电站的无功调节能力来支撑电网的电压是很难实现的，同样，要求电网支撑新能源电站不同运行方式下的电压也是不可行的，因此，新能源电站接入后需要采取新能源电站与系统电压协调控制的措施来实现电网和新能源电站的安全稳定运行。

（2）电网无功电压优化自动控制系统实施方案及功能。

1）电网无功电压优化控制系统实施原则。地区电网无功电压优化控制系统是采用分散协调的优化算法，充分考虑工程实际中最优解、次优解以及约束条件松弛等问题，采用闭环控制的原理，在正常情况下主站按优化目标通过调度自动化SCADA系统采集全网各节点运行电压、无功功率、有功功率等实时数据，以地区电网电能损耗最小为目标，以各节点电压合格为约束条件，进行综合优化处理后，形成有载调压变压器分接开关调节和无功补偿装置投切控制指令，然后利用调度自动化系统的“四遥”功能，实现地区电网的无功电压优化运行自动控制。

2）电网无功电压优化控制系统组成。无功优化控制系统与调度自动化系统共用一个平台，无功优化计算所需的数据来源于调度自动化系统，对变电站主变有载调压的调节指令及电容器的投切指令通过 SCADA 系统下发，如图 5-10 所示。

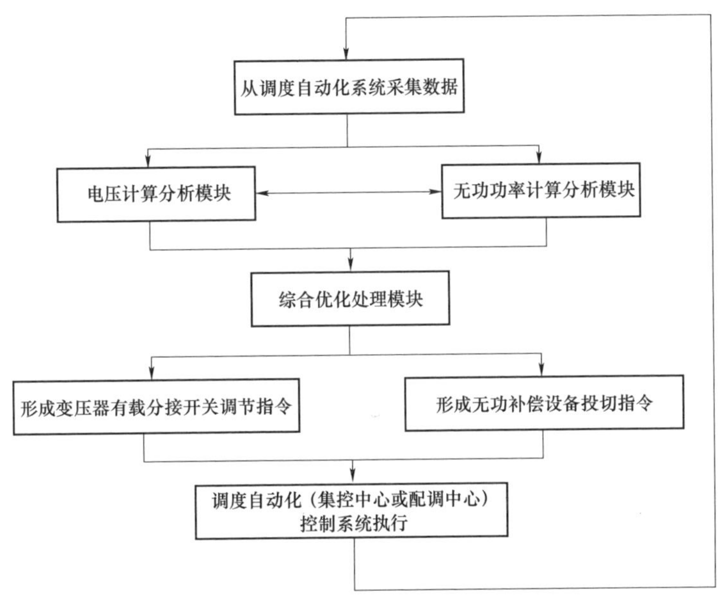

图 5-10　无功电压优化系统框图

控制系统针对电力系统无功优化调度分层、分区的实际特点，在控制结构上采取相应的控制构架，实施分散协调的优化控制。控制系统分为两层：全网的协调层（调度中心）和各变电站内的执行层。在全网协调层，建立全网模型，根据实时数据进行以网损最小为目标的无功优化计算，确定各枢纽节点电压整定值，通过 RTU 或变电站的电压无功自动控制装置按给定的定值自动调整有载调压变压器分接头和电容器/电抗器投切。

3）电网无功电压优化控制系统的功能：

a. 全网优化补偿无功功能。当地区电网内各级变电站电压处在合格范围内，控制本级电网内无功功率流向合理，达到无功功率分层就地平衡，提高受电功率因数；变电站电容器组根据计算结果决定投入先后，实现最优化。

b. 全网优化调节电压功能。当无功功率流向合理，某变电站母线电压超过上限或超过下限运行时，分析同电源、同电压等级变电站和上级变电站电压情况，决定是调节本变电站有载调压主变压器的分接开关，还是调节上级电源变电站有载调压主变压器分接开关挡位；电压合格范围内，实施逆调压、恒调压、普调压；实施有载调压变压器分接开关调节次数优化分配；实现热备用有载调压变压器分接开关挡位联调。

c. 无功电压综合优化功能。当变电站母线电压超过上限时，先降低主变压器分接开关挡位，如达不到要求，再切除电容器；当变电站母线电压超过下限时，先投入电容器，达不到要求时，再提高主变压器分接开关挡位，尽可能做到电容器投入量达到最合理；实现预期母线电压，防止无功补偿装置投切振荡；当变电站变压器分接挡位调至最低，电容器全部切除，电压如仍超上限，此时投入电抗器，增加无功负荷，达到降低电压的效果。

d. 安全控制功能。设备所有动作符合规程；自动纠错、自动闭锁、自动形成相关动作数据，不发出影响电网与主设备安全的操作指令；电容器、主变压器及调压开关异常变位自动闭锁，电网、设备运行数据异常自动闭锁，10kV单相接地电容器自动闭锁，设备动作次数与动作间隔时间可人为限定。

e. 网损计算与无功最优配置功能。实现全电网理论网损在线计算，并实时报告，为电网实现经济调度提供理论支持；根据电网实际负荷，计算各变电站电容器单组或多组容量最优配置值，为改造或新增电容器提供数量和容量理论依据。

f. 控制信息管理功能。控制信息包括：设备动作记录表，设备动作失败或不正常动作情况表，开关动作次数汇总表，电压曲线分析表，有功功率、无功功率、功率因数分析表等。

（3）新能源电站无功电压调节手段。新能源电站作为系统的一种电源，有必要参与系统的无功调整及电压控制。新能源电站的无功电压调节手段主要有以下三种。

1）新能源电站升压变分接头手动或自动调节。例如E.ON公司推荐风电场装备带分接头调整的变压器，通过调节变压器变比来调节并网点的电压；Scotland公司规定容量大于100MW的变压器装备手动调节分接头以利于电网控制风电场的无功功率，大于5MW小于100MW的风电场，如果有独立的升压变压器，可以用这种方法调压，或用其他方式控制风电场的无功功率满足电网的要求；ESBN 公司要求每个风电场升压变压器都带有载调压分接头，分接头调整不能引起高压母线电压变化过大，对于 110kV 母线，电压变化率不超过 2.5%，对于 220～400kV 母线，不超过 1.6%。目前，在国内通常风电场升压变压器采用有载调压变压器，分接头切换可手动或自动控制，根据电网调度部门的指令进行调整。

2）新能源电站无功补偿装置自动控制。通常要求新能源电站配置无功补偿装置，例如，可以自动投切的电容器组或者动态特性更好的静态无功补偿装置 SVC 或 SVG。无功补偿装置可以根据控制点的母线电压运行情况实现自动调节。

3）发电单元无功调节与新能源电站无功补偿装置联合控制。若发电单元的功率因数在线可调，则可以通过联合控制发电单元和新能源电站无功补偿装置以实现新能源电站无功电压的优化运行。

（4）新能源电站参与电网电压协调控制方案。考虑新能源电站参与系统无功平衡和电压调节，就是把新能源电站纳入区域电网无功电压优化自动控制系统中，并以无功的分层、分区平衡作为电压协调控制的基本原则。

在正常情况下，主站按优化目标通过调度自动化 SCADA 系统采集新能源电站相关节点运行电压、无功功率、有功功率等实时数据，以地区电网电能损耗最小为目标，以各节点电压合格为约束条件，进行综合优化处理后，形成新能源电站无功电压控制的总目标，然后由新能源电站综合控制系统采用上述三种手段进行场内无功的优化调节。

5.2.5　新能源电站无功电压协调优化控制技术

无功电压优化控制在保障系统电压合格率、提高发电机组安全稳定运行水平等方面也发挥了重要的作用。在传统电力系统中，无功电压优化控制对象主要集中在传统水电与火电机组，随着新能源的大规模开发，新能源电站的无功电压优化控制也开展了大量的研究工作。本节阐述了新能源电站协调优化控制模型，并介绍了协调优化控制求解算法，并以 IPFA 算法为例求解新能源电站无功电压协调优化控制模型。

5.2.5.1 协调优化控制数学模型

（1）新能源电站并网点电压偏差指标。新能源电站的无功电压协调控制以新能源电站 PCC 作为电压控制点，当系统出现由扰动引起的电压波动或者上级调度电压指令发生变化时，通过动态调节新能源电站内的多种无功源以维持 PCC 的电压稳定。同时，新能源电站无功电压协调控制是新能源电站参与新能源发电接入地区二级电压控制的基础。因此，控制新能源电站并网点电压响应上级调度指令是新能源电站无功电压协调控制的第一要务。引入新能源电站并网点电压偏差指标如下所示

$$U_{\mathrm{PCC}}^{\mathrm{ref}}-U_{\mathrm{PCC}}^{\mathrm{err}}\leqslant U_{\mathrm{PCC}}\leqslant U_{\mathrm{PCC}}^{\mathrm{ref}}+U_{\mathrm{PCC}}^{\mathrm{err}} \tag{5-26}$$

式中 U_{PCC} ——新能源电站并网点实时电压；

$U_{\mathrm{PCC}}^{\mathrm{ref}}$ ——上级调度下达的并网点电压控制指令；

$U_{\mathrm{PCC}}^{\mathrm{err}}$ ——允许的控制误差。

（2）新能源发电单元电压稳定指标。大型新能源电站的馈线线型、发电单元间距和发电单元出力均会影响同一条馈线上不同新能源发电单元的电压分布。而保证新能源电站内各条馈线上新能源发电单元电压远离高、低电压保护值，具有均衡的电压裕度，是避免新能源发电单元发生连锁脱网事故的有效手段。引入新能源电站内发电单元电压稳定指标为

$$\left\|\Delta \boldsymbol{U}_{\mathrm{G}}\right\|^2=\sum_{i=1}^{i\in \boldsymbol{N}_{\mathrm{G}}}\Delta U_{\mathrm{G}_i}^2=\sum_{i=1}^{i\in \boldsymbol{N}_{\mathrm{G}}}\left(U_{\mathrm{G}_i}-U_{\mathrm{G}_i}^{\mathrm{ref}}\right)^2 \quad (i\in \boldsymbol{N}_{\mathrm{G}}) \tag{5-27}$$

式中 $\boldsymbol{N}_{\mathrm{G}}$ ——新能源电站中所有参与无功电压控制的新能源发电单元集合；

U_{G_i}、$U_{\mathrm{G}_i}^{\mathrm{ref}}$ ——可控新能源发电单元 i 的实时电压和参考电压。

（3）无功源无功裕度指标。升压站内的动态无功补偿装置具有快速无功调节能力，能在故障期间提供无功支撑。因此在稳态运行期间，由新能源发电单元优先承担新能源电站的调压任务，一方面能够为暂态故障预留充足的动态无功裕度；另一方面，能够缓解有功切除后的无功过剩问题。同时，为保证新能源发电单元参与新能源电站无功电压控制的可靠性，应适当考虑各新能源发电单元在无功可调范围内出力均衡。引入新能源电站无功源无功裕度指标为

$$\left\|\Delta \boldsymbol{Q}_{\mathrm{C}}\right\|^2=\sum_{i=1}^{i\in \boldsymbol{N}_{\mathrm{C}}}\Delta Q_{\mathrm{C}_i}^2=\sum_{i=1}^{i\in \boldsymbol{N}_{\mathrm{C}}}\left(\alpha_i\frac{Q_{\mathrm{C}_i}-Q_{\mathrm{C}_i}^{\mathrm{ref}}}{Q_{\mathrm{C}_{i\max}}-Q_{\mathrm{C}_{i\min}}}\right)^2,\quad i\in \boldsymbol{N}_{\mathrm{C}} \tag{5-28}$$

式中　$\boldsymbol{N}_{\mathrm{C}}$——参与无功电压控制的无功源节点集合，包括新能源发电单元节点和集中补偿设备节点；

α_i——不同无功控制单元的加速因子；

Q_{C_i}、$Q_{\mathrm{C}_{i\max}}$、$Q_{\mathrm{C}_{i\min}}$、$Q_{\mathrm{C}_i}^{\mathrm{ref}}$——无功控制单元$i$的实时无功、可调无功上限、可调无功下限以及无功调节参考量。

对于动态无功补偿装置，取$Q_{\mathrm{C}_i}^{\mathrm{ref}}=0$，以确保新能源发电单元优先承担无功调节任务；对于新能源发电单元，取$Q_{\mathrm{C}_i}^{\mathrm{ref}}=Q_{\mathrm{C}_{i\min}}$，以实现所有参与无功电压控制的新能源发电单元在无功调节范围内具有相对均衡的无功裕度。

由于新能源发电单元和动态无功补偿装置的无功功率具有双向调节能力，为了保证新能源电站内无功源具有相同的调节方向，需要预先根据当前新能源电站运行状况和PCC电压指令设置无功源的可调上下限。因此，式（5－28）中的$Q_{\mathrm{C}_{i\max}}$、$Q_{\mathrm{C}_{i\min}}$应满足

$$[Q_{\mathrm{C}_{i\min}},Q_{\mathrm{C}_{i\max}}]=\begin{cases}[0,Q_{\mathrm{G}_{i\max}}]\ \text{或}\ [0,Q_{\mathrm{SVC}_{i\max}}],\ U_{\mathrm{PCC}}^{\mathrm{ref}}>U_{\mathrm{PCC}}+U_{\mathrm{PCC}}^{\mathrm{band}}\\ [Q_{\mathrm{G}_{i\min}},0]\ \text{或}\ [Q_{\mathrm{SVC}_{i\min}},0],\ U_{\mathrm{PCC}}^{\mathrm{ref}}<U_{\mathrm{PCC}}-U_{\mathrm{PCC}}^{\mathrm{band}}\end{cases} \tag{5-29}$$

式中　$U_{\mathrm{PCC}}^{\mathrm{band}}$——电压控制死区。

（4）新能源电站无功电压协调控制的目标函数。结合新能源发电单元电压稳定指标和无功源无功裕度指标，可以得到以新能源发电单元电压稳定水平最好、新能源发电单元无功裕度最均衡、动态补偿设备无功裕度最大为综合目标的新能源电站无功电压协调控制策略的目标函数

$$\min\quad f(\boldsymbol{x})=\omega_{\mathrm{v}}\left\|\Delta \boldsymbol{U}_{\mathrm{G}}\right\|^2+\omega_{\mathrm{c}}\left\|\Delta \boldsymbol{Q}_{\mathrm{C}}\right\|^2 \tag{5-30}$$

式中　ω_{v}、ω_{c}——目标函数中新能源发电单元电压稳定指标和无功源无功裕度指标的权重系数。

（5）新能源电站无功电压协调控制的约束条件。新能源电站无功电压协调控制的等式约束是各节点有功功率和无功功率平衡约束，即系统的潮流约束方程，其表达式为

$$P_{G_i}-P_{D_i}-U_i\sum_{j=1}^{N_s}U_j\left(G_{ij}\cos\theta_{ij}+B_{ij}\sin\theta_{ij}\right)=0,\quad i\in \boldsymbol{N}_s \tag{5-31}$$

$$Q_{G_i}-Q_{D_i}-U_i\sum_{j=1}^{N_s}U_j\left(G_{ij}\sin\theta_{ij}-B_{ij}\cos\theta_{ij}\right)=0,\quad i\in \boldsymbol{N}_s \tag{5-32}$$

式中　$\boldsymbol{N}_s$——总的节点集合。

考虑新能源电站并网点电压偏差指标，并网点电压应满足式（5-26）所示的变量不等式约束。此外，新能源电站无功电压协调控制的变量不等式约束还包括各节点电压幅值上下界约束、可调变压器抽头挡位约束、集中无功补偿装置容量约束和新能源发电单元无功功率约束，其表达式为

$$\begin{cases}U_{i\min}\leqslant U_i\leqslant U_{i\max}, & i\in \boldsymbol{N}_s\\ T_{\mathrm{tap}_{i\min}}\leqslant T_{\mathrm{tap}_i}\leqslant T_{\mathrm{tap}_{i\max}}, & i\in \boldsymbol{N}_T\\ Q_{C_{i\min}}\leqslant Q_{C_i}\leqslant Q_{C_{i\max}}, & i\in \boldsymbol{N}_C\end{cases} \tag{5-33}$$

式中　$\boldsymbol{N}_T$——全部有载调压变压器集合。

5.2.5.2　协调优化控制求解算法

新能源电站电压无功控制系统的数学模型可以简要表示为

$$\begin{aligned}&\min f(\boldsymbol{x})\\ &\text{s.t. } \boldsymbol{g}(\boldsymbol{x})=0\\ &\underline{\boldsymbol{h}}\leqslant \boldsymbol{h}(\boldsymbol{x})\leqslant \overline{\boldsymbol{h}}\end{aligned} \tag{5-34}$$

式中　$\boldsymbol{x}$——n维变量；

$\boldsymbol{g}(\boldsymbol{x})$——$m$维等式约束；

$\boldsymbol{h}(\boldsymbol{x})$——$r$维不等式约束。

对于形如式（5-34）的多变量多约束非线性规划问题，目前的求解方法主要有数学规划类数值优化算法和人工智能类的启发式优化算法，其中非线性内点法由于具有寻优速度快、收敛性好、鲁棒性强等优点而备受关注。

原对偶内点法在求解形如式（5-34）的优化问题时的主要思路是：首先采用引入松弛变量的方式将不等式约束转换成等式约束，再通过拉格朗日乘子及对数障碍函数将等式约束和松弛变量引入到效用函数里，最终形成一个无约束最优问题从而进行求解。

为了确保算法具有全局收敛性，原对偶内点法在迭代求解优化问题式（5－34）的过程中，它的可行方向是依据库恩－图克（Karush-Kuhn-Tucker，KKT）条件由牛顿法求得，原对偶变量的步长是根据可行域的边界给出。这样做实际上是将优化问题（5－34）变成了一个双目标的优化问题：其一是“最优目标”，另一个是“可行目标”。所谓“最优”，是指降低目标函数值，一般用原始问题的目标函数来表示；而“可行”，是指满足约束条件限制，通常用约束函数集的范数来表示。如果求解过程中遇到最优目标与可行目标二者发生矛盾的情况，则传统原对偶内点法可能会不收敛。为了克服上述困难，最初采用的方法是引入惩罚系数构造新的效用函数

$$f_\rho(\boldsymbol{x}) = f(\boldsymbol{x}) + \rho\theta(\boldsymbol{x}) \tag{5-35}$$

式中　$f(\boldsymbol{x})$ ——原始问题的目标函数，也就是最优目标；

$\theta(\boldsymbol{x})$ ——约束条件的满足程度，通常采用约束函数集的范数，即可行目标；

ρ ——约束条件的惩罚系数。

在计算出可行方向 $\mathrm{d}\boldsymbol{x}$ 以后，再求解能够使得效用函数 $f_\rho(\boldsymbol{x})$ 下降的最大步长为迭代步长。这种做法的主要缺陷在于惩罚系数 ρ 的大小需要用户人工指定，而惩罚系数选取的好坏直接影响到算法的收敛性和收敛速度。另外，为了保证系统最终收敛于可行解，惩罚系数通常随着迭代的进行而不断变大，这实质上提高了可行目标的潜在优先级，也影响了算法的收敛性和收敛速度。

5.2.5.3　协调优化控制的程序流程

新能源电站无功电压协调优化控制系统主要分为数据采集滤波环节、优化控制计算环节、优化结果执行环节三个环节。

对于新能源电站电压无功控制系统来说，由于涉及实际调整新能源发电单元的无功功率，对电网影响比较大，因此新能源电站无功电压协调优化控制系统在数据采集滤波环节、优化控制计算环节和优化结果执行环节都充分考虑了安全因素，最大限度地防止给电网带来负面影响。

（1）数据采集滤波环节。数据采集滤波环节的主要任务是从实时数据

库读取优化计算所需要的信息，包括：

1）获取总支路数、总节点数、总发电单元数、总变压器支路数和总并联补偿数，用以确定优化程序中所要生成动态数组的维数。

2）读取新能源电站拓扑参数，包括支路信息（首末端节点号、阻抗、对地电纳、是否变压器支路、变比）、节点信息（节点类型、电压幅值）、新能源发电单元信息（所在节点号、是否启停、有功功率、是否参与控制）、集中补偿设备信息（所在节点号、已投容量）等。

3）设置新能源电站无功电压协调优化控制计算的参数及约束实时上下限。

4）对读取的数据进行校验，判断是否进行新能源电站无功电压协调优化控制计算。对当前采集断面数据进行分析，过滤掉明显错误的采样数据，防止由于瞬间扰动或通信故障引起的数据波动进入下一环节。如果错误数据过多或者有效数据太少，则放弃此次控制，直接下发上次成功优化的控制指令。

（2）优化控制计算环节。优化控制计算环节的主要任务是调用优化算法对新能源电站无功电压协调优化控制数学模型进行求解，包括：

1）初始化。设置计算精度、最大迭代次数、初始潮流点。

2）获取优化问题的基本结构。包括目标函数、约束条件的数学形式。

3）构造求解所需的系数矩阵。形成系统的初始节点导纳矩阵、约束函数雅克比矩阵、拉格朗日函数海森矩阵以及这些矩阵的稀疏结构。

4）进行求解。如果在最大迭代次数内未能收敛到设置精度，则结束优化计算并放弃此次控制，直接下发上次成功优化的控制指令。

（3）优化结果执行环节。优化结果执行环节的主要任务是输出电压无功优化计算后的结果，一方面生成风电场无功电压协调优化控制结果文本文档；另一方面，是将各被控风电机组机端电压和集中补偿设备所在节点电压填入相应数据库中下发执行。

在优化结果执行前，再对优化结果做一次检查，如果调控电压不在控制母线电压上下限之内，或调整值不合理，则放弃此次控制。

5.3 新能源电站接入电网静态电压稳定性分析方法

常规电力系统无功电压静态分析方法主要有 $P-V$ 曲线法和 $V-Q$ 曲线法。新能源接入电网的无功电压问题也可以采用 $P-V$ 曲线法和 $V-Q$ 曲线法，分析新能源出力变化引起的电压变化，以及新能源电站接入电网后不同电压水平下的无功裕度。

本节阐述了 $P-V$ 曲线法和 $V-Q$ 曲线法在新能源接入电网无功电压分析方面的应用，基于实际案例数据分析了新能源接入后对电网无功电压的影响。

5.3.1 $P-V$ 曲线法

在常规电力系统应用 $P-V$ 曲线法分析电压稳定性问题时，P 通常表示某区域的总负荷，也可代表系统传输断面或者是区域联络线上的传输功率，V 则代表关键母线的电压，也可同时画出多个母线的电压曲线。

当把 $P-V$ 曲线法应用于新能源电站接入电网的静态电压稳定性分析时，由于需要考虑的是新能源发电注入电网对电压稳定性的影响，P 则代表了整个新能源电站发出的有功功率，V 既可以是机端电压，也可以是并网点的电压。对于应用 $P-V$ 曲线法对新能源电站接入电网的静态电压稳定性的分析，实际上是研究新能源电站出力变化对电网电压的影响，采用简化的办法将小扰动电压稳定计算处理成为连续时间断面上每一个离散点的静态潮流计算，用于研究新能源发电的注入功率引起的电压稳定性的变化及运行点距离电压崩溃点的距离，反映新能源发电所接入的电网的电压稳定裕度。对于新能源电站小干扰电压稳定极限点的计算是新能源电站并网运行稳定性问题研究的主要方面，它对于新能源电站的安全运行有着重要的实际意义。

$P-V$ 曲线法从系统当前稳态运行点开始，逐点求出系统变化过程的轨迹，并一般用 $P-V$ 曲线的拐点作为电压稳定极限状态，它包括重复潮流法和连续法两种，重复潮流法即通过不断求解潮流方程来求得 $P-V$ 曲线的拐点，连续法是一种求解非线性代数方程解轨迹的方法。在求取

新能源电站 $P-V$ 曲线时，除系统平衡节点外，不考虑系统中其他发电厂有功功率的变化和各节点负荷的变化，其中的 P 表示的是新能源电站有功功率，V 表示所要研究的母线（机端母线、并网点或电网内其他母线）电压。

5.3.2 $V-Q$ 曲线法

$V-Q$ 曲线可以通过一系列潮流计算求得。它表示关键母线电压同该母线无功功率之间的关系。假设该母线装有一台虚拟的同步调相机，在潮流计算中该母线不受无功限制，作为 PV 节点。这样，在潮流计算中将同步调相机的端电压设为一系列值，然后将其无功输出与电压值对应的点相连即可得到 $V-Q$ 曲线。这里电压为独立变量且作为横坐标，无功功率作为纵坐标。

因此，$V-Q$ 曲线反映的是电网中某一点能够提供无功功率而不导致电压崩溃的能力。电压安全性同无功功率密切联系，而 $V-Q$ 曲线则正好给出了电网中某一母线的无功裕度：用无功功率的大小表示，从当前运行点到 $V-Q$ 曲线底部的距离；$V-Q$ 曲线还表明了母线的强度，计算 $V-Q$ 曲线的目的在于通过增加测试节点的无功功率来检验电力系统的鲁棒性。

新能源电站并网运行的电压稳定性，不仅仅与新能源发电单元的特性有关，同时也与电网有密切关系，若电网足够强，可以提供足够的无功功率，新能源电站的电压稳定性也能够保证。

5.3.3 案例分析

本节中，所用的研究案例为我国东北地区一个百万千瓦级风电基地接入实际电力系统，如图 5-11 所示。采用 $P-V$ 曲线法和 $V-Q$ 曲线法分析风电基地的静态电压特性。风电基地规划装机容量 2400MW，包括 8 个风电场，每个风电场装机容量为 300MW。风电机组采用一机一变的单元接线方式，由机端电压 0.69kV 升压至 35kV，通过 35kV 线路汇集至风电场主变压器，经风电场主变压器再升压至 220kV。每个风电场经各自的 220kV 送出线路接入风电基地 500kV 汇集站，再通过一回 500kV 线路接入电网。各风电场和 500kV 汇集站均配置有无功补偿装置，其中 500kV 汇集站采用动态无功补偿装置和电容器组合的补偿方案。风电场无功补偿装置的控制对象为风电场并网点（主变压器 220kV 母线），500kV 汇集站无功补偿装置的控制对象为汇集站 220kV 母线。

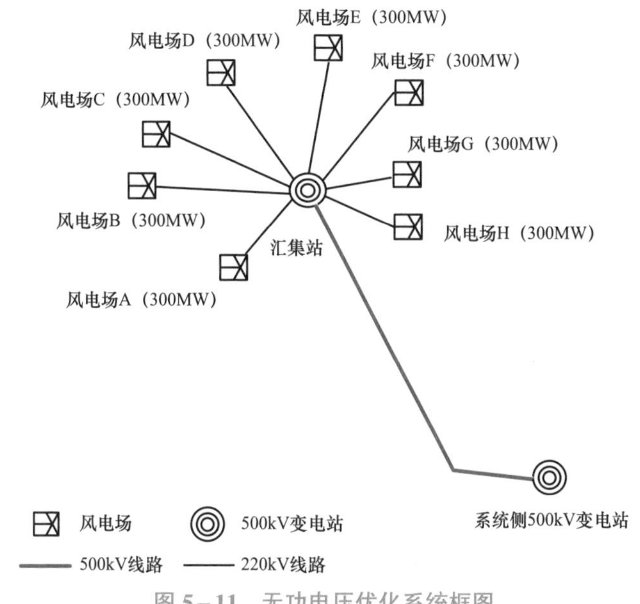

图 5-11　无功电压优化系统框图

当不考虑风电场和汇集站无功补偿装置时，随着风电基地内风电出力不断增加，风电基地内关键母线电压和无功交换情况如图 5-12 所示。

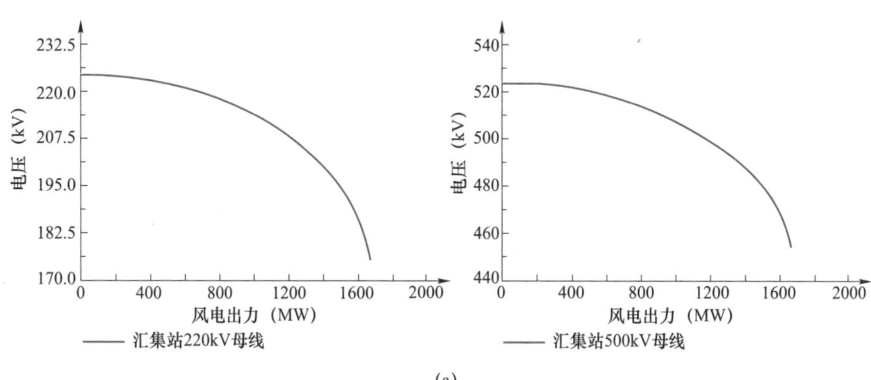

(a)

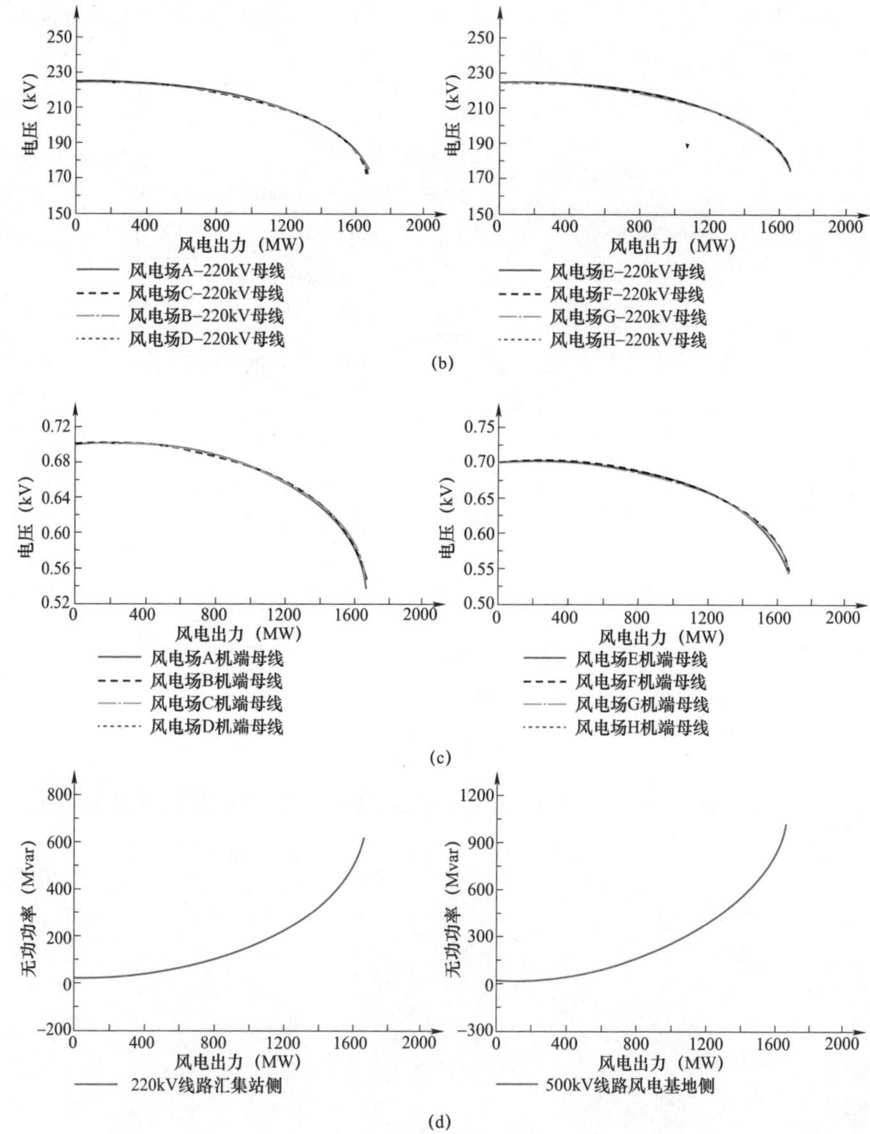

图 5–12　不考虑无功补偿时的母线电压和无功交换仿真曲线

（a）汇集站母线电压；（b）风电场母线电压；（c）风电机组机端母线电压；（d）汇集站无功功率

从图 5–12 可以看出，随着风电出力不断增加，汇集站内关键母线电压均逐渐降低，汇集站从系统吸收的无功功率和汇集站注入风电场的无功功率都逐渐增大。当风电出力达到 1670MW 时，达到电压静态稳定极限。

当不考虑风电场和汇集站无功补偿装置时，不同风电出力水平下 500kV 汇集站的 220kV 母线的 $V-Q$ 曲线如图 5－13 所示。

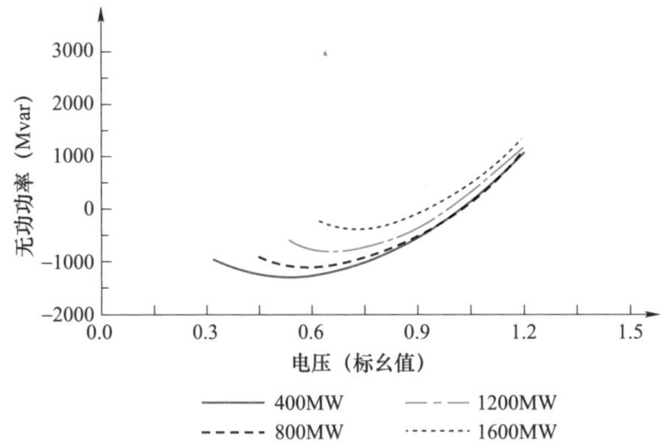

图 5－13 不考虑无功补偿时汇集站 220kV 母线的 $V-Q$ 曲线

从 $V-Q$ 曲线可以看出，随着风电出力增加，汇集站 220kV 母线的无功裕度越来越小。

考虑风电场和汇集站无功补偿装置，风电基地内无功电压控制策略均按照风电接入对电网电压影响最小的原则制定，即无功补偿装置的控制目标一般设置为风电接入前母线电压值，并采用定电压控制方式。随着风电基地内风电出力不断增加，风电基地内关键母线电压和无功交换情况如图 5－14 所示。

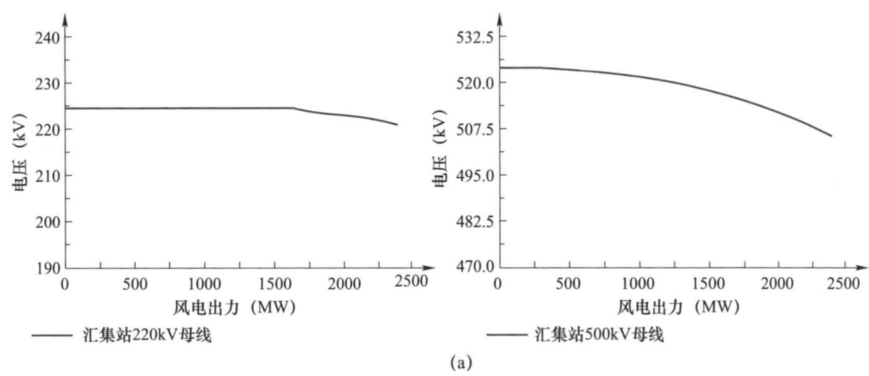

(a)

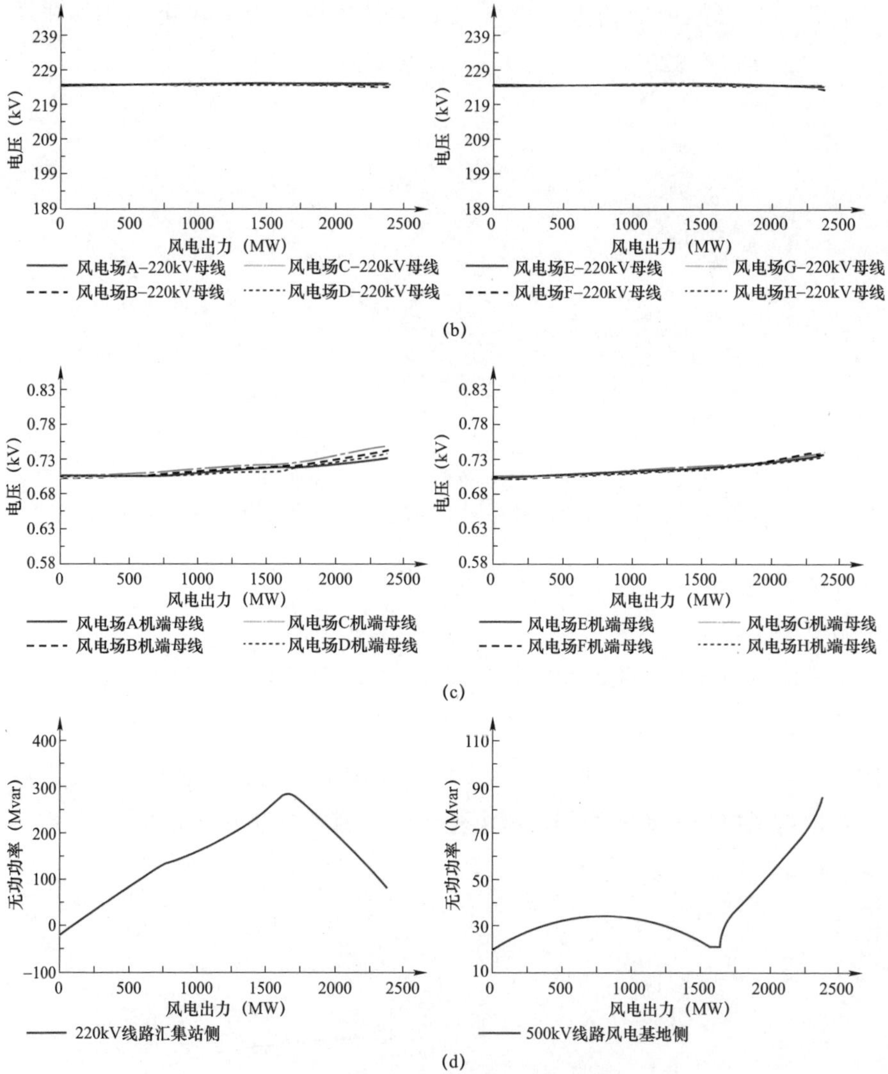

(b)

(c)

(d)

图 5-14　考虑无功补偿时的母线电压和无功交换仿真曲线

（a）汇集站母线电压；（b）风电场母线电压；（c）风电机组机端母线电压；（d）汇集站无功功率

从图 5-14 可以看出，随着风电出力增加，汇集站内关键母线电压逐渐下降，风电场无功补偿装置能够将风电场并网点电压控制在目标值，风电场内机端母线电压升高。各节点电压均在允许范围内。风电出力超过 1650MW 后，汇集站容性无功全部投入运行，风电出力继续增加，汇集站

220kV 母线电压无法维持在目标值，持续下降。风电满发时，电网向汇集站注入 85Mvar 无功功率，汇集站向风电场注入 80Mvar 无功功率。

通过以上分析可以看出，汇集站配置的无功补偿装置能够满足汇集站变压无功损耗需求，系统向汇集站注入的无功功率最终流向了风电场。而当风电出力低于 1850MW 时，风电场内无功补偿装置处于吸收无功功率的状态，也就是说汇集站无功补偿装置发出的部分容性无功和系统注入风电基地的部分容性无功被风电场的无功补偿装置吸收。这不利于风电基地的静态电压稳定，也大大降低了风电基地的无功裕度。

建议风电场无功补偿装置采用分段控制方式，即不同的风电出力水平下风电场无功补偿装置采用不同控制目标。风电小出力时，风电场无功补偿装置的控制目标设置为风电接入前的母线电压值；随着风电出力增大，不断提高风电场无功补偿装置的控制目标，提高幅度不宜过大（通常建议为 1kV）；同时兼顾风电场并网点母线和机端母线电压应控制在正常运行范围内，并建议留有一定裕度。

采用分段控制方式后，随着风电基地内风电出力不断增加，风电基地内关键母线电压和无功交换情况如图 5－15 所示。

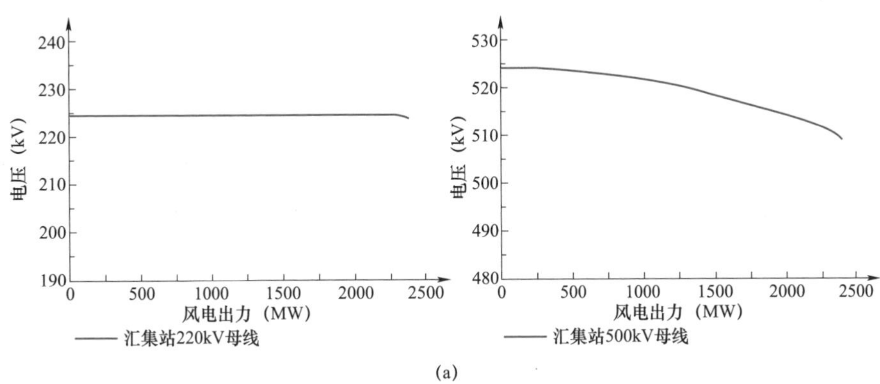

(a)

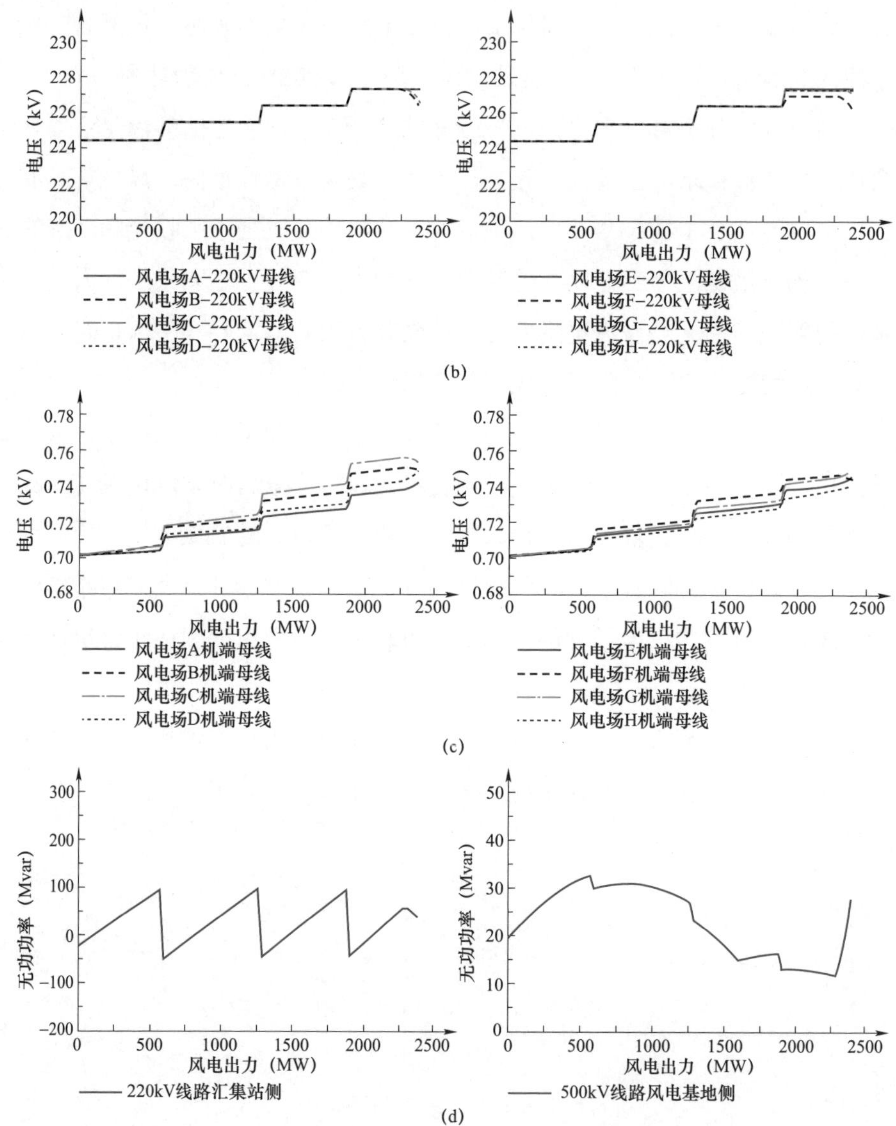

图 5-15　采用分段控制方式后母线电压和无功交换仿真曲线

（a）汇集站母线电压；（b）风电场母线电压；（c）风电机组机端母线电压；（d）汇集站无功功率

从图 5-15 可以看出，在整个风电出力变化过程中，汇集站 220kV 母线电压基本可以维持在控制目标，汇集站 500kV 母线电压会随风电出力的增加而降低，降低幅度明显减小。汇集站向风电场注入了约 35Mvar 无功功率，汇集站从系统吸收了约 28Mvar 无功功率。各个区域间的无功交换都有明显的减低，并尽可能地保证了汇集站留有动态无功裕度。

合理的调整无功补偿控制目标可以有效解决风电基地内两个无功电压控制区域间的无功内耗问题，减少风电场从汇集站吸收的无功功率和系统注入汇集站的无功功率，并充分发挥风电场的无功调节能力，支撑整个风电基地的无功电压控制，保证汇集站的动态无功裕度，实现大规模风电基地的可靠并网。

第 6 章

新能源发电接入电网频率特性分析

随着新能源出力占比不断增加，常规电源被大量替代，由于风电机组转动惯量小、光伏发电没有转动惯量，系统转动惯量和频率调节能力持续下降，交直流故障导致电网大功率缺额情况下，易诱发系统频率问题，严重情况下可能触发低频减载动作损失大量负荷。

本章分析了大规模新能源接入下电网对新能源发电参与频率控制的技术需求，并介绍了新能源发电的惯量和一次调频控制技术。

6.1 电网对新能源发电参与频率控制的技术需求

6.1.1 电网调频需求

电力系统有功功率平衡是电力系统频率稳定的前提，当系统遇到扰动时，如短路故障、跳机、联络线开断、系统解列等，往往导致系统总的发电功率与总的负荷功率存在不平衡；若总的发电功率超出总的负荷功率（包括网损），系统频率会升高；反之，总的发电功率小于总的负荷功率，系统频率会下降。根据频率波动的不同以及系统当时的运行状况，通常采取调节发电机有功出力，甚至切机、切负荷等相应措施保证电网的频率安全；频率控制对于电力系统的稳定运行与安全是必不可少的。

电力系统的负荷变化是导致频率变化的主要原因。在实际电力系统中，负荷是时刻发生变化的、不可控的。根据负荷实际变动规律，可将其分为三种：① 变动幅度很小，周期又很短，这种负荷有很大的偶然性；② 变化幅度较大，周期也较长，属于这种的主要有电炉、压延机械、电气机车等带有冲击性的负荷变动；③ 变动幅度最大，周期也最长，这是由于生产、生活、气象等变化引起的负荷变动。

三种负荷的变动各有其特点，其变动的幅度和周期可用图6－1曲线表示。对于第一种负荷变化引起的频率偏移，通常通过一次调频或频率的一次调整完成，指由发电机的调速器进行维持系统的频率水平。二次调频或频率的二次调整指由发电机的调频器进行的、对第二种负荷变动引起的频率偏移的调整。频率的三次调整的说法不常用，指按照最优化准则分配的第三种有规律变动的负荷，要求各发电厂按事先给定的发电曲线发电。

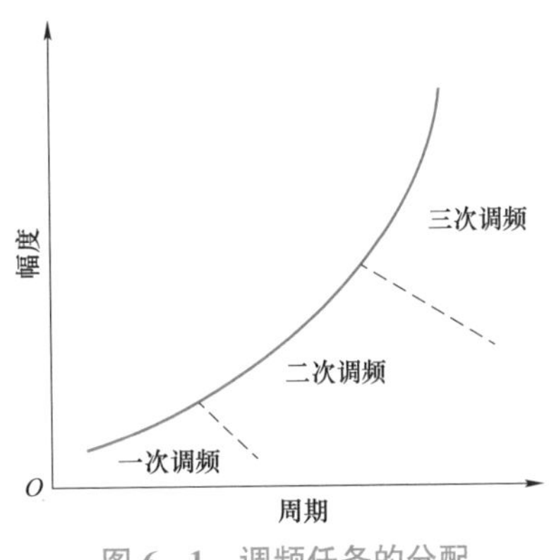

图6－1 调频任务的分配

除了负荷变化外，电力系统故障（如发电机退出运行或失去大量用电负荷等）也可能导致电力系统的有功失衡，并引起频率发生变化。这种异常负荷变化的特点是变化幅度大、变化速率快，因此对系统频率的影响更大，往往是考察电力系统频率控制能力的风向标。

传统电力系统中的频率支持主要由同步发电机组提供。同步发电机组对电力系统的频率支持主要包括惯性响应以及一次调频、二次调频和三次调频。这几种频率支持功能共同作用来维持系统频率在一个可接受的合理范围内。

电力系统惯量反映系统阻尼频率变化的能力，较大的系统惯量给发电机提供更好的帮助去实现功率再平衡。单台同步发电机组惯性时间常数 H_s 可表示为

$$H_s = \frac{J_s \omega_s^2}{2 p_s^2 S_N} \tag{6-1}$$

式中 J_s——发电机转动惯量；

p_s——发电机极对数；

S_N——系统额定容量；

ω_s——发电机转速。

电力系统一次调频是指当电网频率发生变化时，发电机在控制系统作用下自动增加或减小输出电磁功率，以约束电网频率变化，达到调整电网频率的目的。电力系统频率一次调整与电源和负荷有功功率静态频率特性相关，电源和负荷有功功率静态频率特性可以用发电机单位调节功率和负荷单位调节功率来描述。

发电机参与系统一次调频的能力可以用发电机单位调节功率来表示，如式（6-2）所示，可用发电机原动机或电源频率特性的斜率表示。发电机单位调节功率的标幺值为

$$K_G = -\frac{\Delta P_G}{\Delta f} \tag{6-2}$$

$$K_{G^*} = -\frac{\Delta P_G f_N}{P_{GN}\Delta f} = \frac{K_G f_N}{P_{GN}} \tag{6-3}$$

式中 Δf——系统频率偏差；

ΔP_G——机组电磁功率响应量；

f_N——系统频率基准值；

P_{GN}——机组功率额定值。

综合负荷静态频率特性可以用负荷单位调节功率，表示为

$$K_L = \frac{\Delta P_L}{\Delta f} \tag{6-4}$$

负荷单位调节功率的标幺值为

$$K_{L^*} = \frac{\Delta P_L f_N}{P_{LN}\Delta f} = \frac{K_L f_N}{P_{LN}} \tag{6-5}$$

式中 ΔP_L——负荷功率响应量；

P_{LN}——负荷功率额定值。

整个电力系统单位调节功率依赖发电机单位调节功率与负荷单位调节功率的综合，通常情况下负荷单位调节功率是固定不变的，仅可以通过发

电机控制调节发电机单位调节功率，进而调节系统单位调节功率。

6.1.2　新能源发电机组的频率响应特性

6.1.2.1　惯量响应特性

双馈风电机组和直驱风电机组由于具有较高的风能捕获效率以及有功、无功的解耦控制，且能够为电力系统提供较多的辅助支撑功能，已经成为风电场的主流机型。但是，正因为变速风电机组的转速与电网频率的完全解耦控制，致使在电网频率发生改变时无法对电网提供频率响应，因此在电网频率改变时变速风电机组固有的惯量对电网表现成为一个“隐含惯量”，无法帮助电网降低频率变化的速率。

储存在风电机组旋转质量块中的动能为

$$E=\frac{1}{2}J\omega_{\mathrm{r}}^{2} \tag{6-6}$$

式中　J ——风电机组叶片及转子的惯量；

ω_{r} ——转速。

在电力工程中，通常所说的惯性时间常数 H 为

$$H=\frac{E}{S}=\frac{J\omega_{\omega}^{2}}{2S} \tag{6-7}$$

式中　S ——额定视在功率；

H ——惯性时间常数，表示发电机只利用其旋转动能提供额定功率输出的持续时间。

大型电厂发电机组的典型惯性时间常数通常为 2～9s；风电机组惯性时间常数的典型值为 2～6s。这说明风电接入电网后并没有真正减少总的旋转动能的数量，因为惯性时间常数是一个数量级的，同样容量的风电替代了常规电厂后总的旋转动能，也是在一个数量级上。

对于同步电机与感应电机，当系统频率降低时，机组转子作为旋转质量块转速会自动降低释放能量。对于频率从 f_0 到 f_1 的变化，假设转子转速按比例从 ω_0 变化至 ω_1 ，发电机释放的动能 ΔE_{k} 由下面各式确定

$$
\begin{aligned}
E_{k0} &= \frac{1}{2} J \omega_0^2 \\
E_{k0} - \Delta E_k &= \frac{1}{2} J (\omega_0 - \Delta\omega)^2
\end{aligned}
\tag{6-8}
$$

此处$\Delta\omega = \omega_0 - \omega_1$，得到

$$
\Delta E_k = E_{k0}\left(1 - \frac{\omega_1^2}{\omega_2^2}\right) = E_{k0}\left(1 - \frac{f_1^2}{f_0^2}\right) \tag{6-9}
$$

根据式（6-7）同步发电机惯性时间常数定义，可得含变速风电机组并网系统惯性时间常数H_{tot}为

$$
H_{tot} = \frac{\sum_{i=1}^{n}\left(\frac{J_{s,i}\omega_s^2}{2p_{s,i}^2}\right)}{\sum_{i=1}^{n} S_{N,i} + \sum_{j=1}^{m} S_{M,j}} \tag{6-10}
$$

式中　n——同步发电机台数；

m——风电机组台数；

$J_{s,i}$——第 i 台同步发电机的转动惯量；

$p_{s,i}$——第 i 台同步发电机极对数；

$S_{N,i}$——第 i 台同步发电机额定功率；

$S_{M,j}$——第 j 台风电机组额定功率。

由式（6-10）可知，正常运行时新能源发电机组不提供有效动能，使得原有电力传统可利用的有效动能下降，系统惯性时间常数减小，将恶化可再生能源并网系统的惯量特性，因此，如果不采取必要的措施，大规模新能源接入电力系统将威胁原有系统的频率稳定性。

6.1.2.2　一次调频响应特性

由式（6-2）与式（6-3）发电机单位调节功率定义，假设系统中有 n 台同步发电机组和 m 台变速风电机组，由于变速风电机组不具备响应系统频率变化的控制能力，可以进一步得到含变速风电机组并网的全系统发电机组单位调节功率，其标幺值可表示为

$$K_{GN^*}=\frac{\left(\sum_{i=1}^{n}K_{G,i}\right)f_N}{\sum_{i=1}^{n}P_{GN,i}+\sum_{j=1}^{m}P_{GM,j}} \tag{6-11}$$

式中 $K_{G,i}$——第 i 台同步发电机组单位调节功率；

$P_{GN,i}$——第 i 台同步发电机组额定功率；

$P_{GM,j}$——系统中第 j 台风电机组额定功率。

为了尽可能地捕获风能，提高风能捕获效率，提高风力发电的经济效益，变速风电机组通常运行在最大功率跟踪控制模式下。风电机组基于最大功率跟踪控制时，变频器控制系统仅根据转子转速变化控制机组有功输出，所以在电网扰动下机组不响应系统频率变化，对电网扰动没有任何贡献。正常运行时风电机组不响应系统频率的变化，风电机组并网使得原有电力传统单位调节功率减小。因此，当大规模风电并网后，尤其是大量变速风电机组的并网，由于风速的随机性、不可控性，变速风电机组与系统频率的弱耦合连接，给系统的频率调整与控制带来更大的挑战，需要采取必要的措施，增加大型风电场接入电网的一次调频能力，以增强大规模风电接入系统的频率稳定性。

6.1.2.3　案例分析

采用简单的独立电网系统研究不同发电机的频率响应特性，风电场装机容量为100MW，整个系统的负荷水平为1500MW。

（1）基于异步发电机的定速风电机组频率响应特性。

仿真事件为1s时系统中有一台容量为100MW的同步发电机突然退出运行。故障后风电场定速风电机组的异步发电机频率响应特性如图 6-2 所示。

当 100MW 的同步发电机退出运行后，整个电网的发电功率低于负荷功率，电网频率 f 开始降低，异步发电机的转速 ω_r 与电网频率有紧密的耦合关系，在电网频率降低的过程中，其转速也降低。根据能量守恒的原理，其整个风电机组质量块的旋转动能有一部分会转化为电功率送出，导致电机转速降低时整个风电场输出的有功功率 P 从 100MW 升高到最高时的

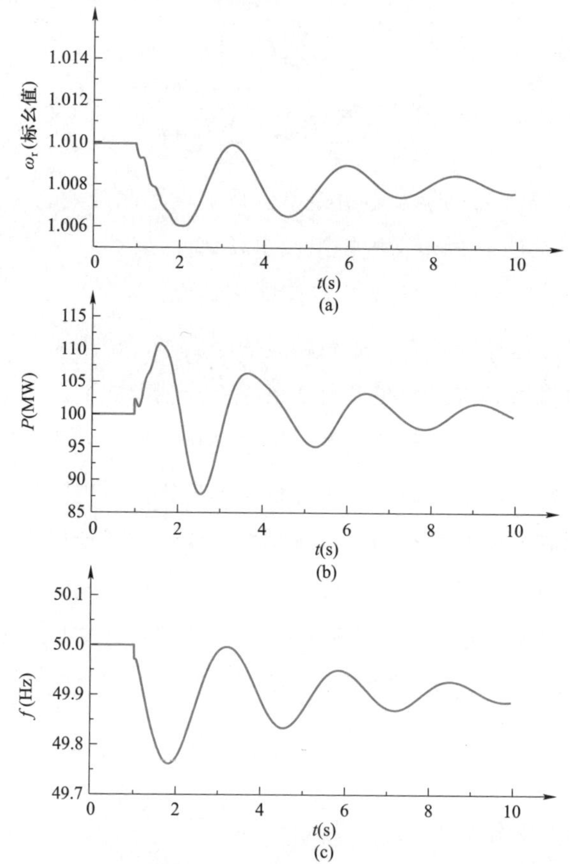

图 6-2　基于普通异步发电机定速风电机组频率响应特性

（a）异步发电机转速ω_r；（b）风电场输出的有功功率 P；（c）电网频率 f

112MW，其电功率的暂时升高对于频率降低的系统而言，起到了短时的频率支持作用，能够减轻频率降低的幅度与变化率，因此基于异步发电机的定速风电机组能够表现出惯量的作用，支持电网的一次频率控制。因为基于异步发电机的定速风电机组没有类似于同步机组调速器、调频器等可以增加原动机出力的控制系统，因此其发出的有功功率在故障发生后一段时间内恢复到故障发生前的初始运行状态。

（2）变速风电机组频率响应特性。

仿真事件为1s时系统中有一台容量为100MW的同步发电机突然退出运行。故障后风电场双馈变速风电机组频率响应特性如图 6-3 所示。

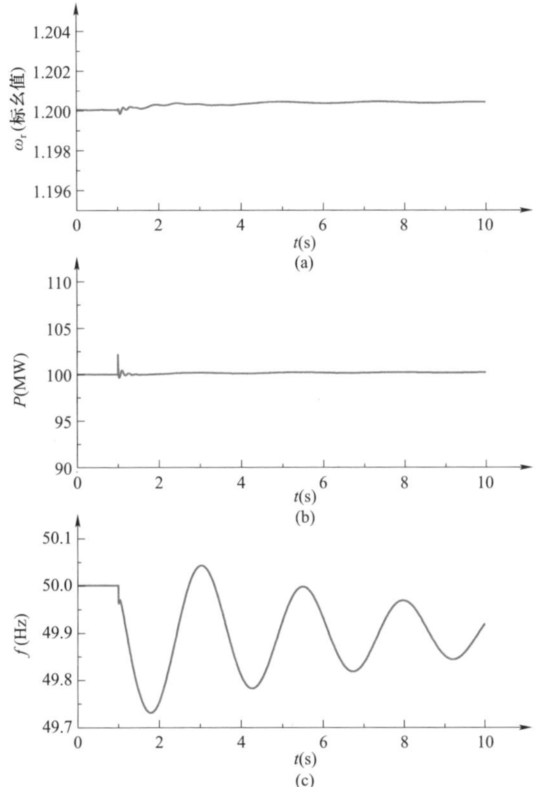

图 6-3 双馈变速风电机组频率响应特性

（a）发电机转速 ω_r；（b）风电场输出的有功功率 P；（c）电网频率 f

当 100MW 的同步发电机退出运行后，整个电网的发电功率低于负荷功率，电网频率 f 开始降低，但是变速风电机组的控制系统不会对系统的频率变化产生响应，风电机组仍按照正常的控制策略控制风电机组转速与发出的有功功率，风电机组转速几乎不发生变化，其发出的有功功率对电网的频率变化扰动也几乎不产生响应；电网频率降低的最低点要低于定速风电机组情况，即频率的变化率要高于风电场为定速风电机组的情况，当一个电网中变速风电机组装机容量的比例很高时，相同的功率缺额会导致更高的频率降低的变化率，这对整个电网的频率稳定是不利的。

（3）同步发电机频率响应特性。

仿真事件为 1s 时系统中有一台容量为 100MW 的同步发电机突然退出运行。故障后替代风电场的同步发电机组的频率响应特性如图 6-4 所示。

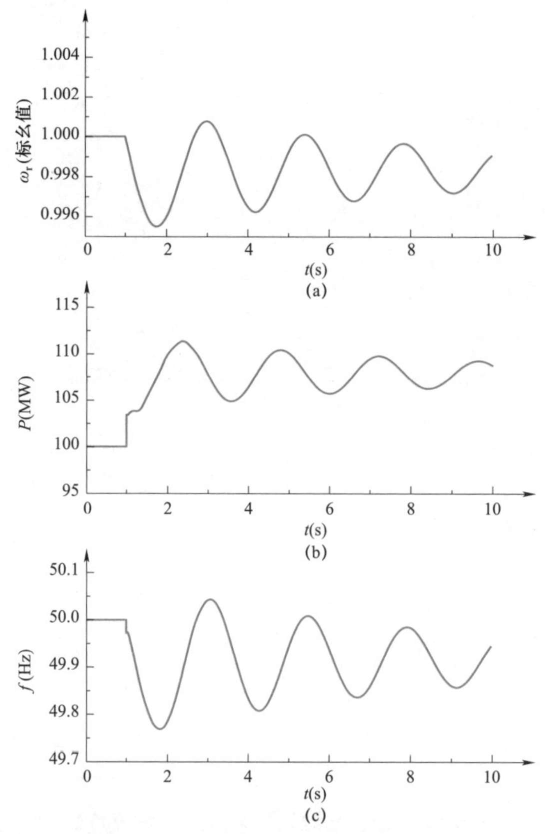

图 6-4　同步发电机组频率响应特性

（a）发电机转速ω_r；（b）风电场输出的有功功率 P；（c）电网频率 f

当 100MW 的同步发电机退出运行后，整个电网的发电功率低于负荷功率，电网频率 f 开始降低；同步发电机的频率响应特性与普通异步机类似，转速降低、发出的有功功率增加，其频率变化率在三种机组中是最小的，其惯量贡献与普通异步机也极为类似；但是由于同步发电机调速器的作用，除很短时间内惯量的作用外，在其调速器控制下，其原动机功率能够得到提高、发出的电磁功率也能够得到提高；不仅有利于降低频率变化过程中的频率变化率，还有利于暂态过程结束后的稳态频率值的提高。

6.1.3　高比例新能源接入下的电网频率动态特征

传统同步发电机组具有天然的惯量支撑能力，当电网出现功率缺额时，传统同步发电机电磁功率瞬时增发以弥补功率缺额，转子转速开始降低，系统频率随之降低。随着转子转速的下降，发电机自动释放出转子动能，同时由于转子惯量的延宕作用，降低了系统的频率变化率。新能源机组通过电力电子变频器控制实现了机械部分与电气部分的解耦，按照变频器控制指令发出功率，对系统的扰动无法自动提供惯性支持，降低了系统的等效转动惯量。因此，大量的新能源接入电网后，系统转动惯量主要分两部分：① 常规机组转动惯量，随着机组被大量替代而持续减小；② 新能源的“有效转动惯量”，与常规机组相比较小，导致系统总体惯量不断减小，抗扰动能力持续恶化，如图 6–5 所示。

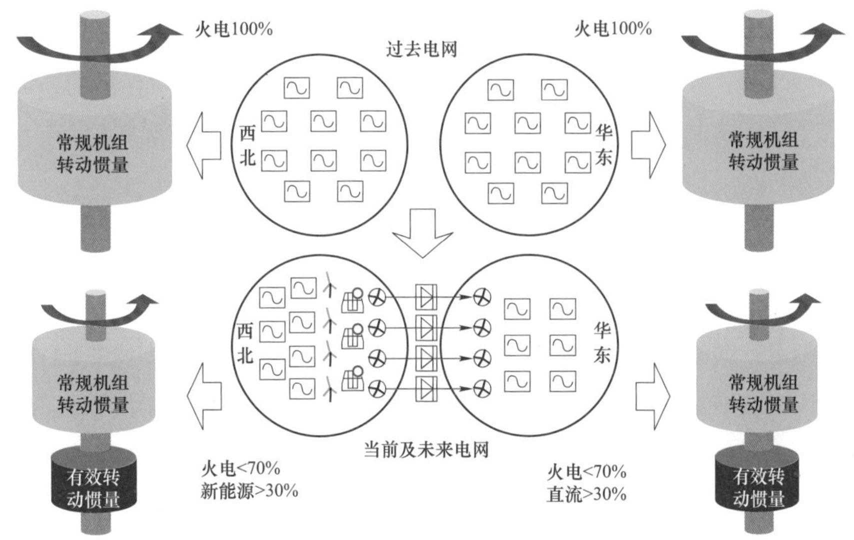

图 6–5　未来电网转动惯量持续下降

电力系统作为规模十分庞大的动力系统，其核心是能量的瞬时平衡。对一个交流电网而言，瞬时平衡的根在于“同步”。系统发生故障扰动，产生功率冲击、频率波动时，依靠大量旋转设备的转动惯性进行调节。系统转动惯量越大，承受有功冲击、频率波动的能力越强。随着新能源出力占比不断增加，常规电源被大量替代，由于风电机组转动惯量小、光伏发电没有转动惯量，系统转动惯量和频率调节能力持续下降，交直流故障导致大功率缺额情况下，易诱发全网频率问题，严重情况下可能触发低频减载动作损失大量负荷。

以某区域电网 A 和区域电网 B 为例说明。区域电网 A 在 68GW 负荷水平下，损失 3.5GW 功率，若网内无风电，系统频率下跌 0.65Hz；若网内风力发电功率达到 12GW，则频率下跌幅度达到 0.95Hz，比无风电时增加 0.3Hz，如图 6-6 所示。

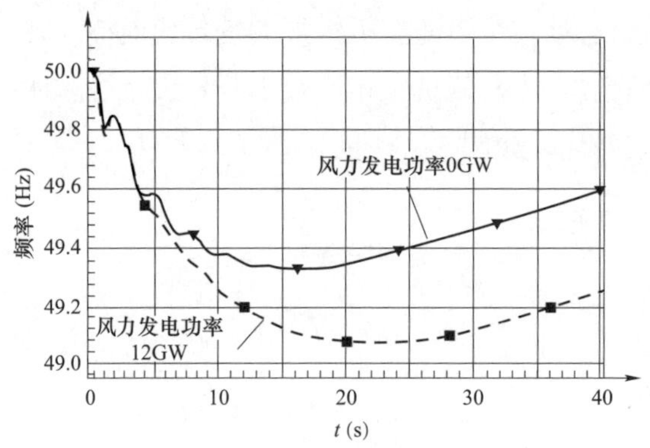

图 6-6　区域电网 A 的频率问题

区域电网 B 在 55GW 负荷水平下，损失 3GW 功率，若网内无风电，系统频率下跌 0.7Hz；若网内风力发电功率达到 10GW，频率下跌 1.1Hz，比无风电时增加 0.4Hz，如图 6-7 所示。

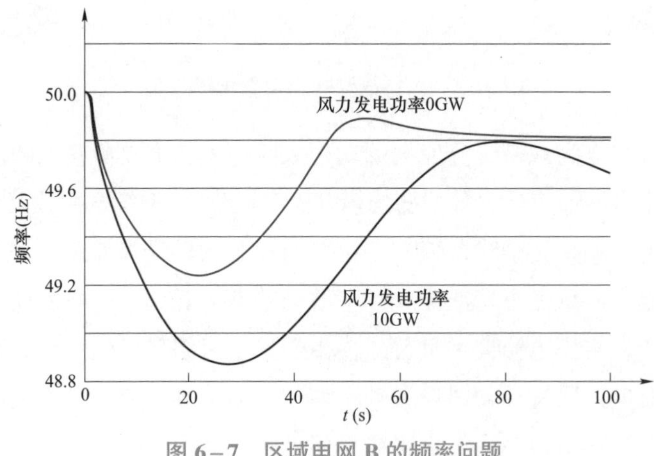

图 6-7　区域电网 B 的频率问题

6.2 新能源发电的频率响应控制技术

对新能源发电机组的控制进行改进，通过响应系统频率变化率和频率偏差信号的控制策略，在系统频率变化时改变输出功率以减小系统频率变化率，在系统出现功率缺额时提供稳定的有功变化量，能够使新能源发电机组模拟出与传统同步机组相似的惯量支撑和一次调频特性。

6.2.1 虚拟惯量控制

新能源发电机组实现频率响应控制有多种实现方案，典型方案为基于同步发电机原理的新能源虚拟同步发电机控制与基于空间相量变换的新能源虚拟惯量控制。

6.2.1.1 基于同步发电机原理的新能源虚拟同步发电机控制

虚拟同步发电机技术是指通过模拟同步发电机的机电暂态特性，使采用变频器的电源具有同步发电机的惯量、阻尼、一次调频、无功调压等并网运行外特性的技术。

为了能够使新能源具有同步发电机的相似特性，首先对同步发电机的相量关系原理进行说明。同步发电机并网发电时的等效电路及电压电流相量关系如图 6-8 所示。

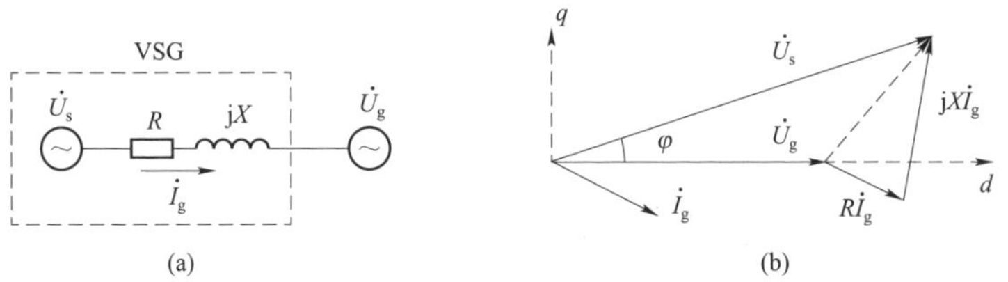

图 6-8 同步发电机并网等效电路及相量关系图

（a）等效电路图；（b）相量关系图

$\dot{U}_s$ —同步发电机的内电动势；R、jX—等效电阻及电抗；

$\dot{U}_g$ —并网电压；$\dot{I}_g$ —输出电流；φ —相位角

设定旋转坐标系直轴 d 的方向与网端电压 U_g 同相，交轴 q 与 d 轴垂直。

将图 6-8 中相关相量分别在 d 轴及 q 轴上分解，可得输出电流在 d 轴和 q 轴上参考值的表达式为

$$\begin{pmatrix} I_{\text{dref}} \\ I_{\text{qref}} \end{pmatrix} = Y\left[\begin{pmatrix} U_{\text{sd}} \\ U_{\text{sq}} \end{pmatrix} - \begin{pmatrix} U_{\text{gd}} \\ U_{\text{gq}} \end{pmatrix}\right] \tag{6-12}$$

式（6－12）中，导纳 Y 及 U_{sd}、U_{sq} 分别为

$$\begin{cases} Y = \begin{pmatrix} Y_{\text{dd}} & Y_{\text{dq}} \\ -Y_{\text{dq}} & Y_{\text{dd}} \end{pmatrix} = \dfrac{1}{R^2 + X^2}\begin{pmatrix} R & X \\ -X & R \end{pmatrix} \\ \dot{U}_{\text{S}} = \begin{pmatrix} U_{\text{sd}} \\ U_{\text{sq}} \end{pmatrix} = \begin{pmatrix} U_{\text{S}}\cos\varphi \\ U_{\text{S}}\sin\varphi \end{pmatrix} \end{cases} \tag{6-13}$$

相位角 φ 表示转子角速度 ω 与系统角速度 ω_{g} 差值的积分，实际同步发电机中，其转子角速度 ω 是由调速器决定的，与有功功率及角频率设定值有关；内电动势 $\dot{U}_{\text{S}}$ 是由励磁系统决定的，与无功功率及电压设定值相关。根据同步发电机相关原理，可以将其调速器模型及励磁系统模型融入新能源的控制中，从而使其具有与同步发电机相似的响应特性。

因同步发电机转子具备一定惯性，其频率在较短时间内不会发生突变，根据其转子运动方程，将虚拟惯性控制引入到新能源的控制算法中，从而模拟出同步发电机的转子运动特性，可得新能源的有功频率控制方程为

$$2H\frac{\text{d}\omega}{\text{d}t} = P_{\text{in}} - P_{\text{out}} - K_{\text{d}}(\omega - \omega_{\text{g}}) \tag{6-14}$$

式中　H——虚拟惯性时间常数，与转动惯量 J 相对应，按照发电机额定基准标幺化后的量；

P_{in}、P_{out}——新电源的输入和输出功率；

ω、ω_{g}——新电源及公共母线的角频率；

K_{d}——阻尼系数。

当新能源工作在并网模式且电网为强电网时，其频率 ω_{g} 被钳，无需新能源进行调频，系统的频率完全由系统决定。但当新能源工作在分布式电源渗透率较高的弱电网系统中时，通常需要新能源具备一定的调频能力，使得其能够在系统负荷变化的情况下给系统提供一定的频率支持，提高系统的稳定性能。可以增加有功—频率下垂控制环节，构成调频控制器，其原理如式（6－15）所示

$$P_{in} - P_{ref} = \frac{1}{D_p}(\omega_{ref} - \omega_g) \tag{6-15}$$

式中 P_{ref}——有功功率输入设定值；

D_p——有功功率下垂系数；

ω_{ref}——角频率参考值。

在上面的相关参数中，下垂系数 D_p 在选择时与传统控制算法相似，太小了会影响有功功率的调节精度，太大了会对系统的稳定性产生不利影响。因此在 D_p 的选择上既要考虑有功功率调节的精度，又要考虑电网系统的稳定性。联立式（6－14）和式（6－15），可得新能源的“调速器”模型，即有功—频率控制器的传递函数

$$\omega = \frac{1}{2Hs}\left[\frac{1}{D_p}(\omega_{ref} - \omega_g) + P_{ref} - P_{out} - K_d(\omega - \omega_g)\right] \tag{6-16}$$

根据式（6－16）得到新能源的有功—频率控制框图，如图6－9所示。

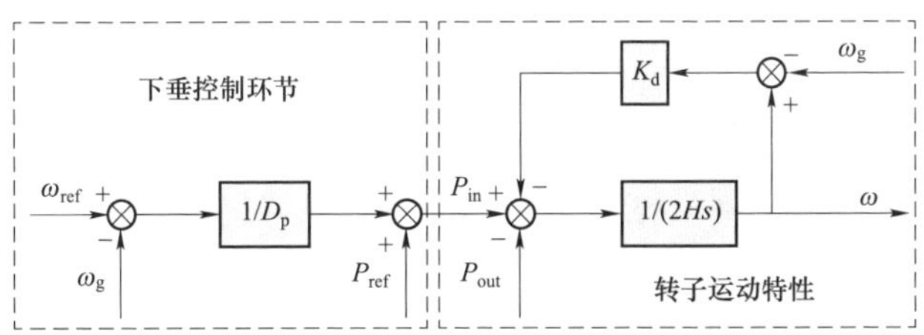

图6－9 新能源的有功—频率控制框图

当新能源并入非常强的系统时，系统的频率值与设定参考值相同，所设计的调频控制器中的下垂控制环节失效，其主要表现为类似转子的运动特性。而当基于该控制器的新能源并入的电网较弱时，其频率通常会有一个较小的波动范围，这时在保证转子运动特性的情况下，还增添了下垂控制环节，可在弱系统的频率发生波动时提供附加的功率，以减小系统频率的波动，从而达到支持弱电网系统稳定性的作用。此外，阻尼控制模块 $K_d(\omega-\omega_g)$ 保证新能源频率与系统频率保持一致。

6.2.1.2 基于空间矢量变换的新能源虚拟惯量控制

以双馈风电机组为例。当风电机组运行于最大功率跟踪状态时，在不

同运行工况下表现出不同的转子转速特点和不同的出力水平。以某双馈风电机组为研究对象进行分析，假设转速约束满足 0.7（标幺值）$\leq\omega_r\leq$1.2（标幺值），最大功率跟踪控制运行曲线见图 6－10，可划分为以下几个运行区间：

（1）低出力区：图中曲线 *AB*，风电机组转子转速为最小定值，风速为3～6.2m/s，功率为 0～0.18（标幺值）；

（2）中出力区：图中曲线 *BC*，取最优风能转换效率系数 C_p^{max} 为 0.438，风速为 6.2～10.6m/s，功率为 0.18～0.83（标幺值）；

（3）高出力区：图中曲线 *CD*，风电机组转子转速取最大定值，风速为 10.6～25m/s，功率为 0.83～1（标幺值）。

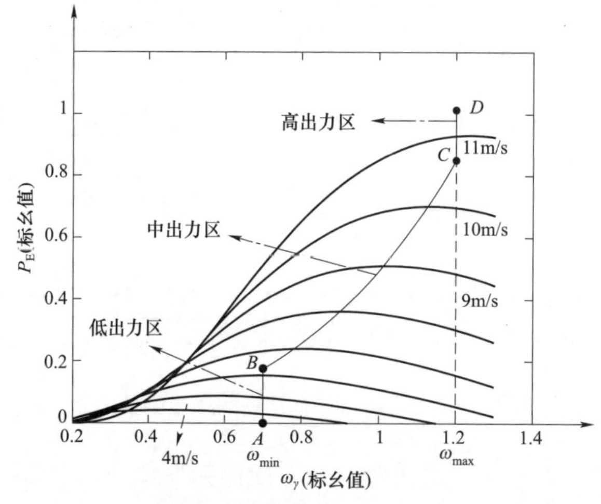

图 6－10　双馈风电机组最大功率跟踪控制运行曲线

双馈风电机组采用转子变频器控制使机械部分与电气部分完全解耦，对系统频率扰动无法自动提供惯量支持，双馈风电机组对系统表现的有效旋转动能为零。另外，灵活快速的变频器控制使机组可以通过有功控制对外表现出虚拟惯性。不同于同步发电机组，双馈风电机组可能处于不同的转子转速运行状态，可利用的动能是变化的；机组参与调频时机组转速变化使风力机捕获风功率减小，这种变速特性将影响机组的调频能力。所以，双馈风电机组表现出的虚拟惯量是一个耦合系统频率变化和机组状态的复杂变量。

由上述分析可知，双馈风电机组参与系统调频过程满足自身物理运动规律，机组对外输出附加功率包含两部分：① 机组动能的释放或吸收；② 机组动能变化导致转速变化时引起的风功率捕获的变化。机组的能量变化为

$$\Delta E_{\mathrm{k}} = \Delta E_{\mathrm{D}} + \Delta E_{\mathrm{P}} \tag{6-17}$$

式中　ΔE_{k}——机组有效释放能量；

ΔE_{D}——机组实际动能变化；

ΔE_{P}——机组捕获能量的变化。

考虑机组转子转速约束，则有

$$\begin{cases} \Delta E_{\mathrm{D}} = \dfrac{1}{2p_{\mathrm{D}}^2} J_{\mathrm{D}} (\omega_0^2 - \omega_{\min}^2) \\ \Delta E_{\mathrm{P}} = \displaystyle\int_{t_{\mathrm{on}}}^{t_{\mathrm{off}}} [P_{\mathrm{w}}(t) - P_0] \mathrm{d}t \end{cases} \tag{6-18}$$

式中　p_{D}——机组的极对数；

J_{D}——机组总转动惯量；

ω_0——机组初始转子转速；

$\omega_{\min}$——机组转子转速下限值；

t_{on}——机组调速的初始时刻；

t_{off}——机组调速的结束时刻；

P_0——机组初始风功率捕获量；

$P_{\mathrm{w}}(t)$——调速过程中风功率捕获量。

惯性时间常数可以反映机组储存的旋转动能，定义双馈风电机组等效虚拟惯性时间常数 H_{vir} 为风电机组有效储能与机组额定容量之比，J_{vir} 表示机组虚拟转动惯量，有

$$\Delta E_{\mathrm{k}} = \frac{1}{2P_{\mathrm{D}}^2} J_{\mathrm{vir}} \omega_{\mathrm{s}}^2 \tag{6-19}$$

$$H_{\mathrm{vir}} = \frac{J_{\mathrm{vir}} \omega_{\mathrm{s}}^2}{2P_{\mathrm{D}}^2 P_{\mathrm{N\_D}}} = \frac{1}{2P_{\mathrm{D}}^2 P_{\mathrm{N\_D}}} J_{\mathrm{D}} (\omega_0^2 - \omega_{\min}^2) + \frac{1}{P_{\mathrm{N\_D}}} \int_{t_{\mathrm{on}}}^{t_{\mathrm{off}}} (P_{\mathrm{w}}(t) - P_0)\, \mathrm{d}t \tag{6-20}$$

式中 P_{N_D}——双馈风电机组额定容量。

由式（6-20）可知，双馈风电机组等效虚拟惯性时间常数是转动惯量 J_D、机组额定容量 P_{N_D}、机组出力 P_D、初始转子转速 ω_0 和调速时间的函数。

为了在频率变化的暂态过程中表现出风电机组的惯量，可以对变速风电机组增加附加频率控制环节，以使其在系统频率变化时表现出类似于同步发电机或定速风电机组惯量的频率响应特性。尤其是对于双馈风电机组，在系统出现功率缺额导致频率下降时，通过变速风电机组适当的附加控制降低双馈电机的转子转速，释放转子中储存的动能，使得变速风电机组能够对频率的变化有所贡献。

狭义上来说，虚拟惯量控制指的是让风电机组模拟与同步发电机相同的惯量响应特性，即风电机组虚拟惯量控制所提供的有功增量 ΔP_1 与系统频率变化率 $\mathrm{d}\Delta f/\mathrm{d}t$ 成正比

$$\Delta P_1 = -K_1 \frac{\mathrm{d}\Delta f}{\mathrm{d}t} \tag{6-21}$$

式中 K_1——微分控制参数，负号表示当系统频率下降时风电机组增加有功出力。

这里的控制参数 K_1 与风电机组旋转元件固有的惯性时间常数是有区别的。

广义上来说，在电力系统频率发生变化时，可以利用风电机组旋转元件中储存的动能来进行各种形式的有功控制以支撑系统频率。由于这些频率控制都是通过旋转动能与电能的转化实现，因此均可称为虚拟惯量控制。另一种常见的方式是风电机组虚拟惯量所提供的有功增量 ΔP_2 与系统频率偏移 Δf 成正比

$$\Delta P_2 = -K_2 \Delta f \tag{6-22}$$

式中 K_2——比例控制参数，负号表示当系统频率下降时风电机组增加有功出力。

目前，更多的研究认为变速风电机组的频率控制可由系统频率偏移 Δf 和系统频率变化率 $\mathrm{d}\Delta f/\mathrm{d}t$ 共同决定，则变速风电机组提供的有功增量 ΔP 为

$$\Delta P = K_{\mathrm{i}}\Delta f + K_{\mathrm{f}}\frac{\mathrm{d}\Delta f}{\mathrm{d}t} \tag{6-23}$$

式中 ΔP——附加有功功率设定值；

Δf——系统频差；

K_{i}——比例系数；

K_{f}——微分系数。

根据双馈风电机组的转速运行特性分析，在不同的风电机组出力工作点下，风电机组可以提供的惯量能力是不同的。因此，结合传统 PID 控制方法和机组自身惯量特性，可采用一种变参数虚拟惯量控制策略，该控制策略考虑了机组运行状态的变化，上述变速风电机组附加频率控制的基本结构如图 6-11 所示。

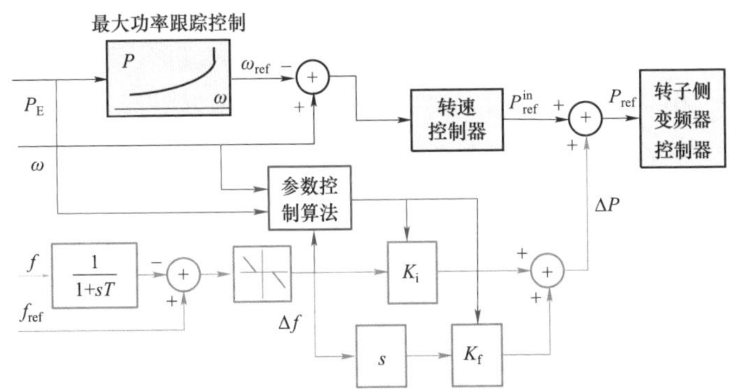

图 6-11 双馈风电机组变参数虚拟惯量控制

控制器动态调整 DFIG 转子磁链相量的位置使发电机减速，以允许短时输出功率升高，能够在电力系统出现功率缺额的故障暂态过程中帮助减小频率跌落，降低频率变化率。在正常运行控制策略下，变速风电机组控制器控制风电机组保持在最优转速，以捕获最大的风能产生更多电力；控制器基于测量得到的转速与功率给出有功功率的参考设定点。有功功率的参考设定点是变频器控制的输入信号，变频器通过控制发电机转子电流实现对其有功、无功功率的控制。

电网出现负荷扰动导致系统频率变化时，机组检测到频率变化信号，虚拟惯量控制器被激活参与系统频率调整。假设系统出现频率下降时，机组增加输出功率，此时机组进入功率不平衡的运动状态，机组吸收机械功率小于输出电磁功率导致转子转速 ω_r 下降；转子转速降低使机组虚拟惯量控制参数减小，并使得机组捕获的机械功率 P_w 下降，同时最优功率参考值 P_{ref}^{in} 降低，有功功率参考值 $P_{ref}=\Delta P+P_{ref}^{in}$ 随 ΔP 与 P_{ref}^{in} 的变化先升后降，输出有功功率 P_E 亦先增后降，当满足 P_w 大于 P_E 时转子转速开始回升。以上为变参数虚拟惯量控制下，当系统频率下降时机组参与系统调频的过程，同理可得系统频率上升时机组参与系统调频的动态过程。

$$J_D\omega_r\frac{d\omega_r}{dt}=P_w-P_E \tag{6-24}$$

考虑双馈风电机组转子转速约束，定义转子转速裕度 K，其取值范围（0，1）。可得机组转子转速高时转速裕度 K 最大，机组转子转速低时转速裕度 K 小。相同系统条件下，转速裕度 K 大时控制器提供较大的控制参数，反之提供较小的控制参数，在满足系统调频要求的基础上有利于风电机组自身稳定运行

$$K=\frac{\Delta\omega_r}{\omega_{max}-\omega_{min}}=\frac{\omega_r-\omega_{min}}{\omega_{max}-\omega_{min}} \tag{6-25}$$

6.2.1.3 新能源并网系统惯量特性分析

建立如图 6-12 所示的风电并网系统模型，其中火电装机 1800MVA，风电装机 400MW，该系统包含不变负荷 a 容量 350MW、不变负荷 c 容量 445MW 和可变负荷 b 容量 440MW。图 6-12 中同步发电机模型包含励磁系统、原动机及调速系统模型，负荷采用恒功率源模型，仿真研究中机组和电力系统模型的参数均采用实际运行值。

分别考虑系统负荷突然增加导致频率下降和系统负荷突然下降导致频率上升两种情况下附加虚拟惯量控制的有效性。研究中双馈风电机组分别采用附加变参数虚拟惯量控制和附加下垂控制，采用变参数虚拟惯量控制时控制参数 K_1 取 4，K_2 取 2，死区设置为 0.2Hz；采用下垂控制时比例参

数取 8，死区设置为 0.2Hz。

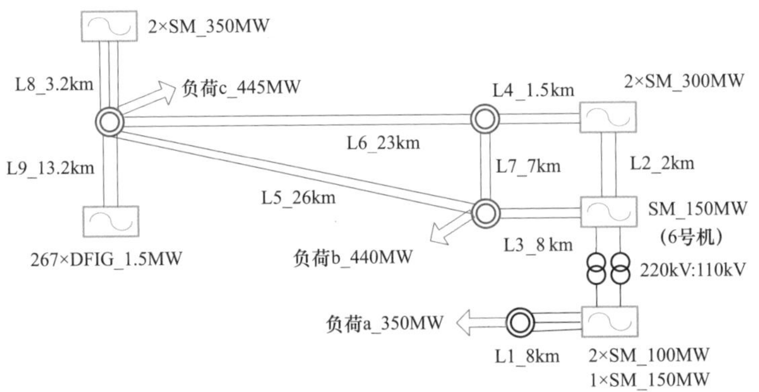

图 6-12 风电并网系统模型

SM—火电机组；DFIG—双馈风电机组

（1）负荷突增时机组不同出力下频率响应特性。

该风电并网系统正常运行时，系统内不变负荷 a 容量 350MW 和不变负荷 c 容量 445MW 全部投入运行，可变负荷 b 投入运行 300MW；考虑风电三种不同出力水平时的频率响应特性，风电高出力水平时机组出力 0.9（标幺值），风电中出力水平时机组出力 0.5（标幺值），风电低出力水平时机组出力 0.21（标幺值），风电分别在三种出力水平时系统内功率缺额由火电机组承担。仿真事件为：5s 时可变负荷 b 突然增加 100MW，导致系统频率下降，该风电并网系统频率响应特性如图 6-13 所示。

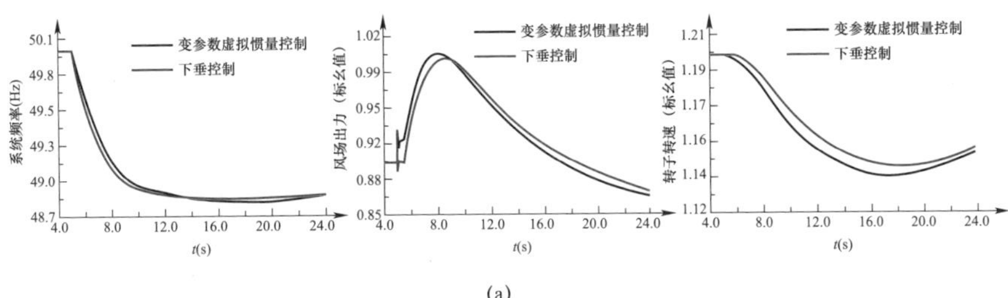

(a)

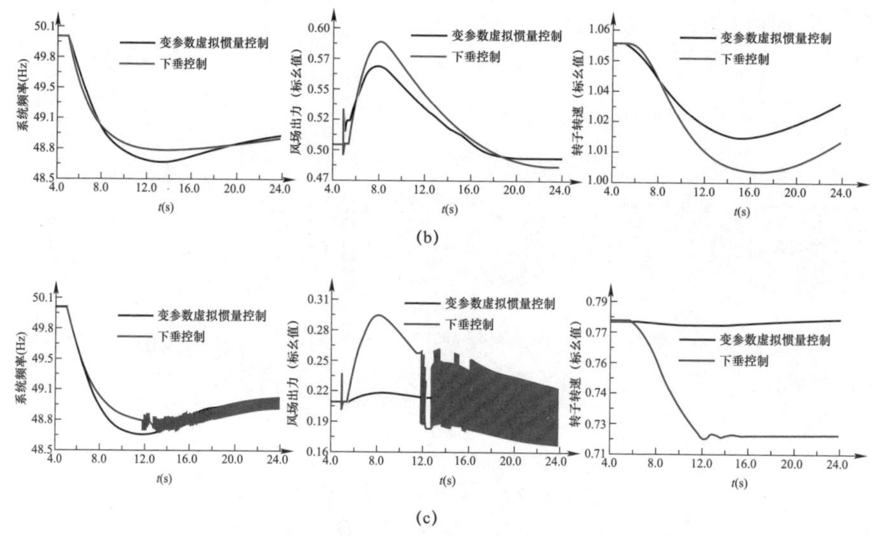

图 6-13　系统负荷突增时频率响应特性

（a）机组高出力时频率响应特性；（b）机组中出力时频率响应特性；（c）机组低出力时频率响应特性

由图 6-13 可知，双馈风电机组采用不同的附加虚拟惯量控制策略时，系统负荷突增时在风电不同出力水平下系统频率稳定性如表 6-1 所示。

表 6-1　　系统负荷突增时系统频率稳定性

风电出力水平	变参数虚拟惯量控制时频率下降最低值（Hz）	下垂控制时频率下降最低值（Hz）
风电高出力（0.9，标幺值）	48.8	48.8
风电中出力（0.5，标幺值）	48.7	48.8
风电低出力（0.21，标幺值）	48.6	失稳

图 6-14 给出负荷突增时双馈风电机组参与系统调频过程中，变参数虚拟惯量控制下参数控制函数的变化特性。

由图 6-13、图 6-14 和表 6-1 可知，双馈风电机组不同出力情况下，变参数虚拟惯量控制提供了不同的参数控制函数值，高出力时，参数控制函数初始值 2.45 且动态变化，中出力时，参数控制函数初始值 1.65 且动态变化，低出力时，参数控制函数初始值为 0.17 动态变化，使得双馈风电机组在不同出力水平下表现出不同的参与系统频率控制的能力。两种附加虚拟惯量控制策略在机组高出力时和中出力时对频率变化均能提供有效功率支撑，但是在机组低出力时，采用下垂控制时，机组转子转速下降较大，转子转速与机组出力出现振荡性失稳，采用变参数虚拟惯量控制时考虑系统频率变化特性的同时，引入反映机组运行状态的参数控制函数，当系统频率下降时即可参与系统频率控制，又保证了机组自身运行稳定性。

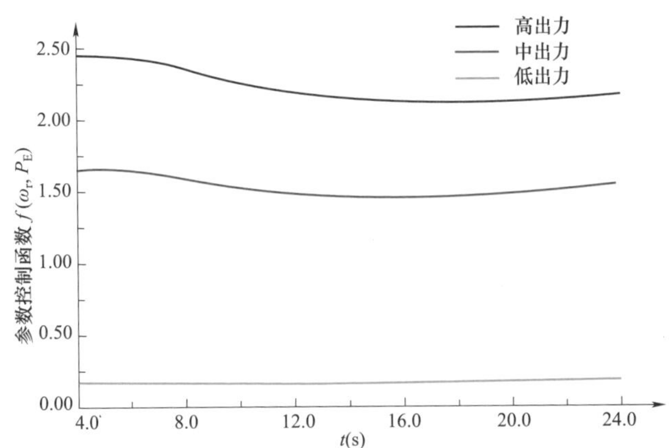

图 6－14 机组各种出力参与频率控制过程中的参数控制函数变化

（2）负荷突降时机组不同出力下频率响应特性。

该风电并网系统正常运行时，系统内不变负荷 a 容量 350MW 和不变负荷 c 容量 445MW 全部投入运行，可变负荷 b 投入运行 400MW；考虑风电三种不同出力水平时的频率响应特性，风电高出力水平时机组出力 0.9（标幺值），风电中出力水平时机组出力 0.5（标幺值），风电低出力水平时机组出力 0.21（标幺值），风电分别在三种出力水平时系统内功率缺额由火电机组承担。仿真事件为：5s 时可变负荷 b 突然切除 100MW，导致频率升高，该风电并网系统的机组频率响应特性如图 6－15 所示。图 6－16 给出系统负荷突降时双馈风电机组参与系统调频过程中，变参数虚拟惯量控制下参数控制函数的变化。

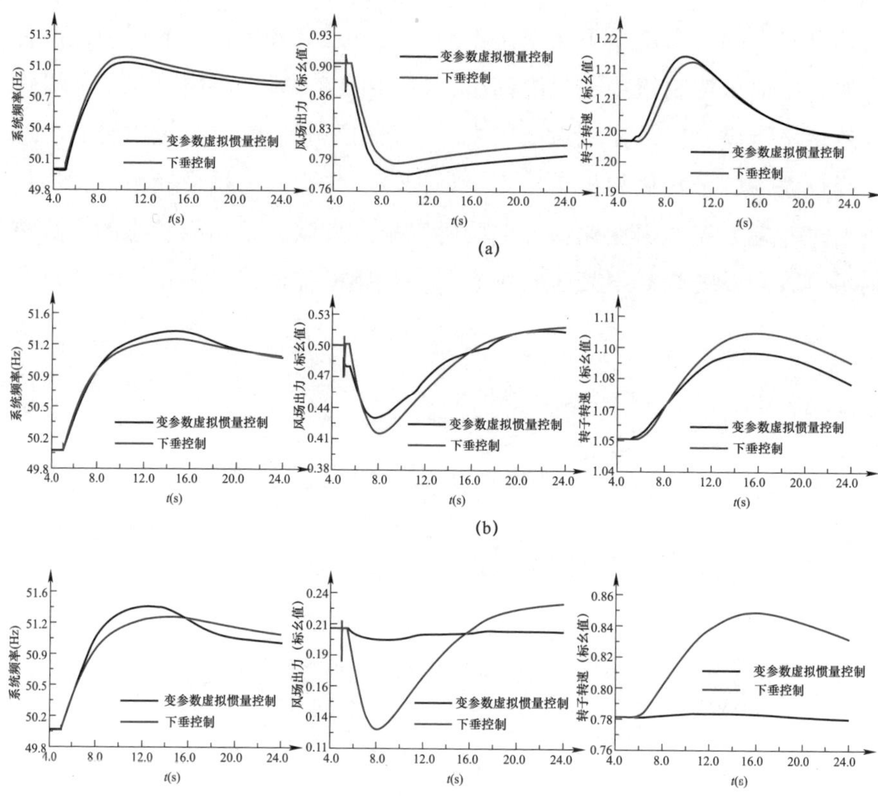

图 6-15　系统负荷突降时机组频率响应特性

（a）机组高出力时频率响应特性；（b）机组中出力时频率响应特性；（c）机组低出力时频率响应特性

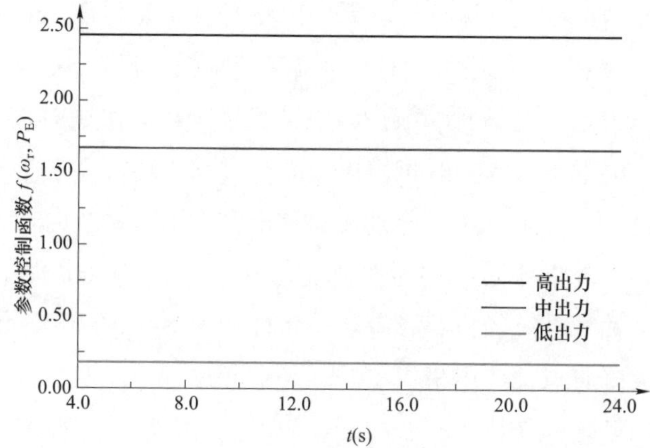

图 6-16　机组各种出力参与频率控制过程中的参数控制函数变化

由图 6-15 可以看出，双馈风电机组采用不同附加虚拟惯量控制策略时，系统负荷突降时在风电不同出力水平下系统频率稳定性如表 6-2 所示。

表 6-2　　系统负荷突降时系统频率稳定性

风电出力水平	变参数虚拟惯量控制时频率下降最低值（Hz）	下垂控制时频率下降最低值（Hz）
风电高出力（0.9，标幺值）	51.03	51.08
风电中出力（0.5，标幺值）	51.40	51.30
风电低出力（0.21，标幺值）	51.42	51.38

由图 6-15、图 6-16 和表 6-2 可知，双馈风电机组不同出力情况下，变参数虚拟惯量控制提供不同的参数控制函数值，高出力时，参数控制函数初始值为 2.45，中出力时，参数控制函数初始值 1.65，低出力时，参数控制函数初始值 0.17，使得双馈风电机组在不同出力水平下表现出不同参与系统调频能力。系统负荷突降时，两种附加虚拟惯量控制策略在机组不同出力下对系统频率变化均提供了有效功率支撑。

由以上分析可知，采用变参数虚拟惯量控制后，当负荷突变导致频率变化时，机组在各种出力情况下，一方面根据系统频率变化率与变化量控制机组的功率输出；另一方面，根据参数控制函数的变化跟踪机组运行状态的变化，进而调节机组参与系统频率控制的能力。

6.2.2　一次调频控制

为使风电机组在系统频率变化时能够提供持续有功功率支撑，风电机组正常情况下应减载运行留取部分备用功率，当系统频率变化时风电机组释放备用功率支撑系统功率平衡。实现变速风电机组的减载运行可以采用以下方法。

（1）通过调节桨距角来减少风电机组的有功功率，从而留出一定的有功调节裕度。

（2）通过控制转子转速超过 MPPT 转速，使风电机组运行于次最优运行曲线上，以降低风电机组的有功出力，储存有功备用。

（3）通过协调控制桨距角和转子转速使其降出力运行，从而留出一定的有功裕度。该方法典型的控制原则是优先应用超速法，以期有更快的调频响应速度；当超速法无法满足减载需求时，再启用变桨法。

6.2.2.1　机组减载运行控制方法

根据双馈风电机组最大功率跟踪控制运行曲线，按照双馈风电机组的运行划分为3个运行区间：高出力区、中出力区和低出力区，根据机组不同出力区的运行特点，设计双馈风电机组减载运行方案，其基本思想为：

（1）始终满足机组转子转速不越限即满足 $\omega_{min} \leqslant \omega_r \leqslant \omega_{max}$，桨距角不越限即满足 $0 \leqslant \beta \leqslant \beta_{max}$；

（2）当机组备用容量给定后，减载运行实现过程中，满足机组获得最大动能为基本原则，高出力情况下机组转子转速已达最大值，仅通过调桨实现备用功率，中出力和低出力情况下变速和变桨协调控制以达到获取最大动能实现备用功率；

（3）为使双馈风电机组减载运行，给出该方法获取机组减载运行曲线流程图如图6－17所示。

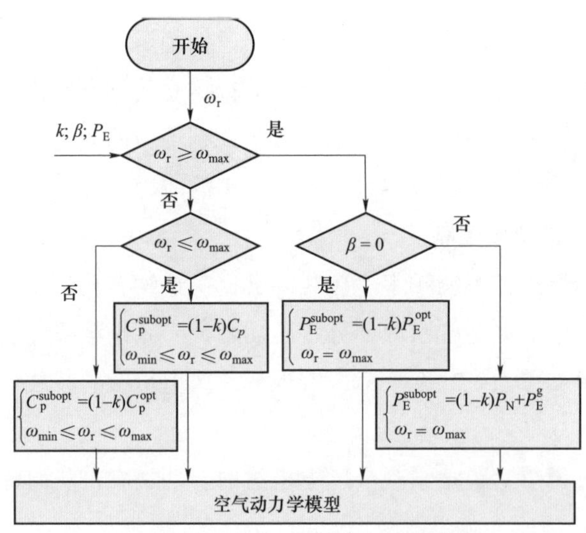

图6－17　机组减载运行流程图

k—机组备用容量百分比，表示机组留取备用功率与当前输出功率的比值，取值范围为（0，1）；
P_E—机组输出电磁功率；C_p^{subopt}—次最优风能转换效率系数；
P_E^{opt}—最优电磁功率；P_E^{subopt}—次最优电磁功率

图 6－17 所示为双馈风电机组减载运行流程。

第一步：读入检测信号。备用容量百分比 k 和机组输出电磁功率 P_E，并计算次最优电磁功率 $P_E^{subopt}=(1-k)P_E^{opt}$。

第二步：读入检测信号转子转速 ω_r、风速 v_{eq}、桨距角 β 和经过计算得到的次最优电磁功率 P_E^{subopt}，并判断转子转速运行范围。

第三步：当转子转速大于等于转速上限时，通过变桨控制实现机组减载运行，并满足桨距角和转子转速约束要求，联立空气动力学方程式解得双馈风电机组减载运行时次最优电磁功率与桨距角函数关系。

第四步：当转子转速大于转速下限小于转速上限时，求得次最优风能转换效率系数 $C_{p\_sub}=(1-k)C_p^{max}$；通过变桨和变速协调控制实现机组减载运行，并满足桨距角和转子转速约束要求，联立空气动力学方程式，以 $\max(\Delta E)$ 为控制目标函数，解得次最优电磁功率与转子转速和桨距角的函数关系。

第五步：当转子转速小于等于转速下限时，通过变桨和变速协调控制实现机组减载运行，并满足桨距角和转子转速约束要求，联立空气动力学公式，以 $\max(\Delta E)$ 为控制目标函数，解得次最优电磁功率与转子转速和桨距角函数关系。其中，ΔE 为机组动能，表示为

$$\Delta E=\frac{1}{2}J_D\omega_r^2 \tag{6-26}$$

6.2.2.2　一次调频控制器设计

基于双馈风电机组控制系统的特性，设计一种实用频率控制器框图如图 6－18 所示。该频率控制器输入量采用工程实际中易于测量的输出电磁功率 P_E，风力机转子转速 ω_r 和电网频率 f，输出量为下达给被控对象转子侧变频器的功率参考值 P_{ref} 和桨距角参考值 β_{ref}。该频率控制器基于传统双馈风电机组控制策略，通过附加功能模块实现机组正常情况下减载运行，系统发生功率扰动时实现机组参与系统一次调频控制，其中模块②为桨距角参考值给定模块，模块③为附加有功快速给定模块，模块④为转速保护模块，这三个模块为新增加功能，修改模块①为转子转速参考值给定模块，是通过对常规风电控制方法 MPPT

控制模块改进后得到的，其余部分为常规风电控制方法的固有结构与功能。

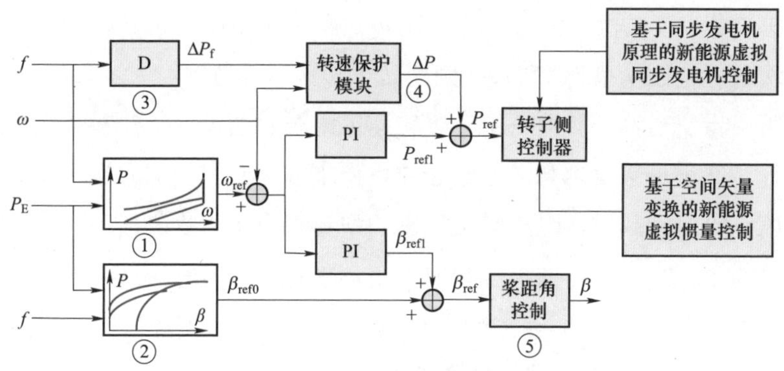

图 6-18　双馈风电机组频率控制器

（1）减载运行控制。

模块①与②采用上节减载运行方案实现双馈风电机组正常减载运行。当备用容量百分比 k 给定后，由图 6-17 风电机组减载运行实施方案得到机组减载运行曲线。

模块①转子转速参考值给定模块，根据计算得到风电机组有功功率与转子转速函数关系，高出力时给定转子转速为最大值，中出力和低出力时按有功功率与转子转速函数关系控制转子转速实现风电机组的减载运行；模块②桨距角参考值给定模块，根据计算得到的风电机组有功功率与桨距角函数关系，在高出力初始桨距角不为零时，通过桨距角控制并考虑风电机组自身的功率穿透能力，利用虚拟备用实现风电机组减载运行，在高出力初始桨距角为零时，通过桨距角控制实现风电机组减载运行；中出力和低出力时，通过桨距角控制配合转子转速参考值给定模块的转子转速控制实现风电机组的减载运行。模块①与模块②协调控制转子转速和桨距角，确定风电机组减载运行点。

（2）一次调频控制。

模块①、②、③与④协调控制实现风电机组参与系统频率控制。机组在上述减载运行方案下，当系统出现频率波动需要风电机组参与系统调频时，可通过模块①、②、③与④协调控制实现风电机组参与系统频率控制。

模块①转子转速参考值给定模块。当系统频率波动时，在高出力下转子转速给定值为最大值保持不变；在中出力与低出力下根据系统频率变化与机组一次调频参与因子，采用变参数更改运行曲线的方法实现转子转速的控制

$$\begin{cases}\omega_{ref} = \omega_0 + b(\omega_1 - \omega_0) \\ b = K_1\mu_1\Delta f + K_2\mu_1\int \Delta f dt \\ b \in (0,1)\end{cases} \tag{6-27}$$

$$\mu_1 = \frac{P_E}{P_N} \times 100\% \tag{6-28}$$

式中　ω_0——转子转速的初始值；

ω_1——转子转速的目标值；

ω_{ref}——转子转速的实际给定值；

b——转子转速给定变化率；

K_1——比例系数；

K_2——积分系数；

μ_1——反映机组功率备用状态的一次调频参与因子。

模块②桨距角参考值给定模块。当系统频率波动时，在高出力下根据系统频率变化与机组一次调频参与因子，采用变参数更改功率桨距角对应关系的方法对桨距角进行控制，并利用虚拟备用的方法实现机组的频率控制；在中出力与低出力下配合转子转速控制，根据系统频率变化与机组一次调频参与因子，采用变参数更改功率桨距角对应关系的方法，对桨距角进行控制实现机组的频率控制

$$\begin{cases}\beta_{ref0} = \beta_0 + c(\beta_1 - \beta_0) \\ c = K_3\mu_1\Delta f + K_4\int \mu_1\Delta f dt \\ c \in (0,1)\end{cases} \tag{6-29}$$

式中　β_0——桨距角初始值；

β_1——桨距角目标值；

β_{ref0}——桨距角的实际给定值；

c——桨距角给定变化率；

K_3——比例系数；

K_4——积分系数。

转子转速与桨距角初始值为减载方案对应的给定值，目标值为最大功率跟踪控制对应的给定值。

模块③附加有功快速给定模块。类似虚拟惯量控制，并引入惯量参与因子的影响，功能是利用储存在旋转质量块中的动能快速参与系统调频，如式（6－30）所示

$$\Delta P_f = K_5 \mu_2 \frac{df}{dt} \tag{6-30}$$

$$\mu_2 = \frac{\omega_r^2 - 0.7^2}{\omega_{max}^2 - 0.7^2} \times 100\% \tag{6-31}$$

式中　μ_2——反映机组动能的惯量参与因子。

模块④转速保护模块。由于调频过程往往伴随转子转速的下降，控制过程中需考虑风电机组的转子转速约束，在频率控制器中加入转速保护模块，在转子转速过低时闭锁附加有功快速给定模块以免风电机组转速越限。

以图 6－12 所示某实际风电并网系统为研究对象，假设风电机组运行在高出力模式，仿真分析风电机组一次调频控制对系统频率支撑的作用。仿真中，备用容量百分比 k 取 0.1，系统元件参数相同，仿真事件为：5s 时可变负荷 b 突然投入 100MW，引起系统频率下降。图 6－19 为风电机组在仿真工况下的动态调频过程。

从图 6－19 可以看出，双馈风电机组不参与系统调频时，系统频率下降最低值至 48.4Hz，机组有功出力基本不变，机组转子转速、桨距角略有增大；双馈风电机组采用一次调频控制时，系统频率下降最低值至 48.9Hz，机组有功出力增加 9MW，转子转速基本不变、桨距角减小 2.5°。

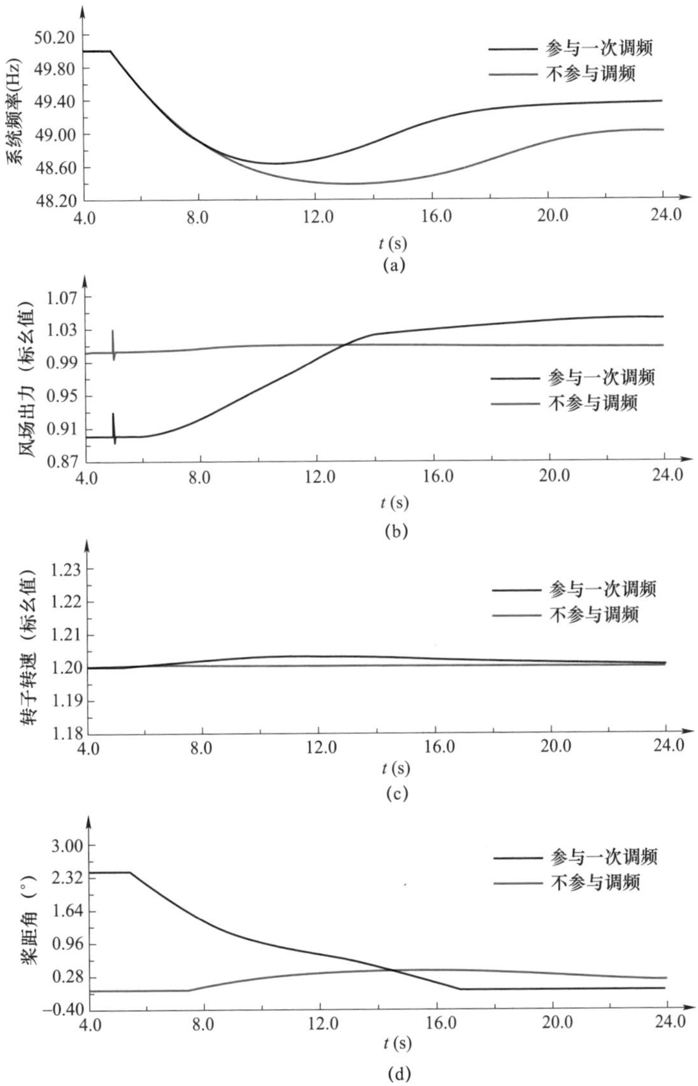

图 6－19　风电机组频率响应特性

（a）系统频率；（b）双馈风电场有功出力；（c）转子转速；（d）桨距角

第 7 章

新能源发电接入电网暂态稳定分析

电力系统发生故障后，将产生复杂的电磁暂态过程和机电暂态过程，前者主要指各元件中电场和磁场以及相应的电压和电流的变化过程，后者则指由于发电机和电动机电磁转矩的变化所引起电机转子机械运动的变化过程。大规模新能源接入电网以后，系统故障时的暂态特性会发生明显变化，而电力电子接口的发电单元之间、发电单元与电网之间的相互作用机理复杂，给电网安全稳定运行带来挑战。研究新能源发电运行特性、控制特性，以及其对电网的暂态支撑能力需要相应的技术手段。

本章将详细分析新能源电站对电网暂态稳定性的影响，阐述改善大规模新能源接入电网暂态稳定性的技术措施，通过仿真案例说明新能源电站对电网暂态稳定性的影响，以及采取技术措施的有效性。

7.1 定速风电机组接入电网暂态稳定分析

7.1.1 异步发电机转矩转速特性

对于普通异步发电机，其电磁转矩—转速特性为

$$T_{\mathrm{E}}(\omega_{\mathrm{g}})=\frac{U_{\mathrm{T}}^{2}}{\omega_{\mathrm{g}}}\frac{R_{\mathrm{eq}}(\omega_{\mathrm{g}})}{R_{\mathrm{eq}}^{2}(\omega_{\mathrm{g}})+X_{\mathrm{eq}}^{2}(\omega_{\mathrm{g}})} \tag{7-1}$$

对于定速风电机组的异步发电机，其转子运动方程为

$$2H_{\mathrm{g}}\frac{\mathrm{d}\omega_{\mathrm{g}}}{\mathrm{d}t}=T_{\mathrm{M}}-T_{\mathrm{E}} \tag{7-2}$$

式中　T_M——加在异步发电机轴上的机械转矩；

T_E——异步发电机的电磁转矩。

异步发电机的电磁转矩是机端电压平方的函数，同时也是转子转速的函数，若机械转矩与电磁转矩不相等，异步发电机便会在不平衡转矩的驱动下加速或减速。不同机端电压下有不同的异步发电机电磁转矩—转速特性曲线，如图 7-1 所示。

图 7-1 是异步发电机接在无穷大系统母线上（$S_{sc} \to +\infty$）时不同电压下的电磁转矩—转速曲线，当异步发电机接在实际电网中时，由于异步发电机吸收的无功为

$$Q_E(\omega_g) = \frac{U_T^2 X_{eq}(\omega_g)}{R_{eq}^2(\omega_g) + X_{eq}^2(\omega_g)} \tag{7-3}$$

无功值会随着异步发电机转速的改变而改变，而机端电压也随着异步发电机吸收的无功变化，因此得出的电磁转矩—转速曲线就不是在恒定电压下得到的电磁转矩—转速曲线，与图 7-1 的一组曲线有所差别。因此，相同的异步发电机接入不同的（强或弱）电网时，可能会表现出不同的特性。

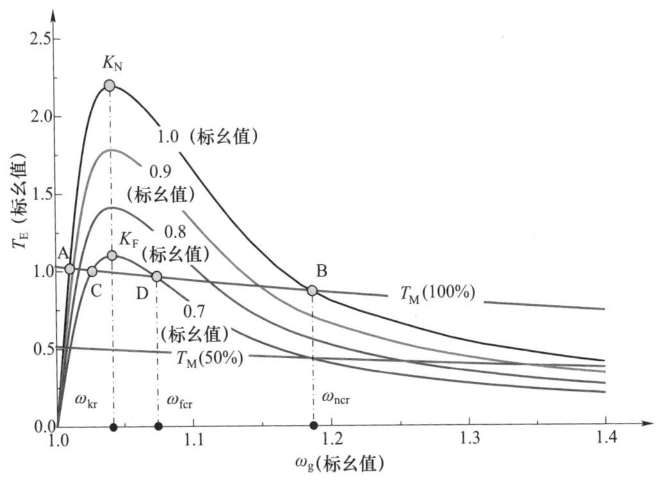

图 7-1　异步发电机电磁转矩—转速特性曲线

7.1.2 异步发电机动态稳定极限

当电网发生故障时，由于机端电压的降低导致发电机向电网注入的电磁功率也会降低，引起异步发电机加速，可以由图 7-2 的异步发电机故障前后的电磁转矩—转速曲线来分析故障过程中发电机行为，假设电网故障时异步发电机机端电压跌落至 0.8（标幺值），则发电机由 A 点突降至 E 点运行，由于机械转矩大于电磁转矩使得发电机开始加速，发电机由运行点 E 沿电压 0.8（标幺值）时的电磁转矩曲线加速，只要发电机转速不超过相对应电磁转矩—转速曲线的动态稳定极限点，如图中对应于机端电压值为 0.8（标幺值）时的电磁转矩—转速曲线 D 点对应的动态临界转速值 ω_{fcr}，发电机就是动态稳定的；反之，若发电机一直加速超过 D 点，则发电机的电磁功率将会始终小于机械功率，转速不断增加，导致发电机转子超速且机端电压崩溃无法重建，直至异步发电机的保护动作将其切除。

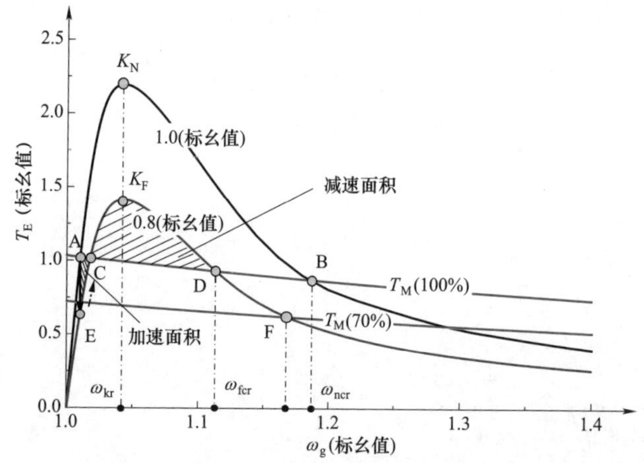

图 7-2　异步发电机电压降低时电磁转矩—转速特性曲线及动态稳定极限

只要异步发电机故障时的加速面积小于其减速面积，异步发电机就是动态稳定的；若加速面积大于减速面积，则异步发电机转速就会超出故障时的动态临界转速值 ω_{fcr}，异步发电机失去稳定。

因此，异步发电机的机械转矩曲线与电磁转矩曲线在静态稳定极限点 K_N 右侧的交点［电压为 1.0（标幺值）时在 B 点，电压为 0.8（标幺值）时在 D 点］为异步发电机的动态稳定极限点，其对应的转速为动态稳定极限转速。

当异步发电机故障前的初始机械转矩低于其额定机械转矩时，其机械转矩曲线向下平移，与电磁转矩曲线的交点对应的动态稳定极限转速也会高于额定机械转矩时的动态稳定极限转速 ω_{fcr}，从而整个异步发电机的动态稳定极限点增大。因此，异步发电机在低负载运行方式下的动态稳定极限点要高于满载及高负载运行方式下的动态稳定极限点。

若严重三相短路故障下异步发电机机端电压过低且一直无法恢复，如图 7－3 中所示假设电压跌落至 0.4（标幺值），则会导致发电机电磁转矩曲线与机械转矩曲线没有交点。这种情况下由于机械转矩会始终大于发电机的电磁转矩，发电机会一直加速直至电机超速，机端电压崩溃无法重建。若整个风电场内所有风电机组都遭遇此种情况，则整个风电场的电压会完全崩溃。若保护不能及时动作将风电场切除，甚至还会引起电网电压稳定性破坏甚至系统中其他的发电机组或者元件低电压保护动作跳闸。

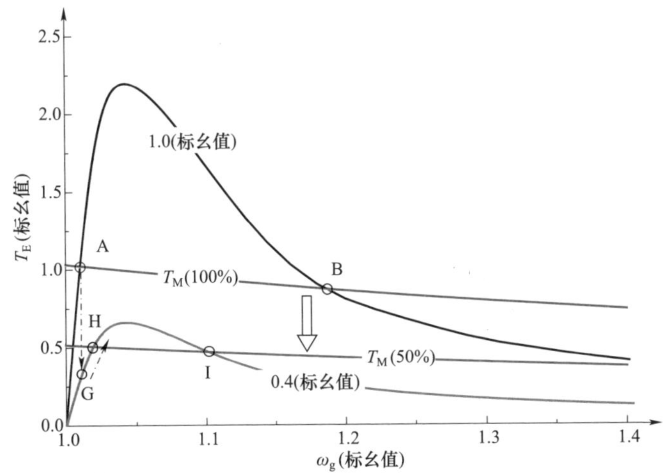

图 7－3　异步发电机电网故障过低电压下电磁转矩—转速特性曲线

从图 7－3 还可以看出，在电压过低的情况下如果能够降低异步发电机机械转矩，如降低至 50%额定机械转矩，则发电机的电磁转矩曲线重新与新的机械转矩曲线有了交点，当发电机运行点超过交点 H 后，发电机的电磁转矩大于其机械转矩。若在到达运行点 I 之前异步发电机能够减速，则异步发电机最终可以恢复到稳定运行状态。降低机械转矩从而增加异步发电机的暂态电压稳定性，正是采用桨距角控制来增加异步发电机故障后暂态电压稳定性的基本思想。

7.1.3 故障时轴系松弛特性对暂态电压稳定性的影响

风电机组两质量块的轴系运动方程为

$$\begin{cases} 2H_{\mathrm{t}}\dfrac{\mathrm{d}\omega_{\mathrm{t}}}{\mathrm{d}t}=T_{\mathrm{t}}-K_{\mathrm{s}}\theta_{\mathrm{s}}-D_{\mathrm{t}}\omega_{\mathrm{t}} \\ 2H_{\mathrm{g}}\dfrac{\mathrm{d}\omega_{\mathrm{g}}}{\mathrm{d}t}=K_{\mathrm{s}}\theta_{\mathrm{s}}-T_{\mathrm{E}}-D_{\mathrm{g}}\omega_{\mathrm{g}} \\ \dfrac{\mathrm{d}\theta_{\mathrm{s}}}{\mathrm{d}t}=\omega_0(\omega_{\mathrm{t}}-\omega_{\mathrm{g}}) \end{cases} \tag{7-4}$$

由于风电机组风力机轴具有较大的柔性，因此在电网中发生三相短路故障、电压降低、风电机组电磁转矩降低的情况下，风力机的轴会发生“释放–扭转–再释放–再扭转”这样一个反复的振荡过程，即式（7–4）中的 θ_{s} 角度发生振荡变化。从发电机侧来看，加在发电机上的机械转矩 $T_{\mathrm{M}}=K_{\mathrm{s}}\theta_{\mathrm{s}}$ 受到轴系扭转变化的影响，其大小也是不断波动的，因此，轴系故障时的松弛特性，也会影响到风电机组的暂态电压稳定性。

在故障前的正常运行阶段，风力机质量块与发电机质量块之间的轴上存在一个初始扭转角度 θ_{s}，由于轴的扭转，一部分弹性势能储存在轴系中

$$W_{\mathrm{s}}=\frac{1}{2}K_{\mathrm{s}}\theta_{\mathrm{s}}^2=\frac{1}{2}\frac{T_{\mathrm{M}}^2}{K_{\mathrm{s}}} \tag{7-5}$$

旋转的两质量块轴系的动能为

$$E=H_{\mathrm{t}}\omega_{\mathrm{t}}^2+H_{\mathrm{g}}\omega_{\mathrm{g}}^2 \tag{7-6}$$

式中 ω_{t}、ω_{g}——风力机、发电机故障前的初始转速。

对故障前、后的两质量块轴系系统应用能量守恒定律

$$(W_{\mathrm{s}}+E)_{\text{pre-fault}}=(W_{\mathrm{s}}+E)_{\text{post-fault}} \tag{7-7}$$

对故障期间可以做如下假设：

（1）故障期间轴系几乎完全松弛，轴系扭转角在故障后期减小为零。

（2）风力机的惯量大于发电机转子的惯量。当电网故障时间足够短，风力机的转速在故障期间几乎不受影响。

（3）只有质量较小的发电机转子在电网故障的短时间内会受影响，其转速增加 $\Delta\omega_{g}$。

因此，在上述假设条件下

$$H_{t}\omega_{t}^{2}+H_{g}\omega_{g}^{2}+\frac{1}{2}K_{s}\theta_{s}^{2}=H_{t}\omega_{t}^{2}+H_{g}(\omega_{g}+\Delta\omega_{g})^{2}+\frac{1}{2}K_{s}0^{2} \tag{7-8}$$

由于轴系松弛引起的发电机转速增加值为

$$\frac{1}{2}\frac{T_{M}^{2}}{K_{s}}=2H_{g}\omega_{g}\Delta\omega_{g}+H_{g}\Delta\omega_{g}^{2} \tag{7-9}$$

$$\Delta\omega_{g}\propto\frac{1}{2}\frac{T_{M}^{2}}{H_{g}K_{s}} \tag{7-10}$$

在电网发生故障时，轴系松弛会导致发电机转速升高更多；并且当发电机的惯量较小且轴系的刚度系数 K_{s} 较小时，由于轴系松弛引起的发电机转速增加值会更大。

图 7-4 为电网发生三相短路故障，持续 0.1s 后故障清除情况下的基于异步发电机的定速风电机组轴系松弛过程及发电机、风力机转速情况。

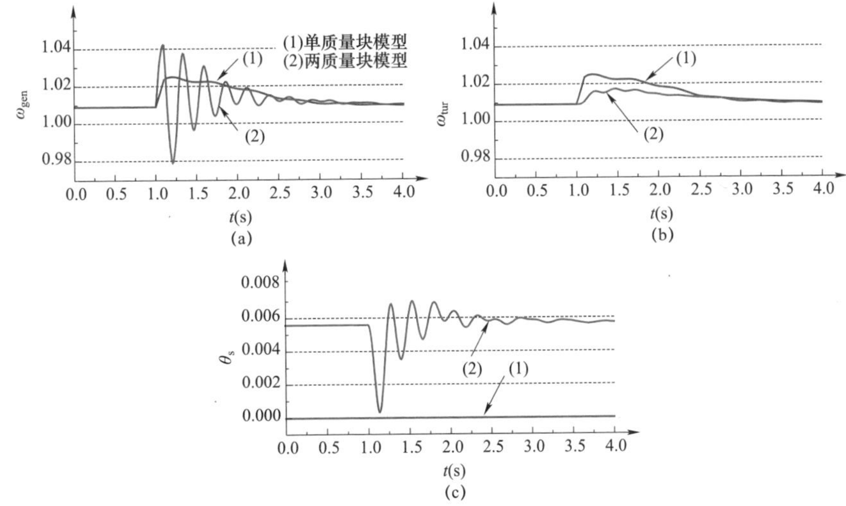

图 7-4　基于异步发电机的定速风电机组电网故障时的轴系松弛过程

（a）发电机角速度变化；（b）风力机角速度变化；（c）相位角变化

图 7-4 曲线（1）为不考虑风电机组轴系柔性的单质量块模型仿真结果，将风力机惯量包含在发电机惯量当中，由于轴系不考虑柔性，也就没有了轴的扭转角度。风力机与发电机的转速一致。

图 7-4 曲线（2）为考虑轴系柔性的两质量块模型仿真结果，可以明显看出，故障持续过程中轴系的扭转角几乎降低为 0，说明确实存在轴系松弛的过程，而风力机由于惯量较大，故障过程中其转速 ω_t 变化很小，而发电机转速由于自身惯量较小及轴系松弛的作用，故障引起的加速过程及幅度明显大于风力机的加速过程。

7.2 双馈风电机组接入电网暂态稳定分析

双馈风电机组的故障特性与动态行为依赖于风电机组的控制策略切换，既包含由风电机组过电压/电流保护驱动的电路拓扑切换，也包含由风电对电网支持需求所驱动的控制策略切换，在电网故障全过程下是一种由控制策略所驱动的故障行为。针对不同的电网电压异常工况，低电压穿越作为风电机组故障穿越的最基本要求，其特性分析和控制保护策略目前有较多的研究；同时由于实际发生的大规模风电脱网事故中出现了风电机组高电压穿越需求，其特性分析和控制保护策略逐渐引起重视。本节将对双馈风电机组对电网暂态稳定性的影响进行分析。

7.2.1 低电压时的暂态电压稳定性

当电网电压跌落时，风电机组各个电气量将会经历一系列的电磁暂态过程。双馈风电机组由于定子与电网直接相连，电网发生故障导致机端电压跌落，造成发电机定子电流增加。由于转子与定子之间的强耦合，快速增加的定子电流会导致转子电流急剧上升。另外，由于机端电压降低，不能正常向电网输送有功功率，这些能量将导致直流电容电压快速上升、电机转子加速等一系列问题。直驱风电机组由于通过全功率变频器将电机与电网隔离，因此主要问题在于风电机组侧和网侧变频器功率不平衡而引起的直流电容电压快速上升、电机转子加速等问题。由于双馈和直驱风电机组低电压穿越暂态过程的影响相似，并且双馈风电机组在低电压穿越期间

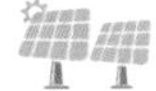

的特性较直驱风电机组复杂，本节重点分析双馈机组的低电压穿越问题。

7.2.1.1　对称故障下机组电流暂态特性

对于电网发生对称故障的情况，采用传统电力系统中电机短路分析的方法，可等效为在定子侧串入反向电压源，转子侧串入 Crowbar 电阻及反向电压源。根据定转子侧电压源的不同，可将原电路分解为三个部分，即稳态分量等效模型、定子侧故障电压分量等效模型、转子侧故障电压分量等效模型，如图 7－5 所示。

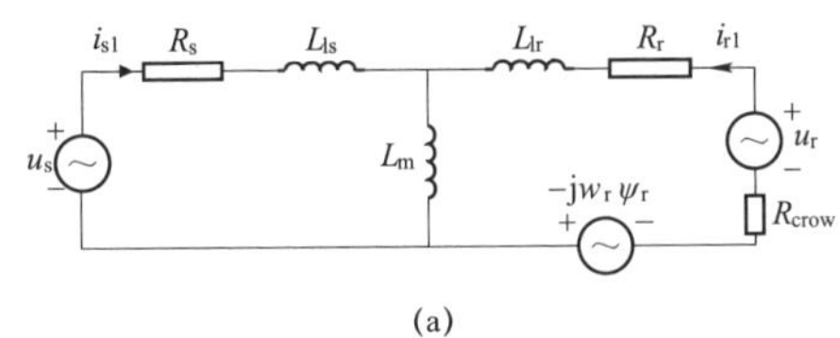

(a)

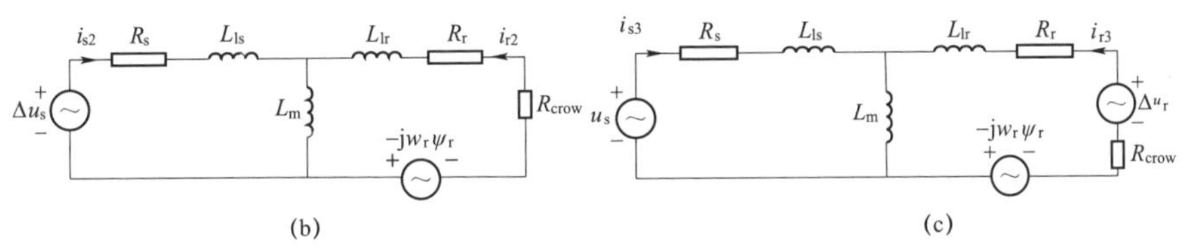

(b)　　(c)

图 7－5　分解模型

（a）稳态分量等效模型；（b）定子侧故障电压分量等效模型；（c）转子侧故障电压分量等效模型

当电网电压骤降、风电机组保护电路投入时，可以将双馈风电机组模型分解为三个等效模型进行求解，最终得到定、转子故障电流的表达式

$$
\begin{cases} i_s = i_{s1} + i_{s2} + i_{s3} \\ i_r = i_{r1} + i_{r2} + i_{r3} \end{cases} \tag{7-11}
$$

式中　i_s、i_r——定、转子故障电流；

i_{s1}、i_{r1}——定、转子稳态电流；

i_{s2}、i_{r2}——定子侧故障电压分量单独作用下的定、转子电流；

i_{s3}、i_{r3}——转子侧故障电压分量单独作用下的定、转子电流。

将定、转子故障电流中的各分量按照频率特性和变化规律进行归类，则故障电流表达式可进一步变换为

$$
\begin{cases}
i_s = [I_{s1} + I_{s2}(\omega) + I_{s3}(\omega)]e^{j\omega t} + [I_{s2}(\omega_r) + I_{s3}(\omega_r)]e^{\left(j\omega_r t - \frac{1}{\tau_r'}t\right)} + \\
\quad [I_{sDC} + I_{s2}(dc) + I_{s3}(dc)]e^{(-1/\tau_s')t} \\
i_r = [I_{r1} + I_{r2}(\omega) + I_{r3}(\omega)]e^{j\omega t} + [I_{rDC} + I_{r2}(\omega_r) + \\
\quad I_{r3}(\omega_r)]e^{(j\omega_r - 1/\tau_r')t} + [I_{r2}(dc) + I_{r3}(dc)]e^{(-1/\tau_s')t}
\end{cases}
\tag{7-12}
$$

式中 I_{s1}、I_{r1}——故障发生、保护电路投入之后定、转子电流的稳态分量；

I_{sDC}、I_{rDC}——保护电路投入后定、转子电流的暂态分量；

τ_s'、τ_r'——保护电路投入后定、转子侧电路的时间常数。

由推导分析可知，DFIG 故障电流包含多种频率分量，各分量幅值及变化规律受到故障前机组运行工况，电网电压跌落严重程度，crowbar 保护电路参数，定、转子绕组参数等诸多因素的影响。在定子静止坐标系中，定、转子故障电流分量主要由工频分量、转速分量以及直流分量组成。对定子电流而言，工频分量主要由故障发生后机端电压的工频残压造成；直流衰减分量由定子磁链暂态分量在定子绕组中生成；转速分量由转子磁链暂态分量在定子绕组中感应生成。对转子电流而言，工频分量对应转子坐标系中的转差分量，主要是由故障发生后机端电压的工频残压感应生成；转速分量对应转子坐标系中的直流分量，是由转子磁链暂态分量在转子绕组中生成；直流分量对应转子坐标系中的转速分量，由定子磁链暂态分量在转子绕组中感应生成。

通过双馈风电机组定、转子故障电流幅值的灵敏度分析，可得到影响电机电流暂态特性的主要影响因素，主要结论如下：

（1）机端电压跌落幅值是决定故障电流幅值的主要因素。随着电压跌落幅度的增加，定、转子故障电流中工频分量显著降低，直流分量明显增加。造成此类情况的主要原因是由于电压跌落幅值变化时，故障期间机端残压以及定子磁链暂态分量均发生变化，最终导致工频分量以及直流分量的显著变化。

（2）保护电阻的增加有助于抑制故障电流的峰值，加速电流暂态分量的衰减速度。但随着保护电阻阻值的增加，保护电阻对于故障电流幅值的灵敏度逐步降低。

（3）随着故障前机组出力的降低，定、转子故障电流中直流暂态分量明显降低。由于定、转子故障电流的直流分量与定子磁链暂态分量强弱相关，相同电压跌落故障下随着机组故障前出力的降低，定子磁链暂态分量将明显降低，所以直流分量变化明显。

（4）机组的功率因数对于定子电流的灵敏度略高于转子电流，但影响能力非常有限。

根据上述分析，当故障瞬间机端电压跌至 0，此时风电机组感受到的短路故障最为严重。零电压跌落下，定转子故障电流表达式为

$$\begin{cases} i_{\mathrm{r}} = i_{\mathrm{r}}(\omega_{\mathrm{r}}) + i_{\mathrm{r}}(\mathrm{dc}) \\ i_{\mathrm{s}} = i_{\mathrm{s}}(\omega_{\mathrm{r}}) + i_{\mathrm{s}}(\mathrm{dc}) \end{cases} \tag{7-13}$$

$$\begin{cases} i_{\mathrm{r}}(\omega_{\mathrm{r}}) = \left(\mathrm{j}\dfrac{U_{\mathrm{s0}}L_{\mathrm{m}}}{1+\mathrm{j}s\tau_{\mathrm{r}}'}\dfrac{-s}{\omega\omega_{\mathrm{r}}L_{\mathrm{s}}L_{\mathrm{r}}'} + \dfrac{\tau_{\mathrm{r}}'}{1+\mathrm{j}s\tau_{\mathrm{r}}'}\dfrac{U_{\mathrm{r0}}}{L_{\mathrm{r}}'}\dfrac{s-j}{s} \right) \mathrm{e}^{\left(\mathrm{j}\omega_{\mathrm{r}} - \frac{1}{\tau_{\mathrm{r}}'}\right)t} \\ i_{\mathrm{r}}(\mathrm{dc}) = \left(\mathrm{j}\dfrac{L_{\mathrm{m}}U_{\mathrm{s0}}}{\omega L_{\mathrm{s}}L_{\mathrm{r}}'} \right) \mathrm{e}^{\left(-\frac{1}{\tau_{\mathrm{s}}'}\right)t} \end{cases} \tag{7-14}$$

$$\begin{cases} i_{\mathrm{s}}(\omega_{\mathrm{r}}) = \left(-\mathrm{j}\dfrac{L_{\mathrm{r}} - L_{\mathrm{r}}'}{1+\mathrm{j}s\tau_{\mathrm{r}}'}\dfrac{U_{\mathrm{s0}}}{\omega_{\mathrm{r}}L_{\mathrm{s}}L_{\mathrm{r}}'} + \dfrac{-\tau_{\mathrm{r}}'}{1+\mathrm{j}s\tau_{\mathrm{r}}'}\dfrac{L_{\mathrm{m}}U_{\mathrm{r0}}}{L_{\mathrm{s}}L_{\mathrm{r}}'} \right) \mathrm{e}^{\left(\mathrm{j}\omega_{\mathrm{r}} - \frac{1}{\tau_{\mathrm{r}}'}\right)t} \\ i_{\mathrm{s}}(\mathrm{dc}) = \left(\dfrac{P-\mathrm{j}Q}{U_{\mathrm{s0}}} + \mathrm{j}\dfrac{L_{\mathrm{r}}' - L_{\mathrm{r}}}{1+\mathrm{j}s\tau_{\mathrm{r}}'}\dfrac{U_{\mathrm{s0}}}{\omega L_{\mathrm{s}}L_{\mathrm{r}}'} + \dfrac{\tau_{\mathrm{r}}'}{1+\mathrm{j}s\tau_{\mathrm{r}}'}\dfrac{L_{\mathrm{m}}U_{\mathrm{r0}}}{L_{\mathrm{s}}L_{\mathrm{r}}'} + \dfrac{1/\tau_{\mathrm{s}}'}{\omega\omega_{\mathrm{r}}}\dfrac{L_{\mathrm{m}}U_{\mathrm{r0}}}{L_{\mathrm{s}}L_{\mathrm{r}}'} \right) \mathrm{e}^{\left(-\frac{1}{\tau_{\mathrm{s}}'}\right)t} \end{cases} \tag{7-15}$$

式中　ω、ω_{r}——工频角速度和转子角速度；

s——转差，$s=(\omega-\omega_{\mathrm{r}})/\omega$；

L_{s}'、L_{r}'——定、转子计算电抗，$L_{\mathrm{s}}' = L_{\mathrm{s}} - L_{\mathrm{m}}^2/L_{\mathrm{r}}$，$L_{\mathrm{r}}' = L_{\mathrm{r}} - L_{\mathrm{m}}^2/L_{\mathrm{s}}$；

R_{r}'——保护电路投入后的转子电阻；

τ_{s}'、τ_{r}'——定、转子故障电流衰减时间常数，$\tau_{\mathrm{s}}' = L_{\mathrm{s}}'/R_{\mathrm{s}}$，$\tau_{\mathrm{r}}' = L_{\mathrm{r}}'/R_{\mathrm{r}}'$；

τ_{r}''——中间变量，无明确物理意义，$\tau_{\mathrm{r}}'' = L_{\mathrm{r}}/R_{\mathrm{r}}'$。

由式（7-13）～式（7-15）可以看出，相对于其他电压跌落故障而言，零电压故障期间故障电流频率分量发生变化，不再含有稳态工频分量。

定子静止坐标系中，定、转子故障电流均由直流衰减分量和转速频率衰减分量组成。其中，定子电流直流分量 $i_s(\mathrm{dc})$ 主要由定子磁链暂态分量产生，转速分量 $i_s(\omega_r)$ 由转子磁链暂态分量在定子中感应生成，故衰减时间常数为 τ_r'。同理，转子电流的转速分量 $i_r(\omega_r)$ 是由转子磁链暂态分量产生，转子电流直流分量 $i_r(\mathrm{dc})$ 由定子磁链暂态分量反向切割转子绕组后在转子中感应出的负向旋转分量，再经过坐标系变换所得，故衰减时间常数为 τ_s'。

假设故障前机组满功率运行，计算不同电压跌落幅值情况下定、转子故障电流幅值，如图 7-6 所示。相对于其他形式的电压跌落故障，机端电压跌落至 0，且故障回路电阻较小，机组保护电路投入后定、转子故障电流峰值较其他形式的故障电流峰值明显提高，保护电路参数相同时故障电流幅值衰减较缓慢。

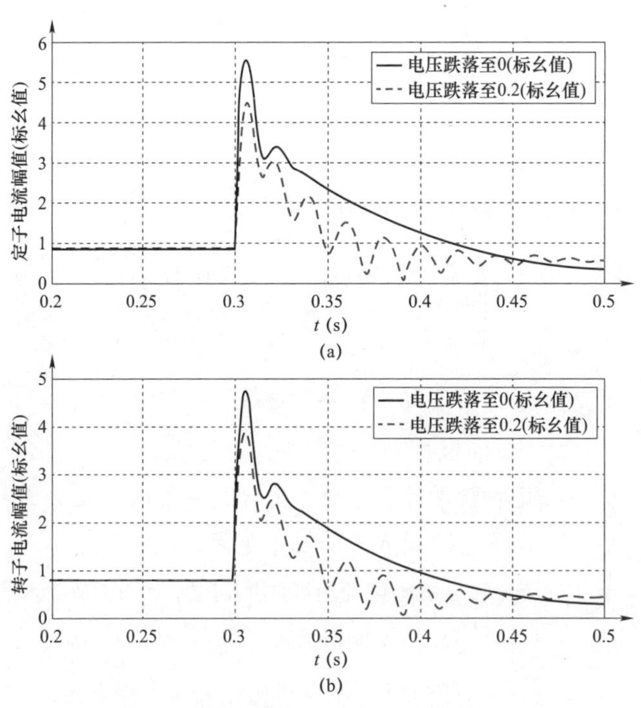

图 7-6　不同故障情况下定、转子故障电流幅值

（a）定子故障电流对比图；（b）转子故障电流对比图

7.2.1.2　机组电磁转矩特性

电磁转矩的基本表达式为

$$T_e = \frac{P_e}{\omega_m} = \frac{P_e}{\omega} n_p \tag{7-16}$$

式中　T_e——电磁转矩；

P_e——通过气隙传递的电磁功率；

ω_m——转子机械角速度；

n_p——极对数，$n_p = \frac{\omega}{\omega_m}$。

由电机的基本理论可知，电机发生三相短路后的电磁转矩分为平均电磁转矩和脉振电磁转矩。保护电路投入后，机组进入异步电机运行状态，平均电磁转矩 $T_{e\text{-}avr}$ 计算式为

$$T_{e\text{-}avr} = \frac{3n_p U_s^2 \frac{R_r + R_{crow}}{s}}{\omega\left[\left(R_s + \frac{R_r + R_{Crow}}{s}\right)^2 + (X_s + X_r)^2\right]} \tag{7-17}$$

由于零电压穿越期间机端电压幅值 U_s 极低，平均电磁转矩可忽略，故障后机组的电磁转矩主要为脉振电磁转矩。在定子静止 dq 坐标系下，电磁转矩表达式为

$$T_e = n_p L_m (i_{sq} i_{rd} - i_{sd} i_{rq}) \tag{7-18}$$

根据机组故障电流分析，零电压故障中保护电路投入后电磁转矩的解析表达式如式（7-19）所示。根据分析可知，零电压跌落故障期间保护电路投入后，电磁转矩以三类频率分量为主，即直流分量、由转子转速决定的转速分量和二倍转速分量。crowbar 保护电路参数变化，引起电磁转矩极大值的改变。

$$\begin{aligned} T_e = n_p L_m [& i_{sq}(\omega_r) i_{rd}(\omega_r) + i_{sq}(\omega_r) i_{rd}(\mathrm{dc}) + i_{sq}(\mathrm{dc}) \\ & i_{rd}(\omega_r) + i_{sq}(\mathrm{dc}) i_{rd}(\mathrm{dc}) - i_{sd}(\omega_r) i_{rq}(\omega_r) - \\ & i_{sd}(\omega_r) i_{rq}(\mathrm{dc}) - i_{sd}(\mathrm{dc}) i_{rq}(\omega_r) - i_{sd}(\mathrm{dc}) i_{rq}(\mathrm{dc})] \end{aligned} \tag{7-19}$$

不同电压跌落情况下电磁转矩的变化情况如图 7-7 所示。较其他故障

情况，零电压故障期间电磁转矩的幅值更高，对轴系的冲击明显增加［较之机端电压跌落至 0.2（标幺值），电磁转矩幅值增加了 25%］，更易对机组造成损伤。

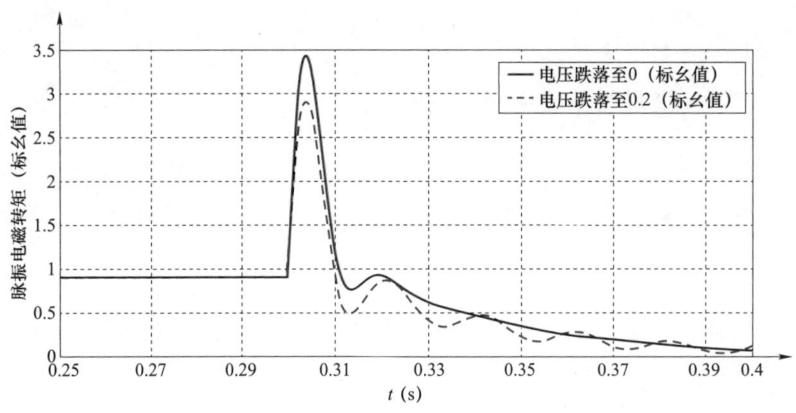

图 7－7　不同故障情况下 DFIG 电磁转矩变化情况

7.2.1.3　机组轴系暂态运动特性

电压跌落较少时，双馈风电机组通过变频器施加合理的控制，能够维持故障期间机组输入输出功率的平衡，将机组转速控制在合理范围内。电压跌落较多时，双馈风电机组多通过闭锁转子侧变频器、借助 crowbar 保护电路避免转子承受较高的过电压和过电流。保护电路的长时间投入或者反复投入将导致机组长时间不受控，呈现出异步电机的运行状态。特别是故障前机组处于高功率输出状态时，故障期间机组不受控时输入输出功率严重不平衡将导致机组处于持续加速的状态，有可能引起机组因超速而切机。

在不考虑阻尼情况下，DFIG 机组转子运动方程为

$$T_m - T_e = J\frac{d\omega_r}{dt} \tag{7-20}$$

故障瞬间保护电路投入后，机组电磁转矩发生剧烈变化，而机械转矩近似认为不变（风速以及桨距角基本不变，较短时间内转速变化对机械转矩的影响可忽略），转矩之间的不平衡将导致轴系的运动特性变化。零电压穿越过程中，保护电路投入后不仅要考虑机组平均电磁转矩对轴系运动特

性产生的影响，而且由于脉振转矩幅值极高，对轴系运动特性的影响也不容忽视。

机组大功率输出时，故障期间双馈风电机组 crowbar 保护电路参数变化时电磁转矩与机械转矩的关系如图 7－8 所示。在故障发生前 T_m 与 T_e 相等，转子转速恒定。当系统发生零电压跌落故障时，电磁转矩 T_e 幅值极高且逐步衰减。根据式（7－20）可知，当电磁转矩幅值大于机械转矩时，轴系处于减速状态，相反则处于加速状态。当保护电阻较小时，有可能造成电磁转矩的振荡衰减，引起轴系的多次扭转，造成轴系旋转加速度方向反复变化。

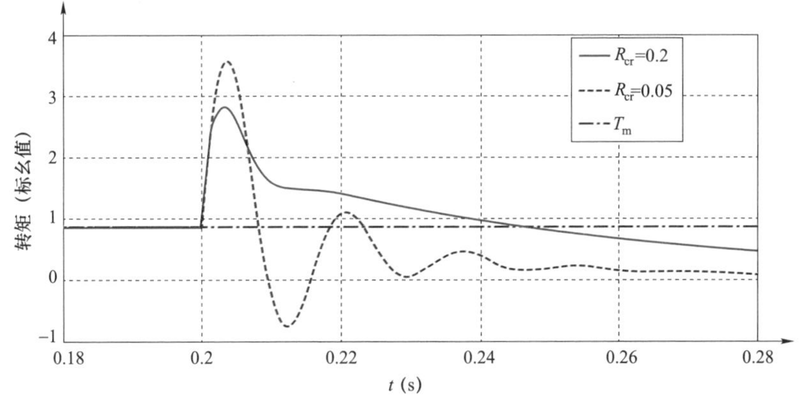

图 7－8　保护电阻变化对电磁转矩的影响

在考虑脉振电磁转矩变化对轴系运动特性影响的前提下，分析故障电流峰值的变化情况。故障发生初期受脉振电磁转矩的影响轴系处于减速阶段，由定转子故障电流各分量表达式（7－13）～（7－15）可知，转差率 s 绝对值的减小即转子转速的降低，将导致故障电流各分量幅值的升高以及转速分量 $i_s(\omega_r)$ 和 $i_r(\omega_r)$ 变化频率的降低，由此迭代求解得到的故障电流以及电磁转矩的峰值将更高。因此，保护电阻阻值的选择必须要考虑电磁转矩的突变对轴系的冲击和运动特性的影响。

7.2.1.4　故障期间保护电路能耗特性

现有双馈机组 crowbar 保护策略中保护电阻阻值 R_{crow} 和保护电路投入时间 Δt 两个关键参数，直接决定保护电路对故障电流的抑制效果、故障期间保护电阻消耗的能量。

保护电阻投入后耗能计算公式为

$$W=\int_{t_2}^{t_2} i_r^2 R_{crow}\mathrm{d}t,(t_2-t_1=\Delta t) \tag{7-21}$$

考虑相同的投入时间（80ms），研究保护电阻阻值变化对能耗特性的影响（暂不考虑转子侧变频器电压约束条件），分析结果见表 7-1。通过研究发现，随着 crowbar 保护电路参数的变化，保护电路投入阶段耗能电路消耗的能量随着保护电阻的阻值增加而增大，且增加的趋势逐步趋于饱和，解析分析与时域仿真所得的结果基本相同。

表 7-1　　故障期间保护电阻能耗情况

Crowbar 阻值（标幺值）	0.01	0.03	0.07	0.1	0.2	0.3
解析计算能耗（kJ）	23.59	57.66	121.60	166.13	279.06	338.67
仿真计算能耗（kJ）	23.08	56.23	114.31	154.42	258.29	310.36

从研究结果可知，在保护电路单次投入的情况下，该机组现有保护电阻的参数基本满足零电压穿越期间能耗的要求。如若保护电路二次投入，则有可能出现保护电阻能耗越限的情况。

7.2.1.5　转子电压暂态控制能力

由于 crowbar 保护投入后，转子侧变频器闭锁进入不控整流状态，因此为了快速实现风电机组的动态无功电流注入能力，需要尽快将 crowbar 保护退出以进行转子侧变频器暂态控制。但是，零电压跌落条件下，由于转子过电流值更大，定子磁链衰减时间更长，这将显著影响转子侧变频器的控制能力，可推导出

$$U_r=\left[\left(R_r+\frac{L_m^2}{L_s^2}R_s-\mathrm{j}\omega_r\sigma L_r\right)I_r+\sigma L_r\frac{\mathrm{d}I_r}{\mathrm{d}t}\right]+\left[-\mathrm{j}\omega_r\frac{L_m}{L_s}-\frac{R_sL_m}{L_s^2}\right]\psi_s+\frac{L_m}{L_s}U_s \tag{7-22}$$

$$\sigma=1-\frac{L_m^2}{L_rL_s}$$

式（7-22）中，第一项反映了转子电流在转子回路等效阻抗上的压降；

第二项反映了定子磁链在转子回路中产生的感应电动势；第三项反映了定子电压稳态分量对转子电压的影响。零电压跌落下第三项为 0，转子电压主要取决于转子电流幅值、定子磁链幅值以及转子电流和定子磁链之间的相位关系。

（1）crowbar 保护投入期间。

双馈风电机组发生电压跌落时，crowbar 保护迅速动作，以避免转子侧变频器过电流。crowbar 电阻投入期间，式（7-22）表达式将变为

$$0=\left(R_{\mathrm{r}}+R_{\mathrm{crow}}+\frac{L_{\mathrm{m}}^{2}}{L_{\mathrm{s}}^{2}}R_{\mathrm{s}}-\mathrm{j}\omega_{\mathrm{r}}\sigma L_{\mathrm{r}}\right)I_{\mathrm{r}}+\sigma L_{\mathrm{r}}\frac{\mathrm{d}I_{\mathrm{r}}}{\mathrm{d}t}+\left[-\mathrm{j}\omega_{\mathrm{r}}\frac{L_{\mathrm{m}}}{L_{\mathrm{s}}}-\frac{R_{\mathrm{s}}L_{\mathrm{m}}}{L_{\mathrm{s}}^{2}}\right]\psi_{\mathrm{s}}+\frac{L_{\mathrm{m}}}{L_{\mathrm{s}}}U_{\mathrm{s}} \tag{7-23}$$

式（7-23）中，定、转子电阻值远小于定、转子电抗值，通常可以忽略；并且由于定子电压完全跌落，转子电流仅包含相对 $\alpha\beta$ 坐标系静止的自由分量，因此可忽略转子电流导数带来的动态，则式（7-23）可以近似简化为

$$0=(R_{\mathrm{crow}}-\mathrm{j}\omega_{\mathrm{r}}\sigma L_{\mathrm{r}})I_{\mathrm{r}}-\mathrm{j}\omega_{\mathrm{r}}\frac{L_{\mathrm{m}}}{L_{\mathrm{s}}}\psi_{\mathrm{s}} \tag{7-24}$$

由式（7-24）可知，Crowbar 电阻投入期间，转子电流与定子磁链呈现一定的反相关系，如图 7-9 所示，其反相程度取决于 crowbar 电阻值。

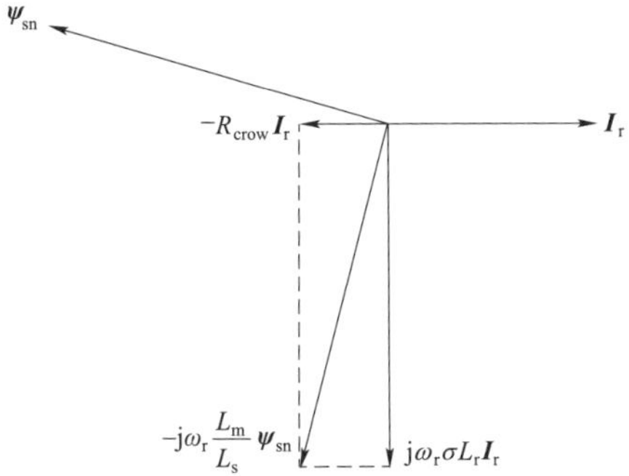

图 7-9　crowbar 电阻投入时转子电流与定子磁链的相位关系

crowbar 电阻投入期间，施加在转子侧变频器两端的电压值为

$$U_{\mathrm{r}}=-R_{\mathrm{crow}}I_{\mathrm{r}}-\mathrm{j}\omega_{\mathrm{r}}\sigma L_{\mathrm{r}}I_{\mathrm{r}}-\mathrm{j}\omega_{\mathrm{r}}\frac{L_{\mathrm{m}}}{L_{\mathrm{s}}}\psi_{\mathrm{s}} \tag{7-25}$$

由式（7–25）可知，crowbar 电阻投入期间，由于转子电流与定子磁链的反相关系，转子电流在转子漏抗上产生的压降将对定子磁链在转子回路中产生的感应电动势具有抵消作用，有利于减小转子变频器的电压幅值。

（2）crowbar 保护退出后进入变频器控制。

crowbar 保护退出后，风电机组变频器控制开始投入，转子电流将由相对 $\alpha\beta$ 坐标系静止的自由分量 I_{r0} 与相对 $\alpha\beta$ 坐标系工频旋转的强制分量 I_{r1} 组成，转子电流 I_r 在 $\alpha\beta$ 坐标系下可表示为

$$I_r = I_{rn} + I_{r1} = I_{rn}e^{j\alpha} + I_{r1}e^{j(\omega_1 t+\beta)} \tag{7–26}$$

式中 I_{rn}、I_{r1}——以定子电流为基值的转子电流自由分量、强制分量的标幺值；

α、$\omega_1 t+\beta$——转子电流自由分量、强制分量相对静止坐标系的相角。

忽略定、转子电阻电压与转子电流自由分量微分动态，变频器转子电压表达式为

$$U_r = -j\omega_r \frac{L_m}{L_s}\psi_s - j\omega_r\sigma L_r I_{rn} + j\omega_s\sigma L_r I_{r1} \tag{7–27}$$

式（7–27）中，转子电流取决于转子变频器的控制策略，这将导致转子电流与定子磁链的相位关系发生变化，不一定再是 crowbar 电阻投入期间的接近反相关系，此时，转子电流在转子漏抗上产生的压降对定子磁链在转子回路中产生的感应电动势既可能产生减幅作用，也可能产生增幅作用。

电网电压跌落期间，考虑一种典型的双馈风电机组控制策略，即采用电网电压定向的相量控制算法，控制有功电流为 0，并向电网注入动态无功电流。此时，转子电流将与 q 轴同向，并以恒定的工频转速相对静止坐标系旋转，从而转子无功电流将在转子漏抗上产生压降，为转子电压相量叠加一个工频旋转的分量。转子电压相量的最大值为

$$|U_r| = \omega_r \frac{L_m}{L_s}|\psi_s| + |\omega_s|\sigma L_r I_{r1} \tag{7–28}$$

机侧变频器可控制的一个基本条件为转子电压不超过直流电压可调出

的最大电压相量$U_{n\max}$，表达式为

$$|U_{\mathrm{r}}| \leqslant U_{n\max} = \frac{\sqrt{3}U_{\mathrm{dc}}}{\sqrt{2}nU_{\mathrm{se}}} \tag{7-29}$$

式中　U_{dc}——直流母线最大可持续工作电压，V；

n——电机定转子绕组变比；

U_{se}——定子线电压额定有效值，V。

依据式（7-28）与式（7-29），可获得 crowbar 保护切除后转子变频器直接施加无功注入控制的变频器可控判定条件

$$|\psi_{\mathrm{s}}| \leqslant \psi_{\mathrm{s\_cr}} = \frac{L_{\mathrm{s}}}{\omega_{\mathrm{r}}L_{\mathrm{m}}}(U_{n\max} - |\omega_{\mathrm{s}}|\sigma L_{\mathrm{r}} I_{\mathrm{r1}}) \tag{7-30}$$

因此，为了保证 crowbar 保护退出后变频器能够正确实现动态无功电流控制，需要将定子磁链自由分量衰减到式（7-30）所述的程度，否则转子感应电动势与变频器输出电压间的压差将直接作用于转子漏感与转子电阻上，进而导致转子电流陡增，引起 crowbar 二次保护。

零电压跌落下，crowbar 电阻投入期间定子磁链的自由分量将从最大幅值处按照一定的规律衰减，可通过式（7-31）计算定子磁链衰减至可控的最短切除时间

$$|\psi_{\mathrm{s}}| = \psi_{\mathrm{s0}} \mathrm{e}^{-\frac{R_{\mathrm{s}}}{L_{\mathrm{s}}'}t} \tag{7-31}$$

$$L_{\mathrm{s}}' = L_{\mathrm{s}} \frac{-\mathrm{j}\omega_{\mathrm{r}}\sigma L_{\mathrm{r}} + R_{\mathrm{crow}}}{-\mathrm{j}\omega_{\mathrm{r}}L_{\mathrm{r}} + R_{\mathrm{crow}}}$$

联立式（7-30）与式（7-31），可近似计算考虑转子侧变频器控制能力约束的 crowbar 保护最快退出时间。需要说明的是，由于转子侧变频器控制的过渡过程以及定转子回路中自由分量的影响，实际的 crowbar 保护最快可退出时间可能要略大于理论计算值。

7.2.2　高电压时的暂态电压稳定性

与电压跌落类似，电压骤升也会在风电机组定、转子侧激起一系列电

磁暂态变化。双馈风电机组定子侧与电网直接连接，电网电压骤升会引起双馈电机定子和转子磁链的变化，由于磁链守恒不能突变，定子和转子绕组中会出现暂态直流分量，不对称故障时还会有负序分量，由暂态电流产生的磁链来抵消定子电压骤升产生的磁链变化。因感应电机的转子高速旋转，直流暂态分量将会导致定转子电路中感应电压和电流的升高，严重时会超过电力电子器件和电机的安全限定值，造成设备的损坏；同时暂态过程会造成双馈风电机组电磁转矩的波动，这将给齿轮箱造成机械冲击，影响风电系统的寿命。直驱风电机组通过变流装置与电网连接，网侧的变化不会直接影响到永磁电机。当电网电压骤升时，因变频器功率限制，网侧变频器的输出电流会减小，功率不平衡造成电网多余的能量通过网侧对直流母线电容充电，引起直流母线电压的上升；不对称骤升时，还会引起直流侧的 2 倍频波动，不仅威胁变频器、电容器件的安全，也会影响输出电能的质量。

7.2.2.1 对称电网电压骤升

令电网电压在时间 $t=t_0$ 时发生对称骤升，双馈风电机组的定子电压相量方程为

$$\begin{cases} U_s = U_{se}e^{j\omega_s t}, t<t_0 \\ U_s = U_{se}e^{j\omega_s t} + pU_{se}e^{j\omega_s t}, t>t_0 \end{cases} \tag{7-32}$$

式中 U_{se}——正常运行时定子电压幅值；

p——电网电压升高比例，$p=(U_s-U_{se})/U_{se}$；

ω_s——同步转速率。

根据磁链守恒定律，虽然定子电压幅值发生骤升，但是定子磁链幅值并不会发生突变。为了便于分析，先假设双馈风电机组转子开路，即转子侧变频器不能提供励磁电压，则可得定子磁链的变化率为

$$\frac{d\psi_s}{dt} = U_s - \frac{R_s}{L_s}\psi_s \tag{7-33}$$

根据电压骤升前后的条件，对式（7-33）进行求解，得电网电压骤升情况下定子磁链方程为

$$\begin{cases}\psi_s = \dfrac{U_{se}}{j\omega_s} e^{j\omega_s t}, t < t_0 \\ \psi_s = (1+p)\dfrac{U_{se}}{j\omega_s} e^{j\omega_s t} - p\dfrac{U_{se}}{j\omega_s} e^{j\omega_s t} e^{\frac{-(t-t_0)}{\tau}}, t \geqslant t_0 \end{cases} \tag{7-34}$$

从式（7-34）中可看出，电网电压骤升后，定子磁链由强制分量和自由分量组成。强制分量即交流分量以同步速度旋转，其幅值与电网电压骤升后的幅值成正比；自由分量（即直流分量）以定子时间常数逐渐衰减至零。

忽略定子电流，在 $t>t_0$ 时，可得到电网电压骤升瞬间双馈风电机组转子上的感应电压为

$$U_{ro} = \frac{L_m}{L_s}\left[s(1+p)U_{se}e^{j\omega_s t} + (1-s)pU_{se}e^{j\omega_s t}e^{\frac{-(t-t_0)}{\tau}}\right] \tag{7-35}$$

由上述分析可知，双馈风电机组定子侧直接与电网相连，对电网故障非常敏感，当电网电压骤升时，转子绕组产生冲击电流，该冲击电流由定子磁链中的直流分量感应而出。若不采取及时的保护，将造成转子侧变频器损坏，甚至导致电容器被击穿。

7.2.2.2　电网电压不对称骤升

电网电压不对称骤升时，双馈风电机组定子磁链将出现暂态直流分量与负序分量，而双馈风电机组转子侧电压峰值受电网电压不对称骤升故障类型以及故障时刻的影响。

（1）电网电压发生单相骤升故障。

A 相电压骤升后幅值为（$1+r$）U_m，B、C 两相电压幅值均为 U_m，将电压分解为 3 组相序不同的对称分量，即正序相量 U_p、负序相量 U_n、零序相量 U_0。由于双馈风电机组通常为 Y 型接线，不存在零序相量，根据对称分量法可得

$$\begin{bmatrix} U_p \\ U_n \end{bmatrix} = \frac{1}{3}\begin{bmatrix} 1 & \alpha & \alpha^2 \\ 1 & \alpha^2 & \alpha \end{bmatrix}\begin{bmatrix} (1+r)U_m \\ U_m\alpha^2 \\ U_m\alpha \end{bmatrix} = \frac{U_m}{3}\begin{bmatrix} r+3 \\ r \end{bmatrix} \tag{7-36}$$

式中，$\alpha = e^{j2\pi/3}$。

根据定子电压与磁链关系得到故障期间定子电压正、负序相量幅值与定子磁链正、负序相量幅值关系为

$$\begin{cases}\psi_{sp}=\dfrac{U_p}{\omega_s}=\dfrac{(r+3)U_m}{3\omega_s}\\ \psi_{sn}=\dfrac{U_n}{-\omega_s}=\dfrac{rU_m}{-3\omega_s}\end{cases} \tag{7-37}$$

又由磁链守恒定律可知，故障瞬间定子磁链 ψ_s 为常量，除含正、负序相量 ψ_{sp}、ψ_{sn} 外，还应包括暂态直流分量 ψ_{sDC}，故

$$\psi_{sDC}=\psi_s-(\psi_{sp}+\psi_{sn}) \tag{7-38}$$

$$\begin{cases}\psi_{sp}=\psi_{sp}e^{j\omega_s t}\\ \psi_{sn}=\psi_{sn}e^{-j\omega_s t}\end{cases} \tag{7-39}$$

由上式可知，定子磁链正、负相量随电网电压骤升时刻变化，故 ψ_{sDC} 应根据故障时刻确定。在忽略转子阻抗压降的情况下，转子电压方程为

$$U_r=\frac{L_m}{L_s}\left(\frac{d\psi_s}{dt}-j\omega_r\psi_s\right) \tag{7-40}$$

令定子磁链正、负序相量及暂态直流分量所感应出的转子电压分别为 U_{rp}、U_{rn} 及 U_{rDC}，则转子电压合成相量为

$$U_{rmax}=U_{rp}+U_{rn}+U_{rDC} \tag{7-41}$$

结合式（7-37）、式（7-40），可得转子电压正、负序相量幅值为

$$\begin{cases}U_{rp}=\dfrac{(r+3)L_m}{3L_s}sU_m\\ U_{rn}=\dfrac{rL_m}{3L_s}(2-s)U_m\end{cases} \tag{7-42}$$

因 U_{rDC} 由磁链暂态直流分量 ψ_{sDC} 确定，故其幅值取决于故障发生时刻。

（2）电网电压发生两相骤升故障。

假设 A 相电压幅值为 U_m，B、C 相电压骤升后幅值均为（$1+r$）U_m，则 A 相电压的正序相量 U_p 与负序相量 U_n 分别为

$$\begin{bmatrix} U_{\mathrm{p}} \\ U_{\mathrm{n}} \end{bmatrix} = \frac{U_{\mathrm{m}}}{3} \begin{bmatrix} (2r+3) \\ -r\alpha^2 \end{bmatrix} \tag{7-43}$$

则定子磁链正、负序相量幅值为

$$\begin{cases} \psi_{\mathrm{sp}} = \dfrac{U_{\mathrm{p}}}{\omega_{\mathrm{s}}} = \dfrac{(2r+3)U_{\mathrm{m}}}{3\omega_{\mathrm{s}}} \\ \psi_{\mathrm{sn}} = \dfrac{U_{\mathrm{n}}}{-\omega_{\mathrm{s}}} = \dfrac{rU_{\mathrm{m}}}{3\omega_{\mathrm{s}}} \end{cases} \tag{7-44}$$

结合式（7－40）、式（7－44），得各磁链所感应的转子电压正、负序相量幅值为

$$\begin{cases} U_{\mathrm{rp}} = \dfrac{(2r+3)L_{\mathrm{m}}}{3L_{\mathrm{s}}} sU_{\mathrm{m}} \\ U_{\mathrm{rn}} = \dfrac{rL_{\mathrm{m}}}{3L_{\mathrm{s}}} (2-s)U_{\mathrm{m}} \end{cases} \tag{7-45}$$

同理，U_{rDC} 幅值受电网故障时刻影响，故在分析电网电压不对称骤升故障下双馈风电机组暂态特性时，需进一步分析故障时刻对转子电压峰值影响。

（3）电网故障时刻不同。

当电网电压单相骤升故障发生于 $t=(2K+1)T_{\mathrm{s}}/4$，$K=0$，1，2，…时，以 $t=T_{\mathrm{s}}/4$ 为例，根据式（7－39）得定子磁链正、负序相量分别为

$$\begin{cases} \psi_{\mathrm{sp}} = \dfrac{(r+3)U_{\mathrm{m}}}{3\omega_{\mathrm{s}}} \mathrm{e}^{\mathrm{j}90^\circ} \\ \psi_{\mathrm{sn}} = \dfrac{rU_{\mathrm{m}}}{-3\omega_{\mathrm{s}}} \mathrm{e}^{-\mathrm{j}90^\circ} \end{cases} \tag{7-46}$$

由式（7－38）可得，此时定子磁链暂态直流分量最大，其感应出的转子电压为

$$U_{\mathrm{rDC}} = \frac{2rL_{\mathrm{m}}}{3L_{\mathrm{s}}} (1-s)U_{\mathrm{m}} \tag{7-47}$$

结合式（7－42）可得，电网电压单相骤升故障发生于 $t=(2K+1)T_{\mathrm{s}}/4$ 时转子电压峰值为

$$U_{\mathrm{r\,max}}=\frac{(r+3)L_{\mathrm{m}}}{3L_{\mathrm{s}}}sU_{\mathrm{m}}-\frac{rL_{\mathrm{m}}}{3L_{\mathrm{s}}}(2-s)U_{\mathrm{m}}+\frac{2rL_{\mathrm{m}}}{3L_{\mathrm{s}}}(1-s)U_{\mathrm{m}} \quad (7-48)$$

当单相电网电压骤升故障发生于 $t=KT_{\mathrm{s}}/2, K=0,1,2,\cdots$时，以 $t=T_{\mathrm{s}}/2$ 为例，定子磁链正、负序相量分别为

$$\begin{cases}\psi_{\mathrm{sp}}=\dfrac{(r+3)U_{\mathrm{m}}}{3\omega_{\mathrm{s}}}\mathrm{e}^{\mathrm{j}180^\circ}\\ \psi_{\mathrm{sn}}=\dfrac{rU_{\mathrm{m}}}{-3\omega_{\mathrm{s}}}\mathrm{e}^{-\mathrm{j}180^\circ}\end{cases} \quad (7-49)$$

此时定子磁链暂态分量最小，其感应的转子电压为

$$U_{\mathrm{rDC}}=0 \quad (7-50)$$

故电网电压单相骤升故障发生于 $t=KT_{\mathrm{s}}/2$ 时，转子电压峰值为

$$U_{\mathrm{r\,max}}=\frac{(r+3)L_{\mathrm{m}}}{3L_{\mathrm{s}}}sU_{\mathrm{m}}+\frac{rL_{\mathrm{m}}}{3L_{\mathrm{s}}}(2-s)U_{\mathrm{m}} \quad (7-51)$$

同理分析可得，当电网电压两相骤升故障时刻发生于 $t=(2K+1)T_{\mathrm{s}}/4$ 时，转子电压峰值为

$$U_{\mathrm{r\,max}}=\frac{(2r+3)L_{\mathrm{m}}}{3L_{\mathrm{s}}}sU_{\mathrm{m}}+\frac{rL_{\mathrm{m}}}{3L_{\mathrm{s}}}(2-s)U_{\mathrm{m}}+\frac{rL_{\mathrm{m}}}{3L_{\mathrm{s}}}(1-s)U_{\mathrm{m}} \quad (7-52)$$

当电网电压两相骤升故障发生于 $t=KT_{\mathrm{s}}/2$ 时，转子电压峰值为

$$U_{\mathrm{r\,max}}=\frac{(2r+3)L_{\mathrm{m}}}{3L_{\mathrm{s}}}sU_{\mathrm{m}}-\frac{rL_{\mathrm{m}}}{3L_{\mathrm{s}}}(2-s)U_{\mathrm{m}}+\frac{rL_{\mathrm{m}}}{L_{\mathrm{s}}}(1-s)U_{\mathrm{m}} \quad (7-53)$$

图 7-10 给出了不同时刻电网电压分别发生单相骤升与两相骤升时转子电压峰值图。

对比图 7-10 中各图可知：

（1）相同转差率与骤升度时，电网电压在 $t=(2K+1)T_{\mathrm{s}}/4$ 时刻发生单相骤升故障所产生的转子感应电动势峰值小于故障发生于 $t=KT_{\mathrm{s}}/2$ 时刻单相骤升故障，而两相骤升故障情况则相反；

（2）故障时刻，双馈风电机组运行于超同步状态（$s<0$）时转子电压峰值大于次同步状态（$s>0$）时转子电压峰值，即超同步状态时发生电网电压不对称故障的情况时造成的后果更为严重；

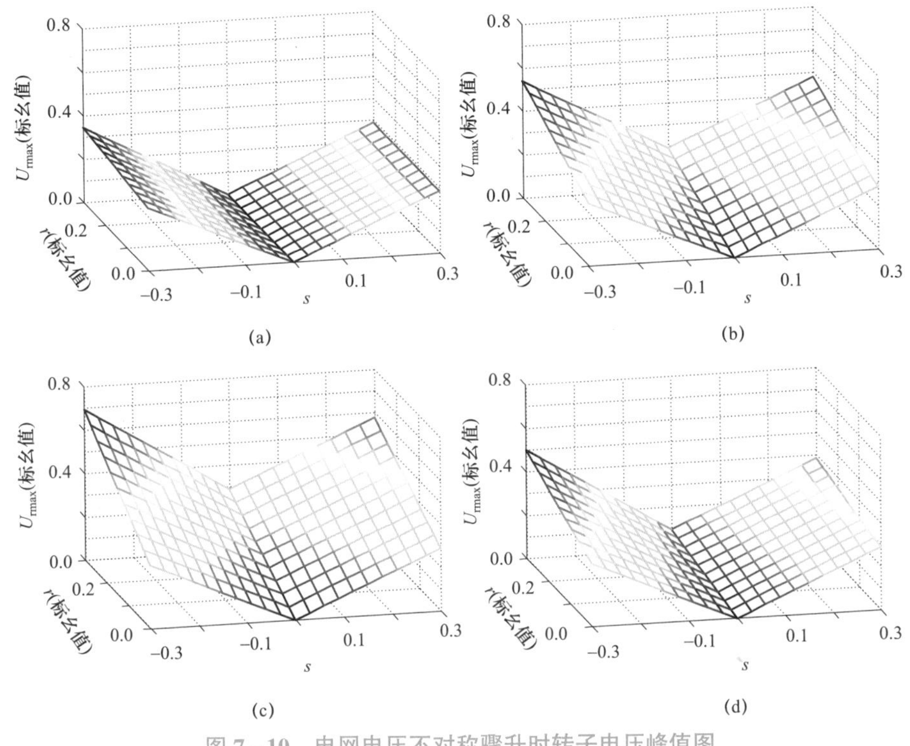

图 7−10 电网电压不对称骤升时转子电压峰值图

（a）单相骤升，$t=(2K+1)T_S/4$；（b）单相骤升，$t=KT_S/2$；

（c）两相骤升，$t=(2K+1)T_S/4$；（d）两相骤升，$t=KT_S/2$

（3）双馈风电机组运行于次同步或超同步状态下时，转子电压峰值随着转差率与骤升度的增大而增大，其最大值可达转子额定电压的 2.3 倍左右，这将对发电机绕组的绝缘带来显著影响。

为维持故障期间双馈风电机组的安全稳定运行，避免电力电子器件因过压而损坏，应进一步采取相应措施实现电网电压不对称骤升故障期间双馈风电机组的高电压穿越运行。

7.3 全功率变换风电机组接入电网暂态稳定分析

7.3.1 全功率变换风电机组的暂态特性

全功率变换风电机组由于其全功率变频器控制系统能够实现发电机有

功功率与无功功率的解耦控制，改善风电场的功率因数及电压稳定性，因此其静态及暂态稳定性一般会优于其他类型风电机组，同时全功率变换风电机组风电场的电压稳定性与全功率变频器控制系统的控制策略密切相关。

当全功率变换风电机组未因保护动作退出运行而持续并网运行时，在电网故障的情况下，全功率变频器对电网的故障具有一定的隔离作用；风电机组的短路电流在故障瞬间增大，故障后几个周波内能稳定于一恒定值，这与全功率变换风电机组控制系统的控制策略相关。以下内容均以风电机组未因保护动作退出运行而持续并网运行为前提。

全功率变换风电机组电网侧变频器的控制策略可分为直流母线电压/无功功率、直流母线电压/变频器交流侧电压两种，对于实际运行的整个风电机组而言，通常采用恒无功功率控制模式。建立网侧换流器在 $d-q$ 两相同步旋转坐标系下的数学模型，可得出网侧换流器 d 轴和 q 轴交流系统以及直流环节的等效电路，如图 7－11 所示。

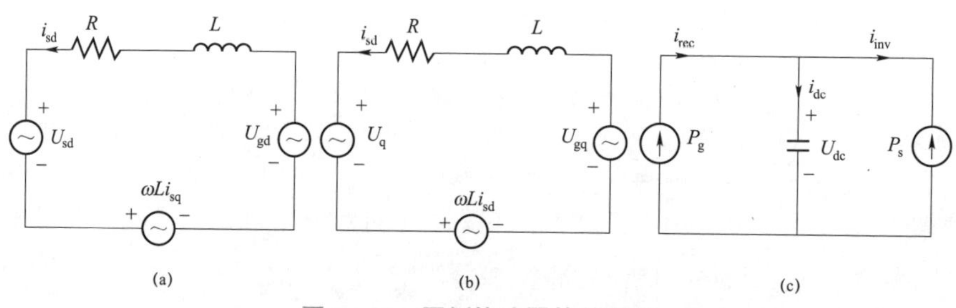

图 7－11　网侧换流器等效电路

（a）d 轴等效电路；（b）q 轴等效电路；（c）直流侧等效电路

忽略网侧换流器和电抗器中的损耗，则通过网侧换流器注入电网的有功功率 P_{inv} 可以表示为

$$P_{inv} = U_{dc} i_{inv} = \frac{3}{2}(U_{sd} i_{sd} + U_{sq} i_{sq}) \tag{7-54}$$

在电网电压定向在 d 轴的情况下下，有 $U_{sq} = 0$，则式（7－54）可改写为

$$P_{inv}=U_{dc}i_{inv}=\frac{3}{2}U_{sd}i_{sd} \tag{7-55}$$

而机侧换流器的输出功率为

$$P_{rec}=U_{dc}i_{rec} \tag{7-56}$$

正常运行时，直流电压保持恒定，根据功率平衡原则，直流母线两侧的有功功率相等，即

$$P_{rec}=U_{dc}i_{rec}=U_{dc}i_{inv}=\frac{3}{2}U_{sd}i_{sd}=P_{inv} \tag{7-57}$$

流过直流侧电容的能量则可以表示为

$$CU_{dc}\frac{\mathrm{d}U_{dc}}{\mathrm{d}t}=P_{rec}-P_{inv}=\Delta P \tag{7-58}$$

电网故障时，在理想状态不考虑换流器限流的情况下，电网电压由U_{sd}瞬间跌落至U'_{sd}，由于风电机组与电网通过并网换流系统基本实现了隔离，因此机侧换流器输出的有功基本保持恒定，为了维持两侧换流器有功的平衡，网侧换流器的d轴电流也应从i_{sd}增大至i'_{sd}，即

$$P_{inv}=\frac{3}{2}U_{sd}i_{sd}=\frac{3}{2}U'_{sd}i'_{sd} \tag{7-59}$$

在实际运行中，网侧换流器存在一定的限流措施，通过的电流不允许无限增大，考虑控制器的限流作用，将此时的实际瞬时d轴电流设为i''_{sd}，且$i''_{sd}<i'_{sd}$，则有

$$\begin{cases}P_{rec}=\frac{3}{2}U_{sd}i_{sd}>\frac{3}{2}U'_{sd}i''_{sd}=P'_{inv}\\P_{rec}=P'_{inv}+\Delta P\end{cases} \tag{7-60}$$

式中 P_{rec}——正常运行状态下机侧换流器输出的有功功率；

P'_{inv}——电网电压跌落时网侧实际有功。

由以上分析可知，电网电压跌落导致P_{inv}大幅降低，而风电机组输入的有功基本维持恒定，造成直流环节两侧的有功偏差量大于零，即全功率变换风电机组发出的能量不能全部输入到电网中，多余的不平衡能量将注入到中间直流母线中，通过对电容充电直接造成直流母线电压U_{dc}迅速上升。如果不及时采取有效的措施，直流电压的大幅波动可能会造成直流母

线电容以及全功率换流器件的损坏。

7.3.2 全功率变换风电并网系统暂态稳定性提升

由于全功率变频器对电网的故障具有一定的隔离作用，全功率变换风电机组在电网侧发生较大的扰动故障，如三相对称短路故障时，发电机受电网故障的影响较小。但是在恒功率因数控制模式下，由于风电机组无法提供动态无功功率以支持电压，另外，由于故障线路的切除将导致电网结构更弱，机端电压降低，风电机组有功功率无法完全送出，全功率变频器的直流母线电压上升至过电压保护限值时，可能会导致风电场内所有机组的保护动作风电机组退出运行，将影响风电场的运行及电网的安全，针对这个问题可以通过附加控制器来改善全功率变换风电并网系统的暂态电压稳定性。

7.3.2.1 网侧变频器暂态电压控制模型

网侧变频器采用直流电压/无功功率控制模式的情况下，在电网发生故障电压跌落的过程中及故障后电压恢复的过程中，全功率变换风电机组并没有参与系统的暂态电压稳定控制。而实际上，如果系统要求机组在电网故障时提供无功支持，则可以通过在网侧变频器原有控制系统的基础上引入附加电压控制器，使其参与系统暂态过程中的电压稳定控制。然而考虑到全功率变频器本身的设计是用于将发电机的有功以固定的频率送入电网，因此为了保证网侧变频器的交流电流在允许的范围内，网侧变频器与电网之间交换的无功等参量要受到限制。网侧变频器暂态电压控制器框图如图 7－12 所示。

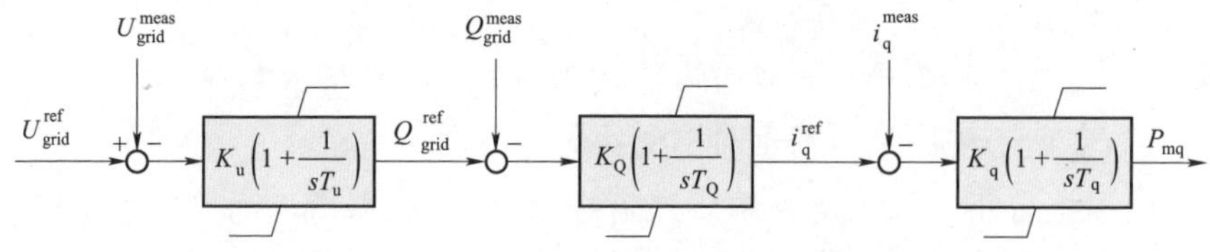

图 7－12 网侧变频器暂态电压控制器框图

根据给定的电压参考值U_{grid}^{ref}与故障过程中实际测得的电压值比较，其误差信号经过 PI 控制器，确定发电机侧变频器需要发出的无功参考值

Q_{grid}^{ref}，再通过内环的电流控制来调整风电机组实际发出无功功率以帮助全功率变换风电机组在故障后重建机端电压至给定的参考值。

7.3.2.2　附加直流电压耦合控制器模型

全功率变频器控制系统中，其发电机侧变频器与网侧变频器拥有各自独立的一套控制系统，而对于实际的全功率变频器系统而言，其两侧的变频器之间存在一定的耦合关系。为了使全功率变频器系统更好的稳定运行，在发电机变频器与网侧变频器原有控制系统之间引入附加直流电压耦合控制器，其控制框图如图 7－13 所示。由直流电压的误差信号经过 PI 控制器产生一个定子电流 d 轴分量参考值，与原控制系统中由有功功率控制环节产生的定子电流 d 轴分量参考值进行比较，取其中较大的值作为实际控制的 d 轴电流参考值。

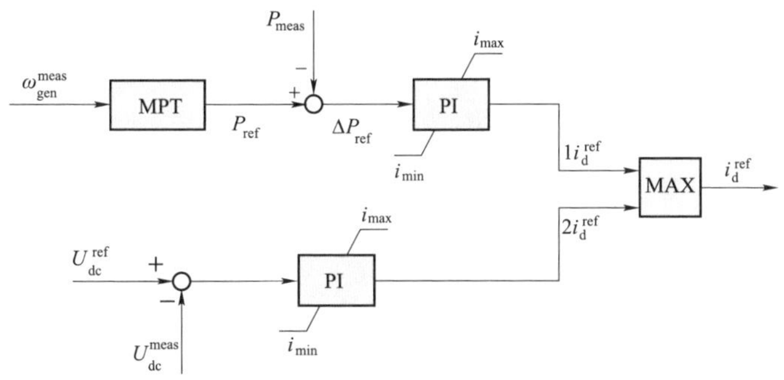

图 7－13　直流电压耦合控制系统框图

在稳定运行状态下，直流母线电压为其额定值，附加直流电压耦合控制器此时不起作用，发电机侧变频器控制系统用于实现风电机组的最大功率追踪。当电网发生故障并引起风电机组的直流电压出现较大的波动时，直流母线电压的测量值与其额定值相比较，其误差信号经过 PI 控制器，产生发电机侧变频器的定子电流 d 轴分量参考值，再通过内环电流控制系统实现对发电机有功功率的限制，从而实现了发电机侧变频器与电网侧变频器协调控制直流母线电压的功能，直到直流母线电压基本恢复到其额定值，发电机侧变频器控制系统则恢复其最大功率追踪的功能。直流电压耦合控制器的引入有利于风电并网的暂态电压稳定。

7.4 光伏发电接入电网暂态稳定分析

7.4.1 电压异常保护

根据光伏电站接入电网的技术规定，大型和中型光伏电站应具备一定的耐受电压异常的能力，避免在电网电压异常时脱离，引起电网电源的损失。当并网点电压在图 7-14 中电压轮廓线及以上的区域内时，光伏电站必须保证不间断并网运行；并网点电压在图中电压轮廓线以下时，允许光伏电站停止向电网线路送电。

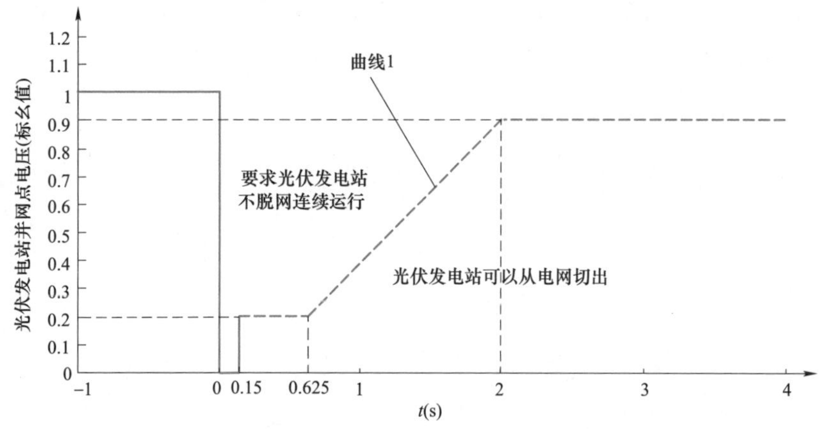

图 7-14　大型和中型光伏电站的低电压耐受能力要求

低电压穿越能力：

（1）对电力系统故障期间没有脱网的光伏发电站，其有功功率在故障清除后应快速恢复，自故障清除时刻开始，以至少每秒 30%额定功率的功率变化率恢复至故障前的值。

（2）对于通过 220kV（或 330kV）光伏发电汇集系统升压至 500kV（或 750kV）电压等级接入电网的光伏发电站群中的光伏发电站，当电力系统发生短路故障引起电压跌落时，光伏发电站注入电网的动态无功电流应满足以下要求：

1）自并网点电压跌落的时刻起，动态无功电流的响应时间不大于 30ms。

2）自动态无功电流响应起直到电压恢复至 0.9（标幺值）期间，光伏发电站注入电力系统的动态无功电流 I_T 应实时跟踪并网点电压变化，并应满足

$$\begin{cases} I_T \geqslant 1.5\times(0.9-U_T)I_N, & 0.2\leqslant U_T\leqslant 0.9 \\ I_T \geqslant 1.05\times I_N, & U_T<0.2 \\ I_T=0, & U_T>0.9 \end{cases} \tag{7-61}$$

式中　U_T——光伏发电站并网点电压标幺值；

I_N——光伏发电站额定电流。

7.4.2　孤岛保护

孤岛现象是指当电网由于电气故障或自然因素等原因中断供电时，光伏并网发电系统仍然向周围的负载供电，从而形成一个电力公司无法控制的自给供电孤岛。光伏并网发电系统处于孤岛运行状态时会产生严重的后果，如孤岛中的电压和频率无法控制，可能会对用户的设备造成损坏；孤岛中的线路仍然带电，可能会危及检修人员的人身安全等。可见，研究孤岛检测方法及保护措施，消除孤岛产生的危害具有十分重要的现实意义。

随着分布式发电系统规模的不断增大，可能出现的孤岛效应会对系统的安全运行、线路工人的人身安全构成重大威胁，因此，所有并网逆变器必须具有防孤岛效应的功能。已有的孤岛检测方法主要包括被动检测法和主动检测法。被动检测法虽然在大多数情况下能快速检测出孤岛运行，但是随着分布式发电系统规模的增大，分布式发电与负载需求平衡的可能性也增加，给被动检测法的检测带来困难。主动检测法的引入可以最大限度地减小发生孤岛效应时的检测盲区。目前已经发展了多种主动检测法，如输出有功无功扰动法、滑动频率偏移检测法等。其中，主动频率偏移（active frequency drift，AFD）法以其易于实现、花费少、实用性强的特点被人们广泛关注，并得到了发展。

7.4.3　保护对稳定性的影响

光伏并网系统作为电力系统的一部分需要接入保护装置，一方面对光伏发电系统保护，防止孤岛效应等发生；另一方面，需要安装继电保护装置，防止线路事故或是功率失稳。并网保护装置中一个重要的设备是功率

调节器。功率调节器中除了设置有并网保护装置外，在光伏系统输出和并网点之间须增设另一套并网保护装置作后备保护，以保证在光伏逆变系统发生异常的时候，光伏系统不对电网产生较大的不良影响，还可以保证在电网发生故障的时候，电网不对光伏系统产生损坏。常用的并网保护功能有低电压保护、过电压保护、低频率保护、过频率保护、过电流保护和孤岛保护等。

功率调节器由控制单元、显示单元、充放电单元、逆变器单元和并网保护装置等组成。功率调节器为采用模块化设计的逆变器单元和功能单元，可以灵活组合。单元之间按照主/从控制运行方式，设有自立运行功能，可根据需要设置为低压电网、高压并网、自立运行、防灾应急等方式，功率调节器自带的显示单元既可显示光伏阵列电压、电流、倾斜面辐照度、蓄电池电压、电流和剩余容量，又可显示逆变器输出电压、电流、功率，累计发电量、运行状态和异常报警等各项电气参数。是否需要通信接口实现远程监视须视具体情况决定，一般光伏发电并网系统应尽可能地简化，过于复杂会增加系统造价和维护的复杂性，也会降低系统的可靠性。

7.5 提高新能源并网系统暂态稳定性的主要技术措施

改善大规模新能源接入电网暂态稳定性的技术措施包括新能源发电机组优化控制、无功补偿装置优化控制与系统协调优化控制。

7.5.1 新能源发电机组优化控制技术

以双馈风电机组为例，新能源发电机组故障穿越技术路线大体上可以分为如下三大类：

（1）基于改进控制策略的故障穿越方案。不增加额外的设备，在机组已有设备的基础上通过改进控制策略，仅适用于电压跌落不太严重的情况。

（2）基于附加硬件设备的故障穿越方案。通常利用额外的硬件电路，针对机组变量本身，比如定子电压和电流，更多的是针对转子电流本身，而进行的一种故障穿越技术。该方法较适合电压跌落严重的情况。

（3）结合或协调的故障穿越方案。

其中，基于附加硬件设备的故障穿越方案，根据附加电路接入机组的方式和位置不同，又可分为转子侧 crowbar 电路故障穿越方案和直流侧 Chopper 电路故障穿越方案。

7.5.1.1 转子侧 crowbar 电路故障穿越方案

转子侧 crowbar 电路方案是目前较为主流的一种实现双馈风电机组低电压穿越的保护方式，其基本原理为，当转子侧电流升高至预设的阈值时开关元件被触发导通，同时关断转子侧变频器中所有开关器件，使得转子故障电流流入 crowbar 电阻，为转子侧的浪涌电流提供一条卸荷通路。随着风电并网规范的日益严格，crowbar 保护电路更多地采用二极管整流桥配合 GTO 或 IGBT 等自关断器件的拓扑结构，如图 7－15 所示。这种结构可以在任意时刻关断 crowbar 保护电路，从而在风电机组不脱网的情况下使转子侧变频器重新投入工作，向故障电网提供必要的无功功率支持。

从拓扑结构上看，转子侧 crowbar 能够有效抑制电压跌落激起的转子侧过电流，使 RSC 得到有效保护，实现故障期间 DFIG 机组的不间断运行。只要控制策略得当，理论上可实现任意程度的电压故障穿越。但值得指出的是，在 crowbar 导通期间，RSC 停止工作而发电机处于不可控状态，DFIG 需从电网吸收一定量的无功功率，不利于故障电网的迅速恢复，这是采用这种保护方式的不足之处。

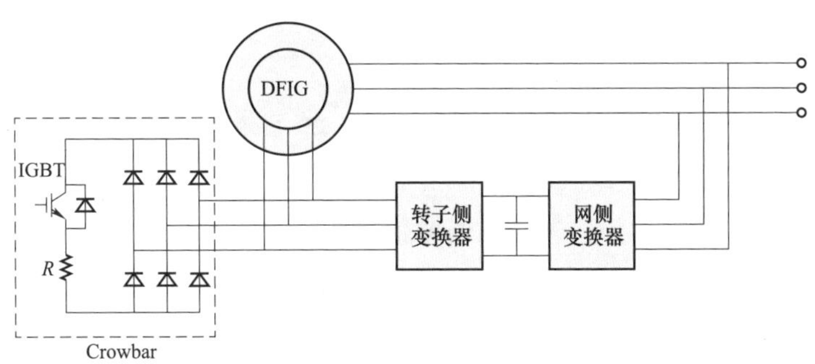

图 7－15 双馈风电机组转子侧 crowbar 保护电路拓扑结构

crowbar 中电阻 R 的选取需遵循一定的原则，其中 crowbar 动作后定、转子电流的近似表达式为

$$I_{\mathrm{s}}(t) \approx I_{\mathrm{r}}(t) = \frac{U_{\mathrm{s}}}{\sqrt{(\omega_1 L_\sigma)^2 + R^2}}[(1-p)\mathrm{e}^{-t/\tau_{\mathrm{s}}} - (1-s)(1-p)(1-\sigma)\mathrm{e}^{-t/\tau_{\mathrm{r}}} + p\mathrm{e}^{\mathrm{j}\omega_1 t}] + I_{\mathrm{r0}}\mathrm{e}^{-t/\tau_{\mathrm{r}}} \tag{7-62}$$

$$\tau_{\mathrm{s}} \approx \frac{L_\sigma}{R_{\mathrm{s}}}, \quad \tau_{\mathrm{r}} \approx \frac{L_\sigma}{R_{\mathrm{r}} + R}$$

式中　L_σ——定、转子漏抗总和；

p——电压跌落深度；

I_{r0}——故障前 DFIG 稳态运行时折算到定子侧的转子电流初始值。

由式（7-55）可知，电阻 R 阻值越大，转子电流衰减也越快，因此电流、转矩振荡幅度也越小。但 R 的阻值也不是越大越好，R 过大将导致 RSC 开关器件及转子绕组的过电压，并加剧直流母线电压 V_{dc} 的振荡。因此，电阻 R 的取值主要取决于两个因素：① R 必须足够大以抑制短路电流；② 流过转子最大电流时 R 上电压不应超过直流母线电压。

通过对接入 crowbar 后 DFIG 的数学模型进行较为详细的分析，并给出了计算 crowbar 电阻合理范围的公式

$$\begin{cases} R_{\min} = \dfrac{\omega_{\mathrm{r}}}{I_{\mathrm{safe}}}\sqrt{\left(\dfrac{U_{\mathrm{s}}}{\omega_{\mathrm{s}}}\right)^2 - (L_\sigma I_{\mathrm{safe}})^2} \\ R_{\max} = \dfrac{V_{\mathrm{dc}}\omega_{\mathrm{r}}L_\sigma}{\sqrt{3(U_{\mathrm{s}}\omega_{\mathrm{r}}/\omega_{\mathrm{s}})^2 - V_{\mathrm{dc}}^2}} \end{cases} \tag{7-63}$$

式中　I_{safe}——设定的安全电流值。

不同 crowbar 电阻阻值对机组的影响，当电流安全限制为 2（标幺值）时，电阻值取 0.4（标幺值）以上时，转子电流幅值就可以控制在安全限值以内，并随着阻值增加，转子电流幅值越小，衰减越快。但是，随着阻值的进一步增加，比如取 0.8（标幺值）以上时，不同阻值对转子故障电流的影响几乎没有太大差别。根据上述原则，并考虑到较大的值更有利于减小 crowbar 运行的时间，在后续仿真中将 crowbar 的电阻值取为 1（标幺值）。

此外 crowbar 的投入及切除时刻的选择也十分重要，选择不当将一方面引起 crowbar 多次动作，另一方面，可能引起大电流冲击；若选择得当，

可以有效减少其投切次数和工作时间，在保证安全的前提下尽可能地将DFIG处于可控状态。

7.5.1.2　直流侧Chopper电路故障穿越方案

直流侧Chopper电路的原理与crowbar电路类似，在直流母线上并接电阻，并通过可控开关控制，在导通时为多余能量提供释放的通道，其拓扑结构如图7-16所示。Chopper保护通常采取直流母线过压投入低压返回的滞环控制投退方式：① 直流母线电压高于设定上限值时导通降低其过电压；② 当直流母线电压低于设定下限时则关断。

直流Chopper的优点在于工作期间RSC没有被切除而仍处于可控状态，因而可利用变频器送出一定无功功率以支持电网电压的恢复。但其缺陷在于难以起到对过电流的有效保护。由此来看，为实现对过电流的有效保护，在单独使用Chopper电路实现低电压穿越时应将RSC电流容量作适当扩大。

在Chopper电路投入期间，Chopper电路电阻R_{dc}的泄放功率和能量如下

$$P_{dc}=\frac{V_{dc}^2}{R_{dc}} \tag{7-64}$$

$$W_{dc}=\int P_{dc}\mathrm{d}t \tag{7-65}$$

直流母线两侧的不平衡功率越大，直流母线过压越严重，不平衡功率由Chopper电路释放，由式（7-64）、式（7-65）可知，在两侧不平衡功率较大时R_{dc}越小越好。

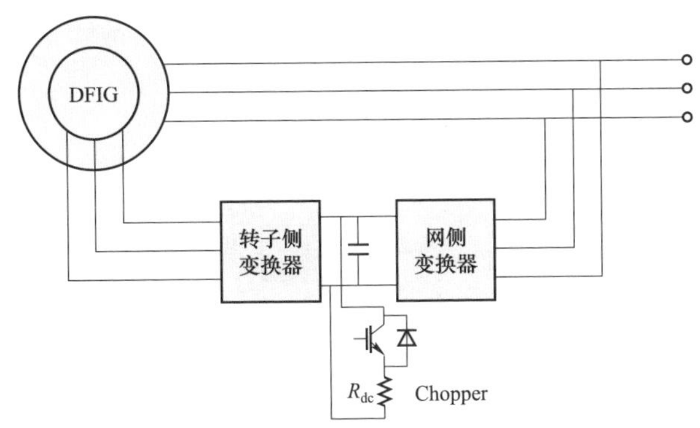

图7-16　双馈风电机组直流侧Chopper保护电路拓扑结构

7.5.1.3 机组故障穿越控制策略

在电网发生故障电压跌落过程中以及故障后的电压恢复过程中发出无功功率参与系统的暂态电压控制，以保证发电机出口机端电压（或者是并网点电压）能在故障后恢复并保持在故障前的值。其暂态电压控制框图见图 7-17。

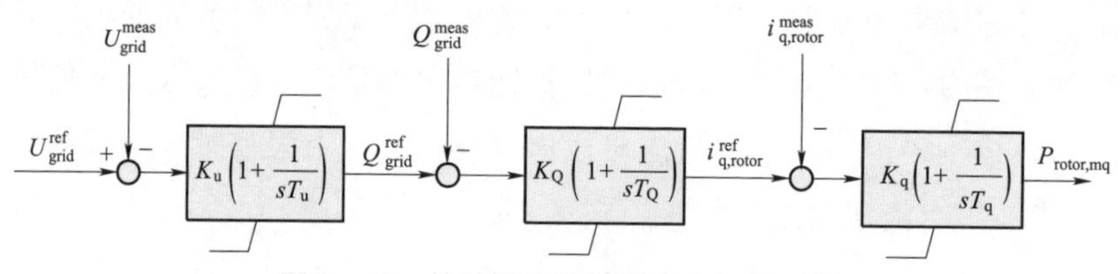

图 7-17 转子侧变频器暂态电压控制器

根据给定的电压参考值U_{grid}^{ref}与故障过程中实际测得的电压值比较，其误差信号经过 PI 控制器，确定转子侧变频器需要发出的无功参考值Q_{grid}^{ref}，再通过内环的电流控制来调整风电机组实际发出无功功率以帮助双馈感应电机在故障后重建机端电压至给定的参考值。

考虑到桨距角控制能够在很短的时间内实现对风电机组机械功率的调节，类似于同步发电机组汽轮机的快关汽门功能，因此将桨距角控制引入，用于电网故障时的风电场稳定控制及作为提高风电场暂态电压稳定性的措施。由于故障后机端电压降低，风电机组无法按原有的故障前有功功率运行，机械转矩大于电磁转矩引起风电机组超速，会导致整个风电场内所有风电机组超速保护动作将风电机组切除，因此需通过故障时或故障后降低风电机组机械转矩来阻止风电机组超速，改善其暂态电压稳定性。风电机组机械转矩的降低通过桨距角控制实现，采用的参与故障紧急控制的风电机组桨距角控制器框图见图 7-18。

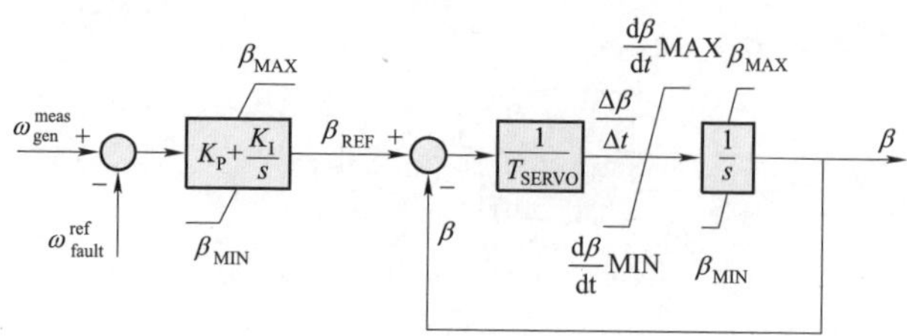

图 7-18 参与故障紧急控制的风电机组桨距角控制器

因为电压不稳定与感应电机超速密切相关，因此桨距角控制的输入信号误差取为实际发电机转子转速与故障情况下发电机转速的门槛值之差，当电网发生故障，风电机组转速超出其参考门槛值时，桨距角控制开始动作，以降低风能转换效率系数与风力机的机械转矩；同时由于机械转矩降低，发电机的有功功率也降低，可以提供更多的发电机容量用于发出无功功率支撑电网电压。

按照现有的风电机组桨距控制技术，完全可以实现故障及故障后电压恢复过程中的桨距角快速控制，这里桨距角变化速率限制在±5°/s以内。

7.5.1.4　不对称故障下低电压穿越策略优化

由于双馈风电机组网侧、转子侧变频器有限的控制能力及其与发电机之间存在电磁、机电等方面的相互影响，使其在不对称电网故障下的控制与运行更为复杂。

当电网发生不对称故障，基于对称电网电压下定子电压定向的网侧、转子侧变频器的传统矢量控制策略无法在同步速 dq 旋转坐标系中对正、负序电流实施精确控制，从而导致网侧、转子侧变频器电流控制的失效。电网不对称故障导致三相电流的高度不平衡，易于发生过电流现象，造成 DFIG 变频器输出有功、无功功率与直流环节电压的二倍电网频率波动，不仅会引起转子励磁电流谐波并影响转子侧变频器控制实施的准确性，且会对整个变频器构成过电压、过电流的危害，特别是影响直流母线电容的使用寿命；同时，不平衡电网电压引起了 DFIG 定子电流高度不平衡，从而会使定子绕组产生不平衡发热，发电机转矩产生脉动，导致输向电网的功率发生振荡。

由于 DFIG 励磁用网侧、转子侧变频器各自可控变量有限，电网电压不平衡故障下需要对网侧、转子侧变频器协同控制，最大限度地改善整个风电机组的综合控制能力，实现不平衡电网故障下 DFIG 风电机组的穿越运行。协同控制目标可以设为：转子侧变频器除对 DFIG 输出定子平均有功、无功功率进行独立解耦控制外，还需实现控制电磁转矩恒定，以消除发电机电磁转矩二倍频脉动，减轻对风电机组轴系的机械应力；网侧变频器除实现直流母线电压、平均无功功率固有独立解耦控制功能外，需实现控制 DFIG 输出有功功率恒定，以补偿 DFIG 定子输出有功功率的二倍频脉动，使整个 DFIG 发电系统输向电网的有功功率二倍频脉动为零，确保电网功率供求平衡、安全和稳定。

采用 d^+轴正序定子（电网）电压矢量定向，即将正序定子电压 u_{sd+}^+ 固定在正转同步速旋转坐标系的 d^+轴上，恒定电磁转矩下的转子侧变频器正、负序电流控制指令公式如下

$$\begin{cases} i_{rd+}^{+*} = \dfrac{L_s u_{sd+}^+}{L_m D_3} P_{s0} \\ i_{rq+}^{+*} = -\dfrac{L_s u_{sd+}^+}{L_m D_4}\left(Q_{s0} + \dfrac{D_4}{\omega_1 L_s}\right) \\ i_{rd-}^{-*} = k_{dd} i_{rd+}^{+*} + k_{qd} i_{rq+}^{+*} \\ i_{rq-}^{-*} = k_{qd} i_{rd+}^{+*} - k_{dd} i_{rq+}^{+*} \end{cases} \tag{7-66}$$

$$D_3 = {u_{sd+}^+}^2 + {u_{sd-}^-}^2 + {u_{sq-}^-}^2,\quad D_4 = {u_{sd+}^+}^2 - ({u_{sd-}^-}^2 + {u_{sq-}^-}^2),$$

$$k_{dd} = u_{sd-}^- / u_{sd+}^+,\quad k_{qd} = u_{sq-}^- / u_{sd+}^+$$

式中 下标“+”和“−”——正、负序分量；

上标“+”和“−”——正、反转同步速旋转坐标系；

上标“*”——指令；

L_s——dq 坐标系中定子等效两相绕组的自感；

L_m——dq 坐标系中定子与转子同轴等效绕组间的互感；

i_{rd}、i_{rq}——转子电流的 dq 轴分量；

P_{s0}、Q_{s0}——定子输出有功功率、无功功率的直流（平均）分量；

u_{sd}、u_{sq}——定子电压的 dq 轴分量；

i_{rd}、i_{rq}——转子电流的 dq 轴分量。

考虑到实际风电系统中 DFIG 定子、网侧变频器直接与电网相连，即 $U_{gdq}^+ = U_{sdq}^+$，采用正序 d^+ 轴电网（定子）电压 u_{sd+}^+ 定向，$u_{gd+}^+ = u_{sd+}^+$，

$u^{+}_{gq+}=u^{+}_{sq+}=0$，恒定输出有功功率下的网侧变频器正、负序电流控制指令公式如下

$$
\begin{cases}
i^{-*}_{gd-}=-\dfrac{2P_{scos2}}{3u^{+}_{sd+}}-k_{dd}i^{+*}_{gd+}-k_{qd}i^{+*}_{gq+} \\
i^{-*}_{gq-}=-\dfrac{2P_{ssin2}}{3u^{+}_{sd+}}-k_{qd}i^{+*}_{gd+}+k_{dd}i^{+*}_{gq+}
\end{cases}
\tag{7-67}
$$

式中　P_{ssin2}、P_{scos2}——定子输出有功功率的正、余弦波动分量。

根据式（7-66）和式（7-67），可以计算得到相应的网侧、转子侧变频器正、负序电流指令值。在平衡电网条件下的传统电流控制中分别嵌入一个 100Hz 的广义积分器来实现对正、负序电流的统一、精确控制。电网不对称故障下 DFIG 变频器正、负序电流控制原理图如图 7-19 所示。

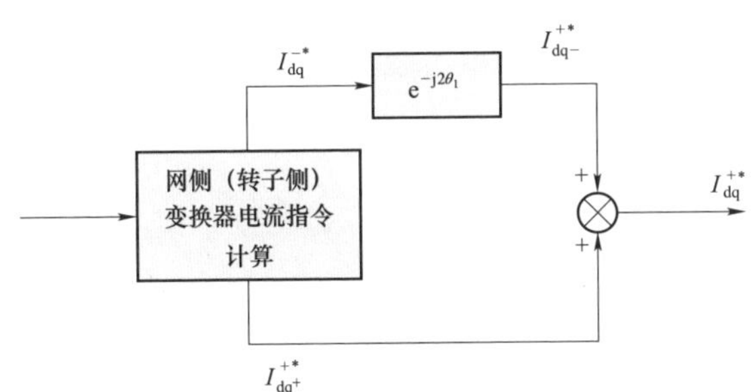

图 7-19　电网不对称故障下 DFIG 变频器正、负序电流控制原理图

7.5.2　无功补偿装置优化控制技术

无功补偿是提高功率传输容量和电压稳定性的有效办法。输电系统的无功补偿主要是为了控制电压，提高输电网络的功率传输能力和电力系统运行的稳定性。对于风电场，目前主要的无功补偿设备有并联电容器、电抗器、静止无功补偿器、静止同步补偿器。在场内和系统故障情况下，并联的电容器和电抗器无法快速动作，因此需要能够快速动作的静止无功补偿器、静止同步补偿器。

7.5.2.1　SVC

静止无功补偿装置（static var compensator，SVC）是一种可以控制无

功功率的补偿装置，它克服了机械投切并联电容器和电抗器的缺点，能够跟踪电网或负荷的无功功率波动，进行无功功率的实时补偿，快速准确的调节电压，投切不受暂态过程限制。

当 SVC 接入风电场低压侧汇流母线时，根据 SVC 容量的大小可以部分甚至完全提供风电场的无功需求，改善整个风电场的功率因数，减少从电网侧流向风电场方向的无功，降低线路压降；在电网侧发生大扰动故障时，SVC 能够动态调整其输出无功功率，帮助风电机组的异步发电机在故障过程结束后重建机端电压。相关研究表明在安装 SVC 装置后，风电场节点电压的波动明显降低；当发生故障后，SVC 的动态无功调节能力可以加快故障切除后风电场节点电压的恢复过程，改善系统的稳定性。

7.5.2.2 SVG

静止无功发生器（static var generator，SVG）是一种快速的动态无功补偿设备，由并联接入系统的电压源换流器构成，其工作原理是通过调节输出电压幅值和相位来实现与交流系统无功功率的交换。SVG 在输电网中主要用于潮流控制、无功补偿和提供系统稳定性等，在配电网中主要用于改善电能质量和提高供电可靠性。

SVG 输出的三相交流电压与所接电网的三相交流电压同步，并联接入输电线路。虽然它的输出特性与旋转同步调相机相似，但是它能够提供快速的响应速度以及对称超前或滞后的无功电流，从而调整输电线路的无功功率，平衡输电线路电压，保持输电线路静态或动态电压在系统允许的范围内运行；同时，它的平滑连续控制可使由无源装置产生的电压波动减少到最低限度，有利于提高电力系统稳定性。特别是在系统发生故障时，SVG 可以输出连续可调的容性或感性无功电流，为系统电压提供动态支撑，因此能够实现电压平稳控制，提高系统暂态电压稳定水平，尤其是适用于大规模风电并网的系统。

与 SVC 相比，在交流电压较低的情况下 SVG 可以提供更多的无功功率，因为 SVG 在电压下降到很低的情况下仍能提供额定值大小的电流。而且 SVG 的响应时间要比 SVC 短，有更快的响应速度。SVG 由于能够快速平滑地从容性到感性调节无功功率，因此对维持系统电压、改善电力系统动态特性、阻尼电力系统振荡、提高电力系统的静态与暂态稳定性都具有很高的应用价值。

7.5.3　案例分析

以某风电基地为例，分析系统故障时，在故障穿越期间风电场发无功和吸收无功两种无功特性对电网电压的影响。风电基地接线图如图 7－20 所示。

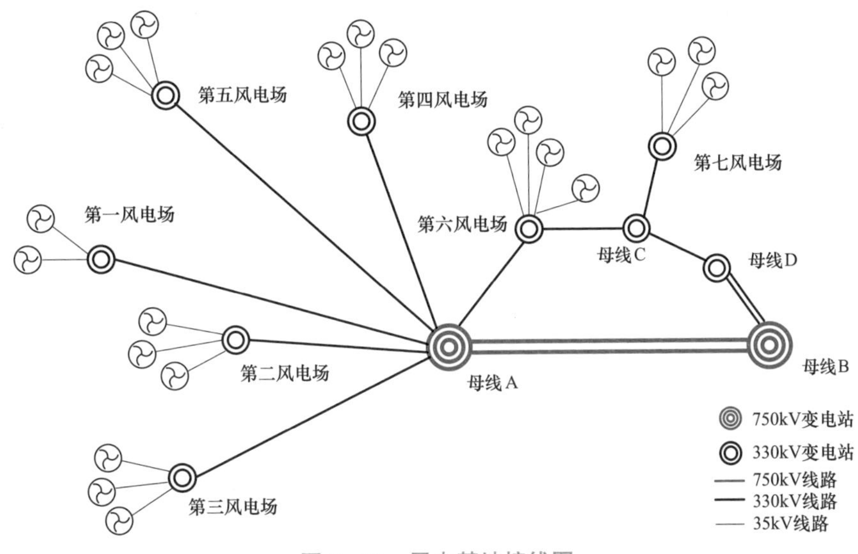

图 7－20　风电基地接线图

针对风电机组在低电压期间具备无功支撑能力和不具备无功支撑能力两种方案，风电机组机端电压和风电机组无功出力的暂态曲线对比如图 7－21 所示。图中红色虚线为风电机组在低电压期间具备无功支撑能力，蓝色实线为风电机组不具备在低电压期间提供无功支撑的能力。

由图 7－21 可以看出，若风电机组不具备在低电压期间提供无功支撑的能力，则故障期间风电机组将从电网吸收无功功率，风电机组电压持续降低，低于 0.20（标幺值）；若风电机组具备在低电压期间提供无功支撑的能力，则风电机组在过电流冲击结束后立即发出无功功率，风电机组不再出现从电网吸收无功功率的过程，机端电压在故障期间也一直维持在临界值 0.2（标幺值）。

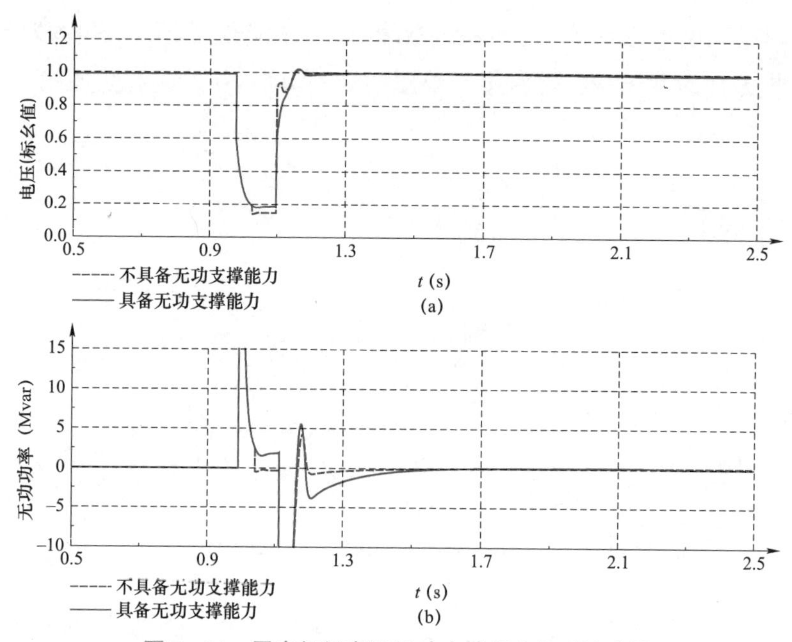

图 7－21　风电机组有无无功支撑能力的对比曲线

（a）风机机端电压；（b）风机无功功率

图 7－22、图 7－23 给出了风电机组是否具备无功支撑能力对风电场实现低电压穿越的效果对比。仿真设置为：第一风电场送出线路在风电场侧发生单相永久故障，设定 A 相故障，100ms 后 A 相断开，600ms 后 A 相重合闸，由于故障未切除，重合闸失败，再 100ms 后线路切除。

图 7－22 为风电机组不具备无功支撑能力时，风电场并网点电压和风电机组机端电压曲线。可以看出，当第一风电场送出线路在风电场侧发生单相永久短路故障时，风电基地内的 7 座风电场将因为低电压保护动作而退出运行，即风电机组机端 A 相电压低于 0.2（标幺值）。

图 7－23 为风电机组具备无功支撑能力时，风电场并网点电压和风电机组机端电压曲线。当第一风电场送出线路在风电场侧发生单相瞬时短路

故障时，风电基地内第一风电场和第五风电场内所有风电机组会因为低电压保护动作而退出运行，即风电机组机端A相电压低于0.2（标幺值）。风电基地内其他风电场风电机组能够保持并网运行，这是由于风电机组发出无功功率，机端电压明显高于风电场并网点电压，当风电场并网点电压低于0.2（标幺值）时，风电机组机端电压仍高于0.2（标幺值），因此部分风电场内机组仍可并网运行。

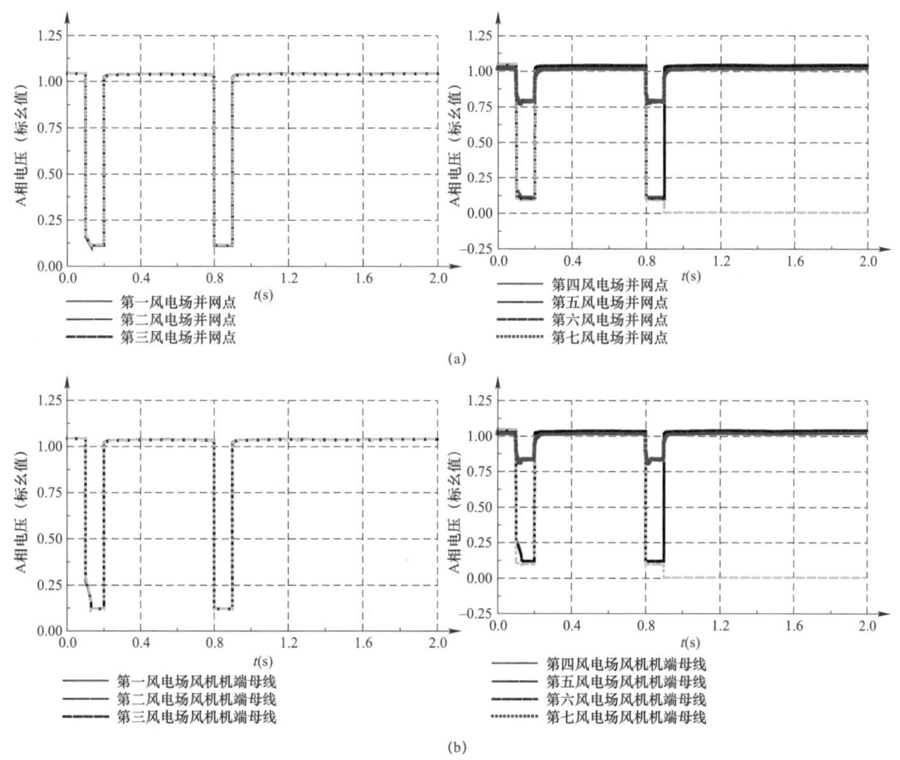

图7-22 风电场侧电压曲线

（a）风电场并网点电压；（b）风电场机端母线电压

以上分析表明，风电场内风电机组发出无功功率时，风电场实现低电压穿越的情况好于风电机组吸收无功的情况，而且系统电压恢复也更快。风电机组在低电压穿越期间发出无功功率，更有利于电网电压稳定。

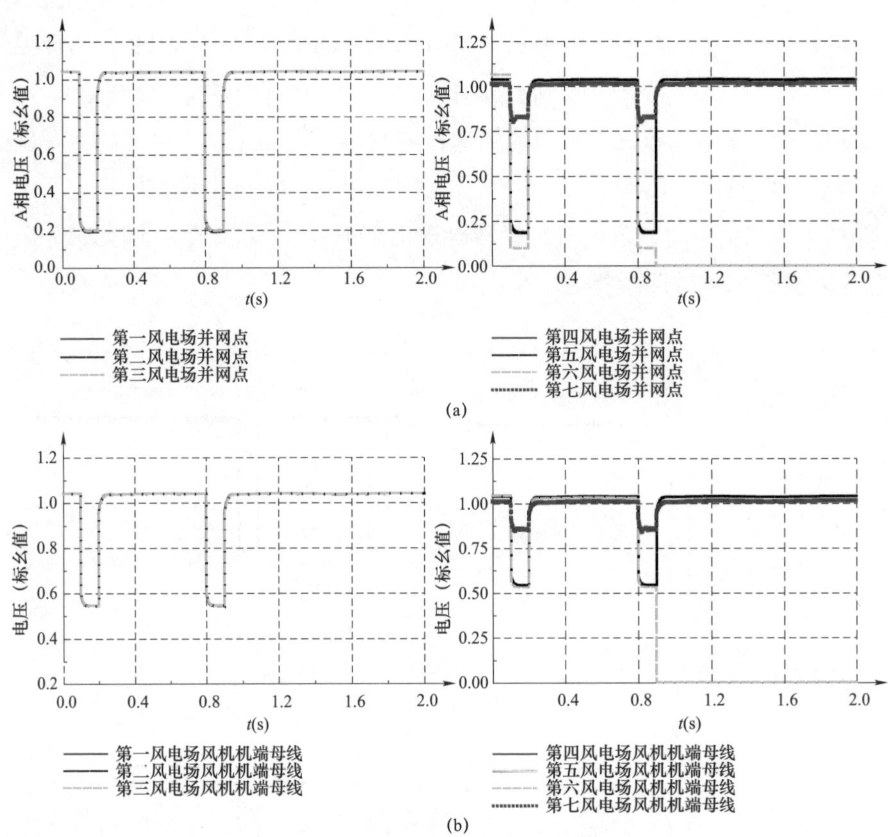

图 7-23 风电场侧电压曲线

（a）风电场并网点电压；（b）风电场机端母线电压

第 8 章

新能源接入电网技术要求

针对新能源发电接入电网会对原有电力系统的运行带来较大影响，世界上新能源发展较发达的国家都先后提出了风电和光伏接入电网的技术要求，以确保风电和光伏接入电力系统运行的安全可靠性。《风电场接入电力系统技术规定》（GB/T 19963—2011）和《光伏发电站接入电力系统技术规定》（GB/T 19964—2012）对风电场、光伏电站接入电网应满足的各项要求做出了相应的规定，指导风电场、光伏电站的并网，以保证并网后风电场、光伏电站及电网安全、稳定、可靠运行，其主要内容包括以下方面：有功功率、功率预测、无功容量、电压控制、低电压穿越、运行适应性、电能质量、仿真模型和参数、二次系统、并网检测等。

本章将首先介绍风电场和光伏电站接入电网的基本技术要求；其次，分别比对国内外风电场和光伏电站接入电网技术要求的一些差异性；最后，结合新能源并网的一些新的技术问题，讨论新能源并网接入电网技术要求的发展趋势。

8.1 新能源接入电网基本技术要求

新能源发电具有与火力发电、水力发电等常规能源发电显著不同的特点。

（1）发电出力的波动性。新能源发电的输出功率具有明显的波动性，在系统中达到一定规模后，会对系统调峰带来较大困难。

（2）发电技术的差异性。新能源发电普遍采用基于电力电子接口的发电技术，导致新能源发电机组与同步发电机组相比在稳态运行及暂态过程中具有不同的特性，给电力系统带来更多稳定性方面的影响。

对接入电网的新能源发电而言，必须满足电网的技术要求，这些技术要求可大致对应三种类型的系统技术问题。

（1）系统安全性，例如，有功功率中的紧急控制要求、低电压穿越要求；

（2）局部地区系统的运行和控制问题，例如，无功功率要求及电压控制、电能质量要求；

（3）整个电力系统的运行和控制问题，例如，有功功率控制、运行频率要求。

因此，为了保证新能源发电接入电网后系统供电的充裕性和安全可靠性，分别针对稳态运行和暂态过程中的问题，需要从有功无功控制运行角度提出一些基本技术要求。对于风电场接入系统和光伏发电站接入系统的基本技术要求来说，由于两种发电技术的差异性，在某些并网要求的技术指标上有所不同，但总的功能和要求是相似的，因此以风电为例重点说明，并对光伏发电站接入系统基本技术要求与风电差异性较大的地方进行补充说明。

根据并网导则 GB/T 19963 和 GB/T 19964 中的定义，并网点即风电场和光伏电站升压站高压侧母线或节点，如图 8-1 所示风电场并网点示意图。并网导则规定的是并网点（PCC）需要满足的要求，即并网导则是对具体风电场和光伏电站的要求。

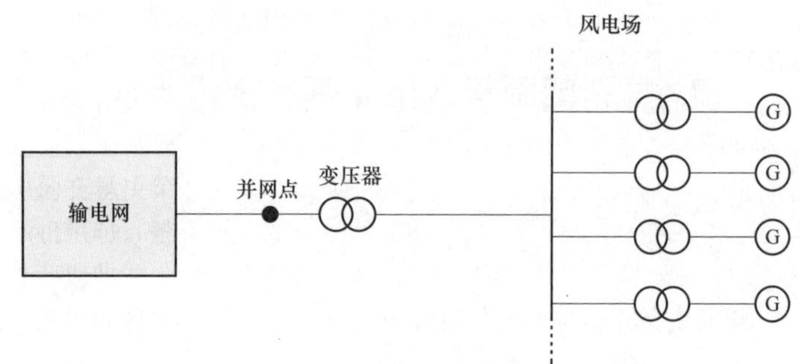

图 8-1　风电场并网点（PCC）示意图

8.1.1 稳态电压和有功控制要求

考虑到新能源并网对系统的影响，世界各国的风力发电和光伏发电接入电网技术标准和规程均对风电场和光伏电站提出了无功容量及电压控制、有功功率控制等方面的技术要求。

8.1.1.1 无功和电压控制要求

无功与电压控制要求是所有风电和光伏并网技术规定的基本内容，目的是保证风电场和光伏电站并网点的电压水平和系统电压稳定。在 GB/T 19963 和 GB/T 19964 中，对风电和光伏接入电网的无功和电压控制要求基本相似。下面以风电为例说明。

（1）风电场安装的风电机组应满足功率因数在超前 0.95～滞后 0.95 的范围内动态可调。

（2）风电场要充分利用风电机组的无功容量及其调节能力；当风电机组的无功容量不能满足系统电压调节需要时，应在风电场集中加装适当容量的无功补偿装置，必要时加装动态无功补偿装置。

（3）对于风电场的无功容量配置，考虑到各风电场的无功容量配置需求与风电场容量规模及所接入电网的强度有密切关系，因此对不同规模及不同接入电压等级的风电场分别提出了相应的要求，如表 8－1 所示。

表 8－1　　风电场无功容量配置原则

并网方式	风电场无功配置原则
对于直接接入公共电网的风电场	其配置的容性无功容量能够补偿风电场满发时场内汇集线路、主变压器的感性无功容量及风电场送出线路的一半感性无功容量之和，其配置的感性无功容量能够补偿风电场自身的容性充电无功功率及风电场送出线路的一半充电无功功率
对于通过 220kV（或 330kV）风电汇集系统升压至 500kV（或 750kV）电压等级接入公共电网的风电场群中的风电场	其配置的容性无功容量能够补偿风电场满发时场内汇集线路、主变压器的感性无功容量及风电场送出线路的全部感性无功容量之和，其配置的感性无功容量能够补偿风电场自身的容性充电无功功率及风电场送出线路的全部充电无功功率

（4）风电场应配置无功电压控制系统，具备无功功率调节及电压控制能力。根据电力系统调度机构指令，风电场自动调节其发出（或吸收）的无功功率，实现对风电场并网点电压的控制，其调节速度和控制精度应能满足电力系统电压调节的要求。

（5）当公共电网电压处于正常范围内时，风电场应当能够控制风电场并网点电压在标称电压的97%～107%范围内。

8.1.1.2 有功功率控制要求

有功功率控制要求是基于确保系统频率恒定，防止输电线路过载，确保故障情况下系统稳定的考虑。在GB/T 19963和GB/T 19964中，对风力发电和光伏发电接入电网的有功功率控制要求基本相似，较小的一处差异是：对于风力发电接入，当风电场有功功率在总额定出力的20%以上时场内所有运行机组应能够实现有功功率的连续平滑调节；而对于光伏发电接入则没有出力的限定，这主要是由于风电机组中具有电机模块，因此机组运行中有最小可调出力的限制。下面以风力发电为例说明有功功率控制要求。

（1）风电场应符合《电网运行准则》（DL/T 1040—2007）的规定，具备参与电力系统调频、调峰和备用的能力。

（2）风电场应配置有功功率控制系统，具备有功功率调节能力。

（3）当风电场有功功率在总额定出力的20%以上时，场内所有运行机组应能够实现有功功率的连续平滑调节，并能够参与系统有功功率控制。

（4）风电场应能够接收并自动执行电力系统调度机构下达的有功功率及有功功率变化的控制指令，风电场有功功率及有功功率变化应与电力系统调度机构下达的给定值一致。

（5）在风电场并网以及风速增长过程中，风电场有功功率变化应当满足电力系统安全稳定运行的要求，其限值应根据所接入电力系统的频率调节特性，由电力系统调度机构确定。风电场有功功率变化限值的推荐值见表8-2，该要求也适用于风电场的正常停机。允许出现因风速降低或风速超出切出风速而引起的风电场有功功率变化超出有功功率变化最大限值的情况。

表8-2　正常运行情况下风电场有功功率变化最大限值

风电场装机容量（MW）	10min有功功率变化最大限值（MW）	1min有功功率变化最大限值（MW）
＜30	10	3
30～150	装机容量的1/3	装机容量的1/10
＞150	50	15

（6）在电力系统事故或紧急情况下，风电场应根据电力系统调度机构的指令快速控制其输出的有功功率，必要时可通过安全自动装置快速自动降低风电场有功功率或切除风电场；此时风电场有功功率变化可超出电力系统调度机构规定的有功功率变化最大限值。事故处理完毕，电力系统恢复正常运行状态后，风电场应按调度指令并网运行。

8.1.2 低电压穿越要求

随着新能源接入电网比例的增加，为保证电力系统电力平衡及频率稳定性，在故障时将新能源发电切除不再是一个合适的策略，而是要求新能源电站能够在系统故障状态下实现低电压穿越，通过提供无功电流注入来帮助系统快速恢复稳定，并保证新能源电站在故障清除后能够快速恢复有功功率输出。GB/T 19963 和 GB/T 19964 中对于风电场和光伏电站均明确规定了低电压穿越能力。

低电压穿越（low voltage ride through，LVRT）是指当电力系统事故或扰动引起并网点电压跌落时，在一定的电压跌落范围和时间间隔内，风电/光伏能够保证不脱网连续运行的能力。因此，风电和光伏的低电压穿越的要求都是包括不脱网和对电网提供支撑两方面的要求，但是在具体指标上又有所区别。

8.1.2.1 风电场低电压穿越

图 8-2 是我国对风电场低电压穿越能力的要求。

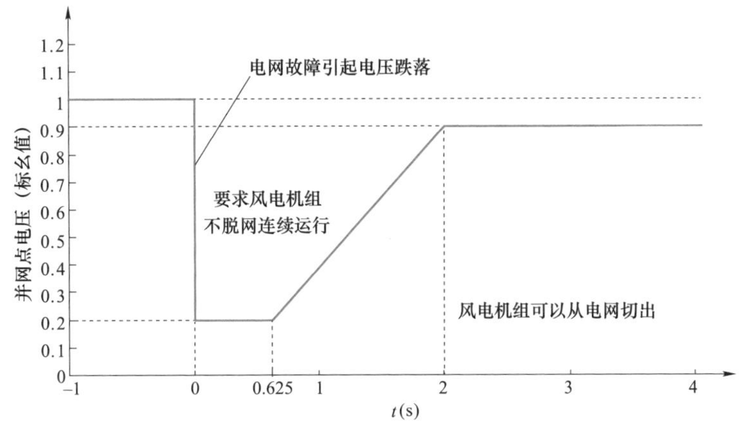

图 8-2 对风电场低电压穿越能力的要求

（1）风电场并网点电压跌至20%标称电压时，风电场内的风电机组能够保证不脱网连续运行625ms。

（2）风电场并网点电压在发生跌落后 2s 内能够恢复到标称电压的90%时，风电场内的风电机组能够保证不脱网连续运行。

（3）对电力系统故障期间没有切出的风电场，其有功功率在故障清除后应快速恢复，自故障清除时刻开始，以至少每秒10%额定功率的功率变化率恢复至故障前的值。

针对电力系统不同故障类型，低电压穿越考核电压如表8-3所示。

表8-3　　低电压穿越考核电压

故障类型	考核电压
三相短路故障	并网点线电压
两相短路故障	并网点线电压
单相接地短路故障	并网点相电压

同时，对于总装机容量在百万千瓦级规模及以上的风电场群中的风电场，当电力系统发生三相短路故障引起电压跌落时，还应具备一定的动态无功支撑能力。

（1）当风电场并网点电压处于标称电压的20%～90%区间内时，风电场应能够通过注入无功电流支撑电压恢复；自并网点电压跌落出现的时刻起，动态无功电流控制的响应时间不大于75ms，持续时间应不少于550ms。

（2）风电场注入电力系统的动态无功电流 I_T 应满足式（8-1）的要求

$$I_T \geqslant 1.5 \times (0.9-U_T) I_N, \quad (0.2 \leqslant U_T \leqslant 0.9) \tag{8-1}$$

式中　U_T——风电场并网点电压标幺值；

I_N——风电场额定电流。

8.1.2.2　光伏电站低电压穿越

图8-3是我国对光伏电站低电压穿越能力的要求。该要求中规定：

（1）光伏发电站并网点电压跌至0时，光伏发电站应能不脱网连续运行0.15s；

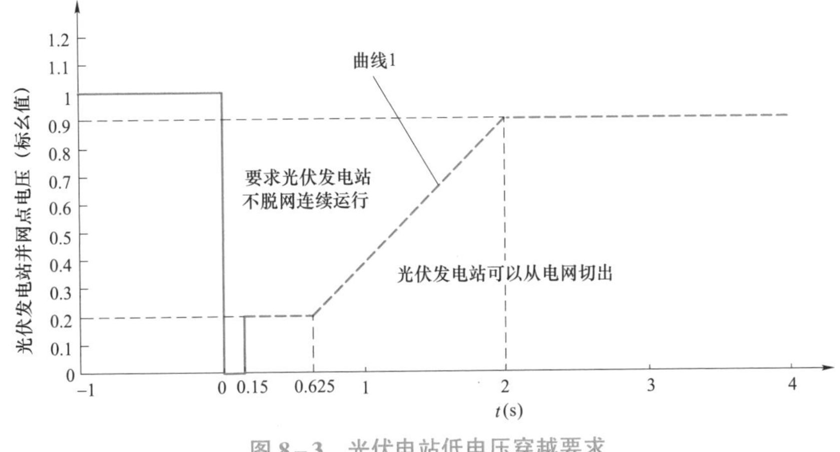

图 8–3 光伏电站低电压穿越要求

（2）光伏发电站并网点电压跌至曲线以下时，光伏发电站可以从电网切出；

（3）对电力系统故障期间没有切出的光伏发电站，其有功功率在故障清除后应快速恢复，自故障清除时刻开始，以至少每秒 30%额定功率的功率变化率恢复至故障前的值。

同时，对于通过 220kV（或 330kV）光伏发电汇集系统升压至 500kV（或 750kV）电压等级接入电网的光伏发电站群中的光伏发电站，当电力系统发生短路故障引起电压跌落时，光伏发电站注入电网的动态无功电流应满足以下要求：

（1）自并网点电压跌落的时刻起，动态无功电流的响应时间不大于 30ms。

（2）自动态无功电流响应起直到电压恢复至 0.9（标幺值）期间，光伏注入电力系统的动态无功电流 I_T 应满足

$$\begin{cases} I_T \geqslant 1.5\times(0.9-U_T)I_N,\ 0.2\leqslant U_T\leqslant 0.9 \\ I_T \geqslant 1.05I_N,\ U_T<0.2 \\ I_T=0,\ U_T>0.9 \end{cases} \tag{8-2}$$

8.1.3 电能质量等要求

根据新能源并网运行中的具体问题，为了确保风电和光伏接入电力系统运行的安全可靠性，除了正常运行和故障下的有功和无功控制技术要求之外，新能源接入电网还需要对二次系统的配置、对电网电能质量的影响以及运行适应性等提出技术要求。

连接到输电系统的大型发电厂向电力系统调度部门提供实时数据是必需的，是电力系统调度部门进行系统监测和控制的基础。因此风电场和光伏电站也应要求相应的运行监测和数据传输。根据实际系统要求及风电场和光伏电站功率预测系统的要求，风电场和光伏电站应通过实时通信向电力系统调度部分传输相关信号。

另外，需要求在变电站安装故障记录装置，以记录电网故障前后的风电场和光伏电站的相关运行数据。该记录装置应该包括必要数量的通道，并配备至电力系统调度部门的数据传输通道。考虑到相角测量单元（phase measurement unit，PMU）在我国电网中的配置越来越普遍，为了更好利用系统及风电场历史数据分析各种情况下电网与风电场的相互影响，也要求风电场配置 PMU 系统，保证其自动化专业调度管辖设备和继电保护设备等采用与电力系统调度部门统一的卫星对时系统。

而风电场和光伏电站电能质量问题一般指三个主要方面：电压偏差、闪变、谐波，只要满足相应的电能质量标准《电能质量　供电电压偏差》（GB/T 12325—2008）、《电能质量　电压波动和闪变》（GB/T 12326—2008）、《电能质量　公用电网谐波》（GB/T 14549—1993）的要求即可。

上述内容构成了新能源接入电网的基本技术要求，其最根本的目标仍然是为了保障系统的安全性。当风电场和光伏电站的有功出力成为系统运行很重要的一部分时，不允许风电场和光伏电站大规模的损失发电功率，基于此对风电场和光伏电站低电压穿越要求成为基本的要求。电压允许偏差主要是地区电网的问题，而频率允许偏差是整个电力系统的问题。像电压控制这样的问题，一般通过地区内的发电机组或其他设备调整无功出力实现，但随着新能源发电功率的增加，其对整个系统的影响开始变得非常重要而成为需要解决的整个系统的问题。

8.2 国内外标准对比分析

8.2.1 风电并网标准对比分析

世界上其他一些风电起步较早、技术发展较先进的国家，如德国、丹麦及美国等，早在2004年起就已纷纷制定了比较全面的风电场并网技术规定，本节主要引用国外技术标准基本信息如表8－4所示，并主要对风电场接入电网的有功、无功、电压控制等基本技术要求进行对比。

表8－4　　国外风电并网导则基本信息

国家	导则名称	制定机构	年份
德国	中压电网规范2008（Medium Voltage Directive 2008）	德国能源与水经济协会BDEW	2008
	输电网导则2007（Transmission Code 2007）	德国电网企业协会VDEW	2007
	高压及超高压电网导则（2006）	E.on公司	2006
丹麦	接入100kV及以上电网的风电机组技术规定	Energinet	2004
	风电场接入输电网技术规定	Eltra	2002

8.2.1.1 电压要求

1. 国外标准

（1）丹麦。丹麦标准中对最低允许电压 U_L、正常情况下的最低电压 U_{LF}、正常情况下的最高电压 U_{HF}、最高允许电压 U_H 的要求为：

1）400kV：$U_L=-20\%$，$U_{LF}=-10\%$，$U_{HF}=+5\%$，$U_H=+10\%$；

2）150kV：$U_L=-10\%$，$U_{LF}=-3\%$，$U_{HF}=+13\%$，$U_H=+20\%$；

3）132kV：$U_L=-10\%$，$U_{LF}=-5\%$，$U_{HF}=+10\%$，$U_H=+17\%$。

丹麦并网标准对风电场电压—频率的要求如图8－4所示。

（2）德国。德国标准中对正常运行电压的要求为：

1）380kV：－8%～＋11%；

2）220kV：－12%～＋11%；

3）110kV：－13%～＋12%。

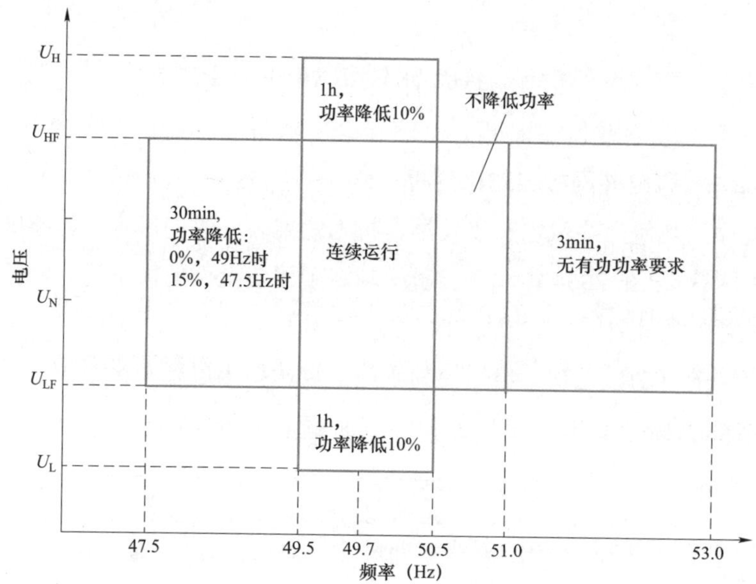

图 8–4　丹麦并网标准对风电场电压—频率的要求

如果并网点电压降低并保持在基准电压的85%以下（380/220/110kV，如 110kV×0.85=93.5kV），且同时向风电场提供无功功率，则风电机组必须在5s延时后退出运行。

德国 E.on 对使用非同步发电机的风电机组有具体要求：

1）如果每台风电机组变压器低压侧电压降低，并保持在根据重新整定的比值 0.98 得到的电压范围低值的 80%以下（例如 690×0.95×0.8=525V），则四分之一数量的风电机组必须分别在 1.5s、1.8s、2.1s 和 2.4s 后从电网切除。

2）如果每台风电机组变压器低压侧电压上升并保持在根据重新整定的比值1.02得到的电压范围高值的120%以上（例如690×1.05×1.2=870V），则受到影响的风电机组必须在100ms后从电网切除。

2. 国内外标准对比

丹麦的风电并网标准在电压控制方面考虑了有功功率和时间的因素，并且在不同电压等级有不同的控制要求。

德国对风电场电压调节的范围要求较宽，如对110kV电压等级，其要求的电压调节范围为额定电压的−13%～+12%。但是，德国风电并网标准对风电场并网点电压低于额定值的 85%或高于额定值的 120%时，风电机组从电网中切除的时间进行了详细的规定。

国内风电并网标准在电压方面的要求主要分三个方面：

（1）对风电场运行电压偏差的要求：当风电场并网点电压在标称电压的 90%～110%之间时，风电机组应能正常运行。

（2）对风电场运行电压的要求：当风电场并网点电压超过标称电压的 110%时，风电场的运行状态由风电机组的性能确定；当风电场并网点的闪变、谐波与三相电压不平衡度等指标满足相关国家标准规定时，风电场内的风电机组应能正常运行。

（3）对风电场电压调节的要求：

1）要求风电场配置无功电压控制系统，根据电力系统调度机构指令控制并网点电压。

2）要求风电场应当能够在公共电网电压处于正常范围内时，控制风电场并网点电压为标称电压的 97%～107%。

3）对风电场场内电压的调节手段或方式给出了要求：风电场变电站的主变压器应采用有载调压变压器，通过主变压器分接头调节风电场内电压。

相对国外标准而言，国内对风电场电压的要求更详细、更具体，在运行电压要求上与国外同类指标类似，风电场电压控制范围较小。

8.2.1.2　有功功率要求

1. 国外标准

（1）丹麦。风电场出力必须能限制到额定功率 20%～100%范围内随机设置的某个值，其上行和下行调节速度应可设置在 10%～100%额定功率/分钟的区间内。丹麦并网标准对风电场电压—频率的要求见图 8－4。

（2）德国。风电场都必须有降低出力运行的能力，并有在最小功率和连续运行的实际功率之间的全部范围内以每分钟 1%额定功率的恒定速度变化的能力。

图 8－5 所示是德国风电机组有功—频率特性要求，在频率降低到图示曲线以下时的情况下，必须保持有功出力不降低，即使风电场处于额定功率运行状态。

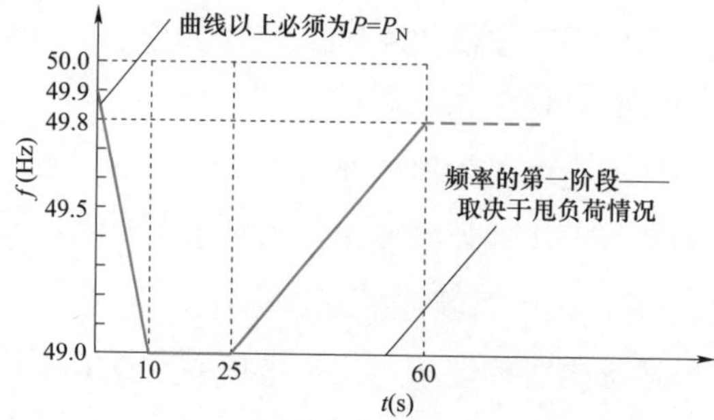

图 8-5　有功出力没有限制情况的频率下降包络线

图 8-6 为以额定功率百分数表示的有功出力与线电压等级和频率的函数关系（准稳状态，即频率梯度小于 0.5%/min，电压梯度不大于 5%/min）。该图还显示了风电场或单一风力发电机必须保持与电网连接的时间因素。阴影面积表示的是按控制条件偏离输出功率的附加要求，这一点必须与输电系统运营商（transmission system operators，TSO）达成共识。

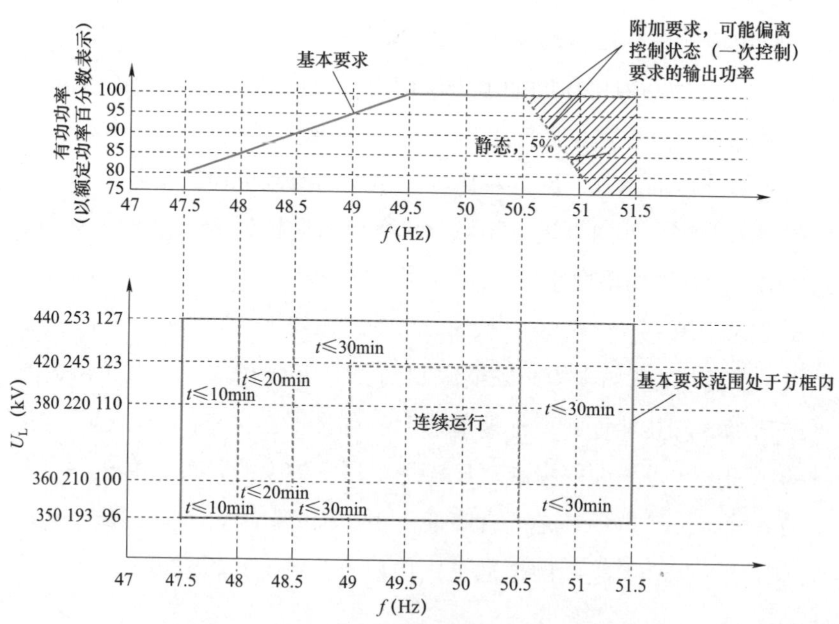

图 8-6　发电设施向电网输出功率的时间要求

在任何运行条件下，都必须能够实现降低有功出力并从任何运行点爬升到 E.on 规定的最大功率值（设定点的值）。功率设定点的值是由 E.on 规定的并网点的数值，以电网连接容量的百分数表示。功率输出降低到下达的设定值必须以至少每分钟 10%的电网连接容量的速度实现，发电设备不得从电网切离。

所有可再生能源发电机组当运行在频率高于 50.2Hz 时，都必须以发电机当前功率 40%的梯度降低有功功率，见图 8－7。当频率恢复到 50.05Hz 时，可以增加有功功率的馈入。

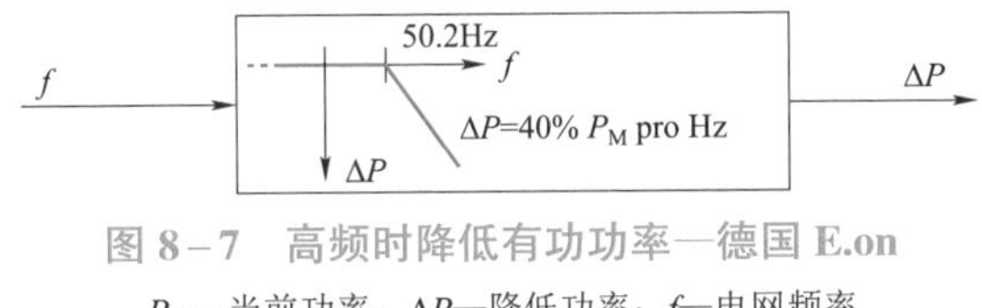

图 8－7　高频时降低有功功率—德国 E.on

P_M—当前功率；ΔP—降低功率；f—电网频率

当 $50.2\text{Hz} < f \leqslant 51.5\text{Hz}$ 时，$\Delta P = 20P_M \dfrac{50.2-f}{50}$；

在 $47.5\text{Hz} \leqslant f \leqslant 50.2\text{Hz}$ 范围内，没有限制，当 $f \leqslant 47.5\text{Hz}$ 或 $f \geqslant 51.5\text{Hz}$ 时，从电网切出。

2. 国内外标准对比

国内外风电并网标准都要求风电场具有有功功率控制能力。

丹麦和德国并网标准要求风电场的有功功率按电网电压、频率和持续时间进行控制，要求风电场在一定电压、频率和时间范围内对有功功率进行控制。

国外标准对风电场有功功率的要求中，都包括有功功率的调节速度问题。丹麦在规定风电场出力必须限制到额定功率 20%～100%范围内随机设置的某个值的基础上，要求风电场的上行和下行调节速度应可设置在每分钟 10%～100%额定功率的区间内。

德国要求风电场都必须有降低出力运行的能力，并能在最小功率和连续运行的实际功率之间以每分钟 1%额定功率的恒定速度变化。这个要求相对其他国家的并网标准来讲是最高的。同时要求，风电场功率输出降低到下达的设定值的过程，必须以至少每分钟 10%的电网连接容量的速度实现。

丹麦和德国都要求风电场的有功功率参与频率控制，其中德国并网标准中还给出了风电场参与频率控制时有功功率与频率的线性关系曲线。

我国对风电场有功功率的要求包括：风电场应具备有功功率调节能力，风电场有功功率变化控制能力，以及电力系统事故或紧急状态下的风电场有功功率控制能力三个方面。其中，有功功率变化包括 1min 有功功率变化和 10min 有功功率变化，标准给出了不同装机容量下的有功功率变化限值的推荐值，10min 有功功率变化限值约为装机容量的 30%，1min 有功功率变化限值约为装机容量的 10%。此要求与加拿大标准中风电场每分钟最大功率变化率不得超过风电场总装机容量 10%的要求一致。

国内外并网标准中有功功率控制，都要求按照电网管理部门或 TSO 的指令进行设置或与他们达成共识。

8.2.1.3　无功功率要求

1. 国外标准

（1）丹麦。风电场应安装无功补偿装置，以保证 10s 的无功功率平均值处于控制范围内，见图 8-8。

功率因数控制范围原则上为 0.995 超前～0.995 滞后。

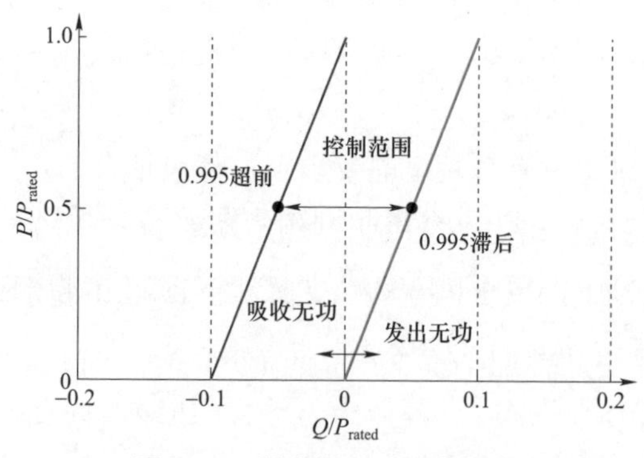

图 8-8　丹麦的无功调节要求

（2）德国。根据所接入电压等级的不同，无功功率要求为功率因数 0.95 超前～0.925 滞后，见图 8-9。

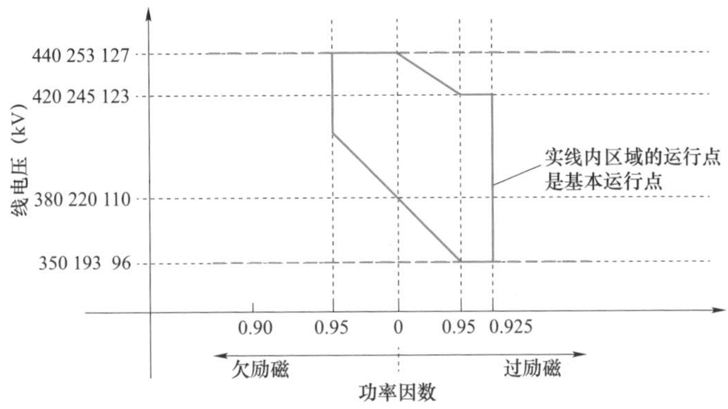

图 8－9 德国（E.on）对发电设备无功功率的要求

2. 国内外标准对比

国外风电并网标准中均有对风电场无功功率的详细规定，丹麦标准中规定风电场功率因数控制范围为 0.995 超前～0.995 滞后之间，风电场的无功功率按照有功出力确定。

德国标准按照风电场接入的不同电压等级，对风电场的无功功率提出了功率因数在 0.95 超前～0.925 滞后之间的要求，并且要求风电场无功功率按照电压和频率水平进行控制。

国内风电并网标准对风电场无功功率的要求，包括风电场无功电源和无功容量两个方面。与国外不同的是，国内对风电场内风电机组有功率因数调节范围的要求，而对风电场无功容量的要求不是基于功率因数的，是基于分（电压）层和分（电）区基本平衡的原则，并要求具有检修备用。标准中给出了直接接入和通过汇集接入这两种最常见的风电场并网方式下，风电场的无功容量配置原则。对于直接接入的风电场，要求风电场配置的容性无功容量要能够补偿风电场满发时场内汇集线路、主变压器的感性无功，还要能够补偿风电场送出线路一半的感性无功。风电场配置的感性无功容量能够补偿风电场自身的容性充电无功功率及风电场送出线路一半的充电无功功率。此时，由于送电线路的缘故，风电场的功率因数可能在 0.98（超前）～0.98（滞后）范围内，也可能超出这个范围。对于通过 220kV（或 330kV）风电汇集系统升压至 500kV（或 750kV）电压等级接入公共电网的风电场群中的风电场，其配置的容性无功容量要能够补偿风电场满发时场内汇集线路、主变压器的感性无功，还要能够补偿风电场送出线路的全部感性无功。此外，风电场配置的感性无功容量能够补偿风电场自身的容性充电无功功率及风电场送出线路的全部充电无功功率。此时的功率因数范围可能较大。

通过比较国内外标准对风电场无功功率的要求可知，我国对风电场无功功率容量的要求更具有原则性和实用性，实际风电场的功率因数可能比国外要求的范围高或低。

8.2.1.4 故障穿越要求

1. 国外标准

（1）丹麦。丹麦故障穿越要求规定如图 8－10 所示，针对三相对称故障，在标称电压的 20%～75%范围内持续 10s，实现故障穿越。

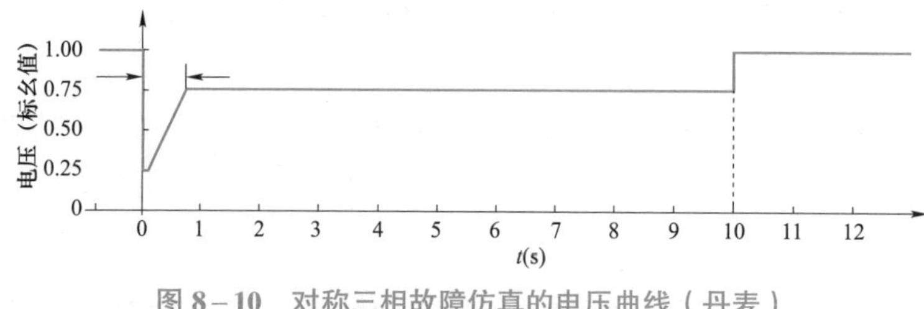

图 8－10 对称三相故障仿真的电压曲线（丹麦）

风电场应在电压重新到达 0.9（标幺值）以上后，不迟于 10s 发出额定功率。电压降落期间，并网点的有功功率应满足以下条件

$$P_{\text{cur}} \geqslant k_{\text{p}} P_{t=0} \left(\frac{U_{\text{cur}}}{U_{t=0}} \right)^2 \tag{8-3}$$

式中 P_{cur}——并网点测得的当前有功功率；

$P_{t=0}$——电压降落前一刻在并网点测得的功率；

U_{cur}——在并网点测得的当前电压；

k_{p}——考虑电压降落对发电机机端影响的降低系数，k_{p}=0.4。

在电压恢复到 0.9（标幺值）后，应在不迟于 10s 内满足与电网的无功功率交换要求。电压降落期间，风电场必须尽量发到风电场标称电流 1.0 倍的无功电流。

丹麦标准对单相故障和两相故障两种情况进行了规定，如图 8-11 所示。

双重电压降落特性是丹麦并网要求的一部分。它要求两相短路 100ms 后，间隔 300ms 再发生一次新的 100ms 短路时不发生切机。单相短路 100ms 后，间隔 1s 再发生一次新的 100ms 电压降落时也不发生切机。

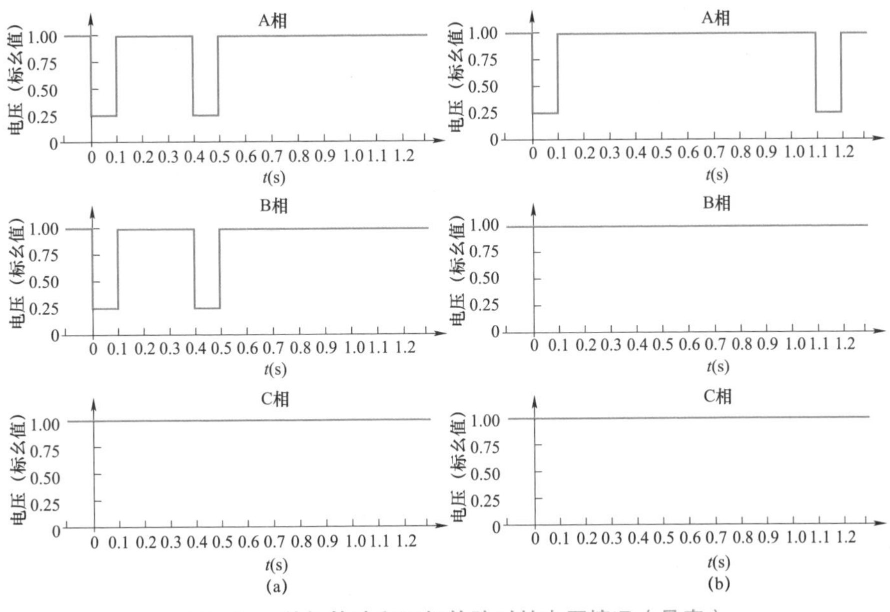

图 8-11 单相故障和两相故障时的电压情况（丹麦）

（a）两相故障时的电压情况；（b）单相故障时的电压情况

（2）德国。三相短路引起的对称电压降落，不得导致图 8-12 界线 1 以上的失稳或风电场从电网切离。

以下各点适用于图 8-12 的阴影区域和界线 2 以上的区域：

1）所有风电设备在整个故障过程中都应不从电网切离。

2）故障过程中，如果单台风电机组失去稳定或发电机保护出现响应，在取得系统管理员同意的条件下，风电场可以短时从电网切离。

故障期间没有切离电网的风电场，其有功出力必须在故障切除后立即继续发送，并以至少每秒 20%额定功率的梯度升至初始值。

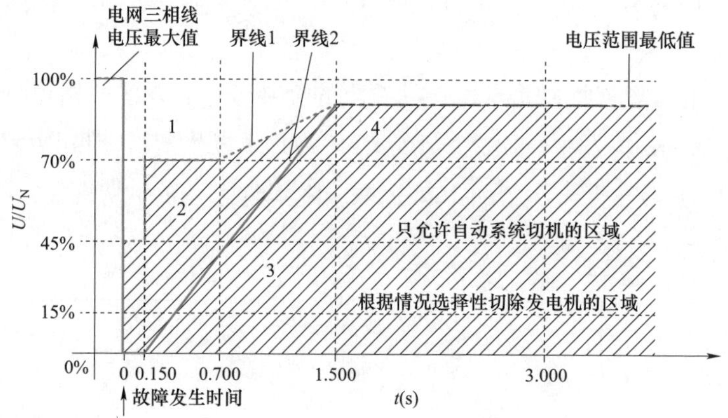

图 8-12 电网故障时，对于不同电网电压模式与电网直接连接的非同步发电机的界限曲线

1—不脱离电网穿越故障；2—在短时中断情况下，不脱离电网穿越故障；3—允许短时中断；4—允许切机

电压降落期间，风电场必须提高无功电流以支持电网电压。为此，在电压降落达到发电机电压有效值 10%以上时，电压控制必须启动，如图 8-13 所示。

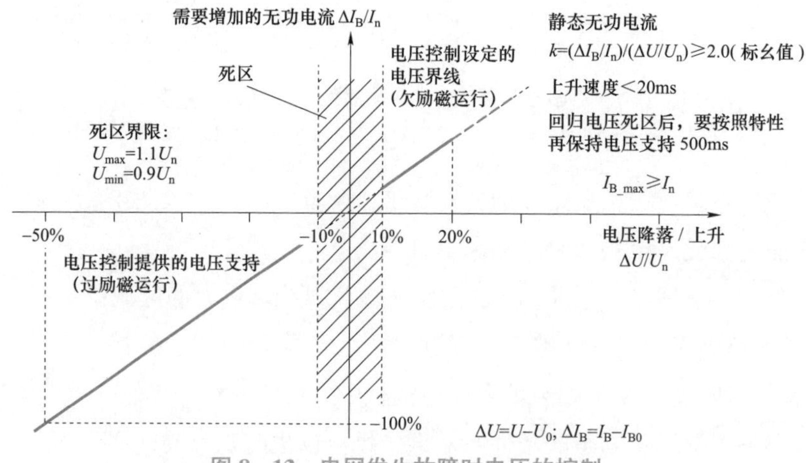

图 8-13 电网发生故障时电压的控制

U_n—额定电压；U_0—故障前电压；U—目前电压（故障期间）；I_n—额定电流；I_{B0}—故障前无功电流；I_B—无功电流

故障确认后 20ms 内，电压支持必须实施，方法是向发电机变压器低压侧输送无功电流，幅值是每个百分点电压降落至少 2%额定电流。如果有必要，可输送至少 100%额定电流的无功出力。

同步发电机在任何情况下都不得在起始 150ms 内切除，如图 8－14 所示。

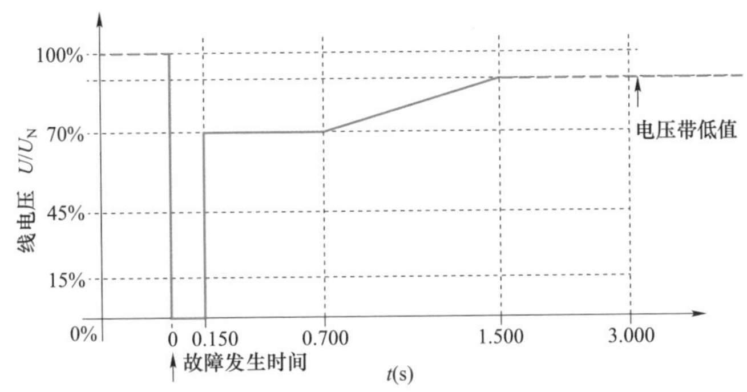

图 8－14 直接接入电网的同步发电机的故障穿越要求——德国（E.on）

2. 国内外标准对比

丹麦规定了单相、两相和三相故障的要求。三相故障发生在标称电压的 20%～75%并持续 10s，当电压降低到 25%U_N，要求持续 150ms。此要求比其他国外标准中对低电压穿越的要求要低，目前丹麦新的并网标准正在修订中，将提升三相故障时的电压降落值和持续时间。

双重电压降落特性是丹麦并网要求中特有的一部分，并网标准要求持续时间 100ms 以内的两相短路发生后，在 300ms 内再发生 100ms 的新短路故障时，不允许风电机组切除；此外，还要求持续时间 100ms 以内的单相短路故障发生后，在 1s 内再发生另一个 100ms 电压降落时，风电机组具备故障穿越能力。三相短路时的故障穿越要求用一条 10s 内电压在标称电压的 25%～75%时的曲线来定义。

丹麦并网标准中，风电场电压穿越后对有功功率和无功功率恢复也有相应的规定：

（1）风电场应在电压重新到达 0.9（标幺值）以上后，不迟于 10s 发出额定功率。电压降落期间，并网点的有功功率应不小于 $k_p P_{t=0}\left(\frac{U_{cur}}{U_{t=0}}\right)^2$（$P_{t=0}$ 为电压降落前一刻在并网点测得的功率；U_{cur} 为在并网点测得的当前电压；K_p 为考虑电压降落对发电机机端影响的降低系数）。

（2）当电压恢复到 0.9（标幺值）后，应在不迟于 10s 内满足与电网的无功功率交换要求。电压降落期间，风电场必须尽量发到风电场标称电流 1.0 倍的无功电流。

德国对风电场低电压穿越的要求比较高。故障持续时间为 1.5s 时，风电场不从电网切除；当并网点电压降低到 45%U_N，保持并网运行 150ms；当并网点电压降低到 0% U_N，保持并网运行 150ms（如果单台风电机组失去稳定或发电机保护出现响应，在系统管理员同意的条件下允许短时中断）。

德国并网标准中，对风电场电压穿越后的有功功率恢复也有规定。对故障期间没有切出电网的风电场，其有功出力必须在故障清除后立即继续发送，并以至少每秒 20%额定功率的梯度升至初始值。

德国并网标准要求在电压降落期间，风电场必须提高其无功电流以支持电网电压。为此，在电压降落达到发电机电压有效值的 10%以上时，电压控制必须启动，而且给出了电网发生故障时风电场应提供的无功电流曲线。此规定对风电机组的要求比较高，但是对电网安全稳定运行很有好处。

我国对低电压穿越的要求比德国的较低，但能够满足国内电网的实际运行需要。

我国标准对低电压穿越的规定中，还对故障后未切机风电场的有功功率恢复提出了要求，即以至少 10%额定功率/秒的功率变化率恢复至故障前的值。此要求与国外标准中对应的情况类似。

目前，国外大部分的并网标准中对低电压穿越的要求都包括对穿越期间无功电流的支持的要求；而国内标准仅对总装机容量在百万千瓦级规模及以上的风电场群在低电压穿越过程中的动态无功支撑能力提出要求，且仅针对电力系统发生三相短路故障引起电压跌落的情况。

8.2.2 光伏并网标准对比分析

目前，国际电工技术委员会（IEC）、美国，以及以德国和西班牙为代表的欧洲国家都针对光伏发电并网制定了相应的标准。下面对美国和德国光伏并网导则技术标准基本信息进行比较，如表 8-5 所示。

表 8-5　　国外光伏并网导则对比基本信息

国家	标准名称	制定机构	发布时间
美国	IEEE 1547 Interconnecting Distributed Resources with Electric Power Systems 分布式电源接入电力系统	IEEE 电气和电子 工程师协会	2008 年
	IEEE 1547.1 IEEE Standard Conformance Test Procedures for Equipment Interconnecting Distributed Resources with Electric Power Systems 接入电力系统分布式电源设备符合性测试程序标准	IEEE 电气和电子 工程师协会	2008 年
	Rule 21-INTERCONNECTION STANDARDS FOR NON-UTILITY OWNED GENERATION 非公用事业自发电的并网标准	SDG&E 美国加利福尼亚州圣地亚哥煤气电力公司	2004 年
	FERC Order No. 2003 - Standardization of Generator Interconnection Agreements and Procedures 发电机并网协议和程序标准	FERC 美国联邦能源 管理委员会	2003 年
	FERC Order No. 2006 - Standardization of Small Generator Interconnection Agreements and Procedures 小型发电机互联协议和程序的标准化	FERC 美国联邦能源 管理委员会	2006 年
	SDG&E Electric Distribution System Interconnection Handbook 配电系统互联手册	SDG&E 美国加利福尼亚州圣地亚哥煤气电力公司	2011 年
	SDG&E Generation Transmission Interconnection Handbook 发电传输系统互联手册	SDG&E 美国加利福尼亚州圣地亚哥煤气电力公司	2011 年
德国	VDE-AR-N4105 Interconnecting Distributed Resources with Electric Power Systems	VDE 德国电气工程师协会	2011 年
	VDE V 0124-100-Grid integration of generator plants-Low-voltage-Test requirements for generator units to be connected to and operated in parallel with low-voltage distribution networks 并网发电站-接入低压配电网络的发电单元低压测试规范	VDE 德国电气工程师协会	2012 年
	VDE-AR-N4120 Technical requirement for the connection and operation of customer installations to high-voltage network 接入高压电网用户并网和运行技术规范	VDE 德国电气工程师协会	2015 年
	BDEW-Generating Plants Connected to the Medium-Voltage Network 发电站中压并网	BDEW 德国能源与 水工业协会	2008 年

8.2.2.1　电压要求

1. 国外标准

（1）美国。IEEE 1547 规定如下：$U<50\%U_N$，分闸时间不大于 0.16s；$50\%U_N \leqslant U<88\%U_N$，分闸时间不大于 2s；$88\%U_N \leqslant U \leqslant 110\%U_N$，连续运行；

$110\%U_N<U<120\%U_N$，分闸时间不大于 1s；$120\%U_N\leqslant U$，分闸时间不大于 0.16s。

不大于 30kW 的发电系统，电压限值和分闸时间可以为固定值也可以为可调，分闸时间不超过以上限值即可。

大于 30kW 的发电系统，电压限值必须可调，分闸时间若不可调，则必须为以上限值，若可调，则默认值为以上限值。

SDG&E 要求的限值同 IEEE 1547，但没有阐明大于或小于 30 kW 时的分别。

SDG&E Generation Transmission Interconnection Handbook 无具体要求，需由电网公司与发电站协商。

（2）德国。VDE－AR－N4105 Interconnecting Distributed Resources with Electric Power Systems 规定如下：$U<80\%U_N$，分闸时间小于 0.2s；$88\%U_N\leqslant U\leqslant 110\%U_N$，正常运行；$U>110\%U_N$，分闸时间小于 0.2s（10min 的平均电压值高于正常电压 110%，在 0.2s 内分闸）；$U>115\%U_N$，分闸时间小于 0.2s。

BDEW 的要求分为：

1）发电系统侧的要求：推荐的设置为：$U<80\%U_N$（允许设置范围为 $0.1\sim 1U_N$），分闸时间为 2.8 s；$U<85\%U_N$（允许设置范围为 $0.7\sim 1U_N$），分闸时间为 0.5s（这种情况下为三相电压同时低于 $85\%U_N$，且发电系统正在吸收电网的无功，其余分闸情况都为一相电压过高或过低时就需分闸）；$85\%U_N\leqslant U\leqslant 108\%U_N$，正常运行；$U>108\%U_N$（允许设置范围为 $1\sim 1.3U_N$），分闸时间为≤0.1s；$U>115\%U_N$（允许设置范围为 $1\sim 1.3U_N$），分闸时间不大于 0.2s。以上适用于电网连接点连接多个发电系统的情况，如果电网连接点只连接一个发电系统，可参照下面电网连接点处的要求。

2）电网连接点处的要求：推荐的设置为 $U<45\%U_N$（允许设置范围为 $0.1\sim 1U_N$），分闸时间为 0.3s；$U<80\%U_N$（允许设置范围为 $0.1\sim 1U_N$），分闸时间为 1.5～2.4s（如果连接有多个发电系统或发电设备，可以在 1.5～2.4s 的时间内逐步断开）；$80\%U_N\leqslant U\leqslant 120\%U_N$，正常运行；$U>120\%U_N$

（允许设置范围为 1～1.3U_N），分闸时间不大于 0.2s。

2. 我国标准

GB/T 19964 规定 $U<90\%U_N$，符合低电压穿越要求；$90\%U_N \leqslant U \leqslant 110\%U_N$，正常运行；$110\%U_N < U < 120\%U_N$，至少持续运行 10s；$120\%U_N \leqslant U \leqslant 130\%U_N$，至少持续运行 0.5s。

GB/T 29319 规定当光伏发电系统并网点电压在 93%～110%标称电压之间时，光伏发电系统应能正常运行；当光伏发电系统并网点电压超出表 8-6 规定的电压范围时，应在相应的时间内停止向电网线路送电。此要求适用于多相系统中的任何一相。

表 8－6　保护动作时间要求

并网点电压	要求
$U < 50\%U_N$	最大分闸时间不超过 0.2s
$50\%U_N \leqslant U < 85\%U_N$	最大分闸时间不超过 2.0s
$85\%U_N \leqslant U < 110\%U_N$	连续运行
$110\%U_N \leqslant U < 135\%U_N$	最大分闸时间不超过 2.0s
$135\%U_N \leqslant U$	最大分闸时间不超过 0.2s

注　1. U_N 为并网点电网额定电压。
2. 最大分闸时间是指异常状态发生到电源停止向电网送电时间。

3. 国内外标准对比

三个国家对电压波动限值都分为小型光伏电站和大中型光伏电站进行要求。

对小型电站的要求是非常明确的，我国和美国都有快跳和慢跳之分，即当电压虽然有偏差但仍接近正常工作电压时，可在较长时间内分闸，而当电压严重偏离正常工作电压范围时，必须在很短时间内分闸。德国对欠压没有快跳和慢跳之分，分闸时间基本接近中国和美国的快跳时间，对过压的要求为高于 115%需立即分闸，高于 110%的情况则为 10min 平均值超过 110%才分闸，这意味着分闸时间实际上大于 10min。各国的电压限值和分闸时间比较接近但不完全相同，有细微差别。

对大中型电站出于高低电压穿越的考虑，与小型电站有很大不同。美国在各标准中都没有提出明确的低电压穿越要求，因此只是简单规定电站规模大于 30 kW 时，针对小型电站的明确要求都只能作为参考，电网可根据情况自行提出自己的要求。中国和德国都提出了高低压时电站需能支撑一段时间，我国的提法是至少能支撑一段时间，过后可断网也可不断网，而德国则是明确规定支撑的时间之后即需断网。德国同时还规定了发电系统侧和电网连接点侧不同的要求，另外规定了单相欠压和多相同时欠压时不同的要求，这两点是与我国的体系不一样的地方。中德两国对具体限值的要求差别也较大。

8.2.2.2　有功功率控制要求

德国 VDE－AR－N4105 规定发电系统大于 100kW 时，要求至少每 10%有一个降功率调节点，且可以由调度控制。我国标准和德国标准提出了对发电方有功无功调节的要求，而美国的所有标准都没有提到有功的调节，目前大部分逆变器都不具有此功能，但电站可通过开断逆变器的方法调节有功，目前不是硬性规定。我国对大范围调节有功的时间要求是 10 min，而德国为 1min，时间上德国的要求更严格。我国对调节的容量根据大中小型电站有不同，德国基本上是要求能从 10%到 100%的区间调节。

8.2.2.3　无功功率控制要求

1. 国外标准

（1）美国。

SDG&E 规定发电系统的功率因数范围在从 0.9 超前到 0.9 滞后范围内连续可调。

SDG&E Generation Transmission Interconnection Handbook 要求采用变压器分组接头的方式实现发出最大无功功率（功率因数 0.9 滞后）、吸收最大无功功率（功率因数超前 0.95）的功能。

FERC order 2003 和 FERC 2006 规定发电设备应能调整自己的功率因数在－0.95 到 0.95 之间，并能根据电网提前一天的要求调整此功率因数，调整所产生的无功功率部分由电网公司付相应的费用。

（2）德国。

在电压上下波动不超过±10%U_N，且有功功率输出高于额定功率 20%

的情况下，cosφ 满足要求：

1）不大于 3.68kVA，0.95 超前～0.95 滞后；

2）大于 3.68kVA，且不大于 13.8kVA，功率因数为 0.95 超前～0.95 滞后且满足图 8－15 要求。

3）大于 13.8kVA，功率因数为 0.90 超前～0.90 滞后且满足图 8－16 要求。

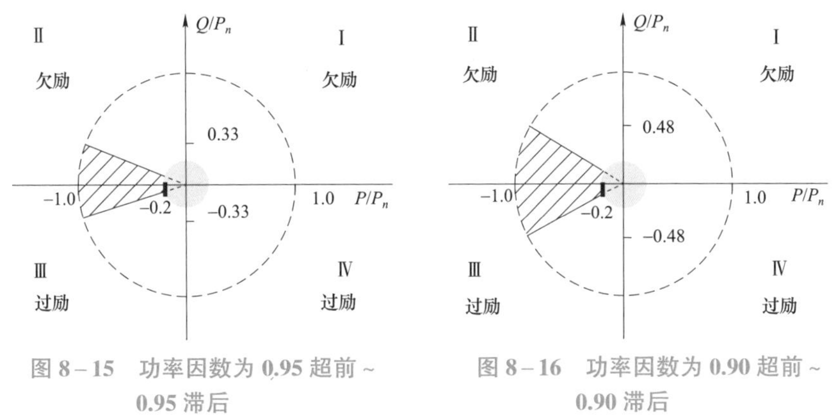

图 8－15 功率因数为 0.95 超前～0.95 滞后

图 8－16 功率因数为 0.90 超前～0.90 滞后

2. 国内外标准对比

中国、德国、美国都提出了无功调节的要求，中国对无功容量的要求较高，德国和美国基本都不出（－0.90，＋0.90）的范围，对无功调节所需时间都没有要求。另外一个共同点是各国对小型电站都不要求无功可以调节，只有对大中型电站才有此要求（德国对功率超过 3.68 kVA 以上的系统要求无功可调）。

8.2.2.4 故障穿越要求

1. 德国标准要求

VDE－AR－N4120 规定：

（1）故障穿越，要求见图 8－17。

（2）有功恢复，至少每秒增长标称（额定）容量的 10%。

（3）无功支撑：

1）在网络故障情况下，通过向网络注入无功电流支撑网络电压；

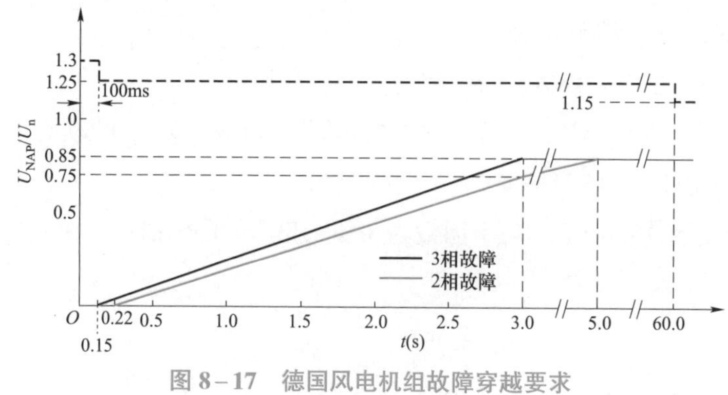

图 8－17　德国风电机组故障穿越要求

2）在故障清除后，不向（中压）电网吸收比故障发生前更多的感性无功电流。

2. 国内外标准对比

中国的国家标准和德国标准对于光伏电站的零电压穿越的要求基本一致，只是对于低电压穿越的电压要求略有不同，中国要求在电压 0.2（标幺值）下维持 0.625s，德国要求在电压 0.3（标幺值）下维持 0.625s；在有功功率恢复方面，中国的国家标准要求 30%额定功率的恢复速度，德国标准要求 10%额定功率的恢复速度；在动态无功支撑方面，中国的国家标准要求动态无功电流的响应时间不大于 30ms，并给出了详细的动态无功电流技术要求和计算公式，德国标准没有对动态无功电流相应时间提出要求，只提出了动态无功支撑的定性要求，没有量化的规定。美国标准没有关于低电压穿越的规定。

8.3 新能源接入电网技术要求发展趋势

8.3.1 新的并网技术问题

随着我国未来新能源并网规模的不断增加，新能源并网运行的一些新问题也将逐步凸显出来，而这也必将成为行业关注的热点和研究关注的重点。

（1）系统转动惯量下降，系统抗扰动能力下降。在西北送端电网中，目前风电和光伏发电装机占比超过 30%，到 2020 年将超过 50%。在华东受端电网中，目前馈入的直流输电功率已超过其发电功率的 20%，到 2020 年这一比例将超过 40%。由于风电机组转动惯量小、光伏发电没有转动惯量，高渗透率新能源接入将导致电网的抗扰动能力严重下降。

（2）系统调频调压能力降低，全网频率电压事件风险增大。目前风电光伏发电站不参与系统的调频调压，随着新能源机组出力占比不断增加，系统频率电压调节能力持续下降。系统大功率缺失情况下，极易诱发全网频率问题。同时，随着新能源并网容量快速增长，交流电网短路容量不足，应对无功冲击能力和电压调控能力下降。在西北送端电网，直流输电系统运行方式发生变化时，工频过电压比较严重；在华中和华东受端电网因为直流换流站替代了常规电厂，调压能力大幅下降，特别是直流系统换相失败过程中，从交流系统吸收大量的无功功率，电压崩溃风险增大。

（3）电压和频率耐受能力缺失。目前并网运行的风电机组普遍不具备高电压穿越能力：例如 2011 年 2 月 24 日，西北风电脱网事故中，因低压脱网 274 台，高压脱网 300 台。研究表明，随着多条连接风电基地和负荷中心的特高压直流线路投运，特高压直流送端风电高压脱网风险增大：哈密—郑州、扎鲁特—青州特高压直流输电线路直流换相失败期间，送端电网暂态过电压达到 1.2～1.3 倍额定电压 U_N，易引起直流近区风电机组大规模连锁脱网。特高压直流送端风电同样存在高频脱网风险：扎鲁特—青州特高压直流功率 1000 万 kWh，双极闭锁故障后送端电网频率短时超过 52Hz，远远超过目前风电能够耐受的水平，存在风电大规模脱网的风险，银川—山东、哈密—郑州、上海庙—山东等特高压直流输电工程都存在类似风险，严重影响大电网安全稳定运行。

（4）新能源并网动态稳定问题突出。2015 年 7 月 1 日，天中直流送端花园电厂 3 台机组由次同步振荡引起轴系扭振保护（torsional stress relay，TSR）相继动作跳闸，共损失功率 128 万 kW。机组跳闸前后，交流电网中持续存在 16～24Hz 的次同步谐波分量。机组轴系扭振频率（频率 30.76Hz）与交流系统次同步谐波分量频率（20Hz）互补，满足振荡条件。研究表明，当新能源电站接入直流近区、接入含串联电容补偿交流系统、接入弱电网等场景时，系统的次/超同步振荡问题需要重点关注。

8.3.2 新的并网标准需求及建议

1. 高电压穿越能力

基于西北、东北等新能源送端电网的高电压穿越实际需求，并考虑变频器功率器件能够承受的过电压安全值，可提出新能源电站高电压穿越的具体指标，以提高新能源机组的可靠性，并满足电网安全运行要求。

根据目前开展的风电机组和光伏逆变器高电压穿越能力测试，已有部分型号风电机组和光伏逆变器实现了1.3倍额定电压、持续500ms的高电压穿越能力。

2. 频率适应性

考虑到目前特高压直流双极闭锁故障后，送端新能源存在大规模脱网的风险，需要提高新能源频率耐受方面的要求。风电和光伏变频器采用快速锁相环跟踪电网频率，频率耐受范围宽广，在（50±2）Hz 范围内能够可靠工作，参数调整后可在（50±10）Hz 范围内运行。

3. 惯量与一次调频

新能源发电应具有惯量响应特性，当电力系统频率快速变化时，通过控制系统快速调整有功出力，缓解系统频率快速变化。传统同步发电机的惯量支撑功率几乎可以瞬间释放出来，是一种自发的即时响应，但考虑到新能源发电的惯量响应特性是通过控制实现，频率测量需要考虑延时和可实现性，可规定响应时间在数百毫秒内。

同时，新能源发电应能调节有功输出，参与电网一次调频。由于新能源发电出力的可快速调节特性，新能源发电具有比同步发电机组更快的一次调频响应和调节速度。建议新能源一次调频死区范围在±0.03～±0.1Hz范围内，有功调频系数在10～50范围内，可结合具体电网的实际需求，发挥出不同的新能源调频能力。

4. 振荡阻尼控制等要求

传统同步发电机的阻尼系数是电机固有的物理属性，风电场需要通过控制模拟出对系统振荡模式的阻尼功能。结合目前新能源振荡阻尼控制的研究水平和技术实现方式，对于新能源并网可能出现的从低频到次/超同步频率的不同时间尺度振荡模式，尚难以提出明确的振荡阻尼控制技术要求，但是有必要启动相关标准编制的研究工作。

5. 海上风电并网要求

海上风电已成为全球风电发展的重要方向之一。国内多家风电开发商，如中国长江三峡集团有限公司、龙源电力集团股份有限公司、中国广核集团有限公司、鲁能集团有限公司等，已建成投运了多个海上风电场，“十三五”期间，并网容量持续增长，达到 500 万 kW。但在国家和行业层面，尚没有专门针对海上风电接入电力系统技术要求的相关标准。而海上风电采用大容量远距离海缆汇集接入，电气特性与陆上不同，需要充分考虑海上风电的自身特点和固有特性，在并网点的确定、无功补偿原则、故障穿越能力、过电压控制、海上预测等方面提出针对性要求，引导海上风电技术健康发展。

参 考 文 献

[1] 叶杭冶，刘永前，王伟胜，等. 中国电力百科全书. 3版. 新能源发电卷［M］. 北京：中国电力出版社. 2014.

[2] 迟永宁，冯双磊，李庆，等. 风力发电接入电网及运行技术［M］. 北京：中国电力出版社. 2017.

[3] 田新首，王伟胜，迟永宁，等. 双馈风电机组故障行为及对电力系统暂态稳定性的影响［J］. 电力系统自动化，2015，39（10）：16－21.

[4] 迟永宁，王伟胜，刘燕华，等. 大型风电场对电力系统暂态稳定性的影响［J］. 电力系统自动化，2006，30（15）：10－14.

[5] 刘昌金，徐君，陈敏，等. 电网非理想情况下的双馈风电机组锁相控制［J］. 电工技术学报，2012，27（04）：240－247.

[6] 李瑞，徐殿国，苏勋文.基于并联型变换器的永磁同步发电机矢量控制［J］. 电力系统自动化，2013，37（08）：107－111.

[7] 丁明，王伟胜，王秀丽，等. 大规模光伏发电对电力系统影响综述［J］. 中国电机工程学报，2014，34（01）：1－14.

[8] 戴武昌，孔令国，崔柱.大规模光伏并网发电系统建模与运行分析［J］. 中国电力，2012，45（02）：58－63.

[9] 訾鹏，周孝信，田芳，等. 双馈式风力发电机的机电暂态建模［J］. 中国电机工程学报，2015，35（5）：1106－1114.

[10] 潘学萍，鞠平，温荣超，等. 解耦辨识双馈风电机组转子侧控制器参数的频域方法［J］. 电力系统自动化，2015，39（20）：19－25.

[11] 张磊，朱凌志，陈宁，等. 新能源发电模型统一化研究［J］. 电力系统自动化，2015，39（24）：129－138.

[12] 葛路明，曲立楠，陈宁，等. 光伏逆变器的低电压穿越特性分析与参数测试方法［J］. 电力系统自动化，2018，42（18）：149－160.

[13] 张星，李龙源，胡晓波，等. 基于风电机组输出时间序列数据分群的风电场动态

等值［J］. 电网技术，2015，39（10）：2787－2793.

［14］盛万兴，季宇，吴鸣，等. 基于改进模糊 C 均值聚类算法的区域集中式光伏发电系统动态分群建模［J］. 电网技术，2017，41（10）：3284－3291.

［15］韩平平，林子豪，夏雨，等. 大型光伏电站等值建模综述［J］. 电力系统及其自动化学报，2019，31（04）：39－47.

［16］李军徽，毕江林，严干贵，等. 大规模风电并网无功调控技术综述［J］. 电力系统及其自动化学报，2018，30（10）：42－48.

［17］蔡游明，李征，蔡旭. 计及控制时间窗内功率波动的风电场群无功电压分层优化控制［J］. 电工技术学报，2019，34（6）：1240－1250.

［18］杨硕，王伟胜，刘纯，等. 计及风电功率波动影响的风电场集群无功电压协调控制策略［J］. 中国电机工程学报，2014，34（28）：4761－4769.

［19］严干贵，孙兆键，穆钢，等. 面向集电系统电压调节的风电场无功电压控制策略［J］. 电工技术学报，2015，30（18）：140－146.

［20］许晓菲，牟涛，贾琳，等. 大规模风电汇集系统静态电压稳定实用判据与控制［J］. 电力系统自动化，2014，38（9）：15－19，33.

［21］秦晓辉，苏丽宁，迟永宁，等. 大电网中虚拟同步发电机惯量支撑与一次调频功能定位辨析［J］. 电力系统自动化，2018，42（9）：36－43.

［22］WECC Wind Generator Development［R］. WECC Final Project Report，2010.

［23］IEC 61400－27 Committee Draft，Wind Turbines Part 27－1：Electrical simulation models for wind power generation Wind turbines，IEC Std. committee Draft（CD）88/424/CD January 2012.

［24］Xinshou Tian，Weisheng Wang，Yongning Chi， et al. Virtual inertia optimization control of DFIG and assessment of equivalent inertia time constant of power grid［J］. IET Renewable Power Generation，2018，12（15）：1733－1740.

［25］Vidyanandan K V，Nilanjan S. Primary frequency regulation by deloaded wind turbines using variable droop［J］. IEEE Transactions on Power Systems，2013，28（2）：837－846.

［26］Hua Ye，Wei Pei，Zhiping Qi. Analytical Modeling of Inertial and Droop Responses From a Wind Farm for Short-Term Frequency Regulation in Power Systems［J］. IEEE

Transactions on Power Systems，2016，31（5）：3414－3423.

［27］Eldrich Rebello，David Watson， Marianne Rodgers. Performance Analysis of a 10 MW Wind Farm in Providing Secondary Frequency Regulation：Experimental Aspects［J］. IEEE Transactions on Power Systems，2019，34（4）：3090－3097.

［28］Jianfeng Dai， Yi Tang， Qi Wang， et al.Aggregation Frequency Response Modeling for Wind Power Plants With Primary Frequency Regulation Service［J］. IEEE Access，2019（7）：108561－108570.

［29］Xinshou Tian，Yongning Chi，Weisheng Wang，et al. Transient characteristics and adaptive fault ride through control strategy of DFIGs considering voltage phase angle jump［J］. Journal of Modern Power Systems and Clean Energy，2017，5（5）：757－766.

［30］Abdul Mannan Rauf，Vinod Khadkikar，Mohamed Shawky El Moursi. A New Fault Ride－Through（FRT）Topology for Induction Generator Based Wind Energy Conversion Systems［J］. IEEE Transactions on Power Delivery，2019，34（3）：1129－1137.

索 引